战略性新兴领域"十四五"高等教育系列教材

新型电化学电池设计与应用

主　编　徐　飞　王建淦
副主编　王维佳　郭瑞生
参　编　王洪强　贺亦柏

机械工业出版社

本书结合国内外新能源领域的发展现状,对各种新型电化学电池的基本结构、工作原理、基本性能参数与分析表征技术等进行了梳理、归纳、总结,使读者对化学电源有系统、全面的了解。全书共 8 章:第 1 章为化学电源概述,主要介绍了化学电源的发展简史、基本性能参数及常用的测试技术;第 2 章系统阐述了锂离子电池的工作原理及其正负极材料、隔膜、电解质;第 3 章详细介绍了锂金属电池所面临的挑战及应对策略;第 4 章全面介绍了锂硫电池的工作原理及电极材料、隔膜的研究进展;第 5 章介绍了全固态电池的工作机理及各类固态电解质的特点、制备方案;第 6 章对钠离子电池的工作原理、电极材料及电解质进行了详细介绍;第 7 章介绍了锌离子电池的工作原理、面临的挑战及相应的解决策略;第 8 章介绍了其他一些新型电池的储能机理及关键材料,并对其发展前景进行了展望。

本书可作为高等院校材料、能源、化工和环境等专业的本科生教材,也可作为相关专业研究生的学习参考书,还可供从事电化学储能技术的研究人员参考。

图书在版编目(CIP)数据

新型电化学电池设计与应用 / 徐飞,王建淦主编.
北京:机械工业出版社,2024.12. --(战略性新兴领域"十四五"高等教育系列教材). -- ISBN 978-7-111-77651-2

Ⅰ. TM911

中国国家版本馆 CIP 数据核字第 2024WK8547 号

机械工业出版社(北京市百万庄大街 22 号 邮政编码 100037)
策划编辑:董伏霖　　　　　责任编辑:董伏霖　章承林
责任校对:曹若菲　王 延　　封面设计:张 静
责任印制:刘 媛
北京中科印刷有限公司印刷
2024 年 12 月第 1 版第 1 次印刷
184mm×260mm・12 印张・293 千字
标准书号:ISBN 978-7-111-77651-2
定价:45.00 元

电话服务　　　　　　　　　　　网络服务
客服电话:010-88361066　　　　机 工 官 网:www.cmpbook.com
　　　　　010-88379833　　　　机 工 官 博:weibo.com/cmp1952
　　　　　010-68326294　　　　金 书 网:www.golden-book.com
封底无防伪标均为盗版　　　　机工教育服务网:www.cmpedu.com

前　言

在碳达峰、碳中和的全球大背景下，新能源电池产业迎来了前所未有的发展机遇，这对推动能源结构转型与调整，助力实现"双碳"目标具有重要的意义。早在19世纪初期人们就开始探索将电能转化为化学能等形式进行储存的方法。20世纪初期，以铅酸蓄电池为代表的电化学储能技术开始普及与应用。经历了100多年的发展，电化学电池已经形成了一个庞大的家族，特别是随着科技的进步和新材料的应用，各种新型电化学电池储能技术得以不断创新和完善。

其中最具代表性的是锂离子电池，自1991年被索尼公司产业化以来，锂离子电池成了目前应用最为成功的技术典范，在30余年的发展中，锂离子电池的能量密度、循环寿命等不断提升，成本持续下降，成为当前主流的储能技术，广泛应用于电动交通工具、3C电子产品、储能电站等社会领域。然而，随着全球能源危机和环境问题越来越严重，以及新型电子产品和新能源汽车的普及，对储能电池的性能、成本与资源等方面提出了更高的要求。除锂离子电池外，其他新型电池体系不断涌现或重新得到重视。例如，20世纪70年代几乎与锂离子同时被研究的钠离子电池，最近10年来重新获得关注，其工作原理与锂离子电池相似，但不存在资源约束问题，同时具备安全性、高低温性能，以及大倍率充放电性能等，正在朝着实用化的进程迈进。起源于20世纪70年代的锂金属电池，采用金属锂为负极，具有极高的能量密度，但受制于锂金属负极枝晶生长、不稳定界面与安全性问题退出了历史舞台。但近10年来高比能锂金属电池的研究迎来复兴，在解决金属锂负极枝晶与界面问题方面已取得长足发展。基于高容量的硫正极构建的锂硫电池体系，在20世纪60年代仅作为一次电池得到市场的认可。近年来随着材料科学的不断发展，通过向锂硫体系中引入新型材料解决正极硫导电性差、多硫化物的穿梭效应，以及金属锂负极等问题，锂硫二次电池受到研究者的青睐，近十年来也成为新型储能电池技术的热点。除基于有机电解液体系的电池外，开发更加安全、更加环保的电池技术也成为研究热点之一。水性锌离子电池应运而生，其最大特点就是使用了水作为电解质；另外，廉价且丰富的锌资源也大大降低了电池的使用成本，因此备受瞩目，有望开启一个更加绿色、安全、高效的能源新时代。同时，采用固体电解质构建的固态电池，近年来也引起了研究者的广泛关注，具有安全性好、能量密度高、循环性能强、适用温度范围大等优点。此外，其他一些新型的储能电池体系如钾离子电池、镁离子电池、钙离子电池、铝离子电池等也开始崭露头角，成为未来潜在的储能技术。

综上，当前锂离子电池占据绝对主导地位，但各种新储能技术不断涌现，呈现多样化发展趋势，未来发展潜力巨大。本书作者团队在新型电化学电池与关键材料设计等领域深入研究10余年，具有较为系统性的认识。目前虽然各类有关电化学电池的专著不断出版，但依然缺少专门针对近年来迅猛发展的新型电化学电池相关专业人员学习的教材，本书的编写就是为了更好地满足这些人员对新型电化学电池知识的迫切需要。本书以 8 章内容系统性地讲述了各类新型电化学电池与关键材料，包括化学电池的基本原理和概念，电化学测试技术，新型电化学电池的工作原理、结构与材料制备和调控，具体包括锂离子电池、锂金属电池、锂硫电池、全固态电池、钠离子电池、锌离子电池，以及其他新型电池。

  本书编写分工如下：第 1、6 章由王建淦教授编写；第 2、3 章由徐飞教授编写；第 4 章由徐飞教授、贺亦柏副教授编写；第 5 章由徐飞教授、王维佳副教授、王洪强教授编写；第 7 章由王维佳副教授编写；第 8 章由郭瑞生副教授编写。在本书的撰写过程中，编者的研究生们做了大量的文献搜集、图表绘制、数据整理和校对等工作，他们是张馨壬、杨佳迎、刘登科、刘奥、苏延霞、熊豪、侯志栋、姜明炜、任凌波、宋丽鑫。在此，对他们的辛勤工作表示诚挚的感谢！

  新型电化学电池涉及的科学概念和理论知识非常广泛，同时又处于蓬勃发展之中，各种新储能理论体系、新材料、新方法、新技术不断涌现，受编者水平所限，书中欠妥和疏漏之处在所难免，恳请广大读者不吝批评指正。

编 者

目 录

前言
第1章 化学电源概述 1
1.1 化学电源的发展简史 1
1.2 电池的分类与基本组成 2
1.3 电池的基本性能参数 3
1.4 控制电流暂态技术 7
　1.4.1 控制电流暂态过程概述 7
　1.4.2 控制电流阶跃技术的应用 8
1.5 线性电势扫描技术 9
　1.5.1 线性电势扫描技术简述 9
　1.5.2 线性扫描伏安法 11
　1.5.3 循环伏安法 14
　1.5.4 线性电势扫描技术的应用 15
1.6 交流阻抗技术 16
　1.6.1 交流阻抗技术概述 16
　1.6.2 等效电路与等效元件 17
　1.6.3 交流阻抗技术的测量方法与数据处理 18
　1.6.4 交流阻抗技术的应用 19
参考文献 19

第2章 锂离子电池 20
2.1 概述 20
2.2 锂离子电池的工作原理、特点与分类 20
　2.2.1 锂离子电池的工作原理 20
　2.2.2 锂离子电池的主要特点 22
　2.2.3 锂离子电池的分类 22
2.3 锂离子电池正极材料 23
　2.3.1 橄榄石结构正极材料 24
　2.3.2 层状结构正极材料 25
　2.3.3 尖晶石结构正极材料 26
　2.3.4 正极材料制备方法 27
2.4 锂离子电池负极材料 29
　2.4.1 嵌入型负极材料 30
　2.4.2 合金型负极材料 31
　2.4.3 转换型负极材料 33
　2.4.4 负极材料制备方法 34

2.5 锂离子电池隔膜材料 35
2.6 锂离子电池电解质 36
　2.6.1 液态电解质 37
　2.6.2 聚合物电解质 40
2.7 锂离子电池的应用 42
参考文献 43

第3章 锂金属电池 46
3.1 概述 46
3.2 金属锂负极 47
　3.2.1 锂枝晶的形成 48
　3.2.2 高化学反应活性 48
　3.2.3 高体积形变 49
3.3 固态电解质界面膜的形成与离子输运机制 50
3.4 金属锂的沉积与脱出模型 53
　3.4.1 形核模型 54
　3.4.2 脱出模型 56
3.5 锂负极结构设计 56
　3.5.1 金属基集流体设计 56
　3.5.2 碳基电极材料 58
　3.5.3 金属-碳复合电极材料 59
3.6 锂金属电池电解液 60
3.7 锂金属电池实用化情况 61
参考文献 61

第4章 锂硫电池 63
4.1 概述 63
　4.1.1 锂硫电池发展历史 63
　4.1.2 锂硫电池工作原理与特点 63
4.2 锂硫电池正极材料 65
　4.2.1 碳/硫复合材料 65
　4.2.2 硫/金属化合物复合材料 71
　4.2.3 硫/单原子载体复合材料 73
　4.2.4 有机共价硫材料 75
　4.2.5 硫化锂正极材料 76
　4.2.6 硫正极材料的评测方法 76
4.3 锂硫电池隔膜 78
4.4 电解液 79

4.5　锂硫电池实用化进展 ……………………… 81
参考文献 …………………………………………… 81

第5章　全固态电池 …………………………… 83
5.1　概述 …………………………………………… 83
5.2　无机固态电解质 ……………………………… 85
　　5.2.1　氧化物固态电解质 ……………………… 85
　　5.2.2　硫化物固态电解质 ……………………… 87
　　5.2.3　卤化物固态电解质 ……………………… 89
　　5.2.4　离子导体玻璃 …………………………… 92
5.3　聚合物固态电解质 …………………………… 94
　　5.3.1　典型的聚合物电解质 …………………… 94
　　5.3.2　盐类的选择 ……………………………… 96
　　5.3.3　制备方法 ………………………………… 97
5.4　复合固态电解质 ……………………………… 98
　　5.4.1　"聚合物中的陶瓷"结构 ……………… 98
　　5.4.2　"陶瓷中的聚合物"结构 ……………… 99
　　5.4.3　陶瓷/聚合物界面调控 ………………… 99
　　5.4.4　制备方法 ………………………………… 100
5.5　全固态电池的界面挑战 ……………………… 101
　　5.5.1　固态电解质/正极界面 ………………… 101
　　5.5.2　固态电解质/负极界面 ………………… 102
5.6　全固态电池的发展方向 ……………………… 104
参考文献 …………………………………………… 105

第6章　钠离子电池 …………………………… 107
6.1　概述 …………………………………………… 107
6.2　钠离子电池的工作原理与特点 ……………… 108
6.3　钠离子电池正极材料 ………………………… 110
　　6.3.1　过渡金属氧化物 ………………………… 110
　　6.3.2　聚阴离子化合物 ………………………… 114
　　6.3.3　普鲁士蓝及其类似物 …………………… 120
　　6.3.4　有机化合物 ……………………………… 123
6.4　钠离子电池负极材料 ………………………… 124
　　6.4.1　碳基负极材料 …………………………… 124
　　6.4.2　合金型负极材料 ………………………… 128
　　6.4.3　转化型负极材料 ………………………… 129
6.5　钠离子电池电解质 …………………………… 131
　　6.5.1　液态电解质 ……………………………… 131
　　6.5.2　固态电解质 ……………………………… 133
6.6　钠离子电池的产业化现状 …………………… 136
参考文献 …………………………………………… 139

第7章　锌离子电池 …………………………… 140
7.1　概述 …………………………………………… 140
7.2　锌离子电池的工作原理与特点 ……………… 140
7.3　锌金属负极 …………………………………… 141
　　7.3.1　锌金属负极的反应 ……………………… 141
　　7.3.2　锌金属负极存在的问题 ………………… 142
　　7.3.3　锌金属负极保护策略 …………………… 143
7.4　电解液 ………………………………………… 146
　　7.4.1　水系电解液的基本性质 ………………… 146
　　7.4.2　水系电解液的组成及特点 ……………… 147
　　7.4.3　电解液中各成分的相互作用 …………… 148
　　7.4.4　电解液与电极的界面 …………………… 150
7.5　正极材料 ……………………………………… 151
　　7.5.1　锰基氧化物正极材料 …………………… 151
　　7.5.2　钒基正极材料 …………………………… 153
　　7.5.3　普鲁士蓝正极材料 ……………………… 155
　　7.5.4　过渡金属硫化物正极材料 ……………… 155
　　7.5.5　有机化合物正极材料 …………………… 157
　　7.5.6　正极材料的优化策略 …………………… 157
7.6　隔膜 …………………………………………… 158
参考文献 …………………………………………… 159

第8章　其他新型电池 ………………………… 160
8.1　钾离子电池 …………………………………… 160
　　8.1.1　概述 ……………………………………… 160
　　8.1.2　正极材料 ………………………………… 161
　　8.1.3　负极材料 ………………………………… 164
　　8.1.4　电解液 …………………………………… 166
　　8.1.5　发展前景 ………………………………… 167
8.2　镁离子电池 …………………………………… 168
　　8.2.1　概述 ……………………………………… 168
　　8.2.2　正极材料 ………………………………… 169
　　8.2.3　负极材料 ………………………………… 172
　　8.2.4　电解液 …………………………………… 173
　　8.2.5　发展前景 ………………………………… 175
8.3　钙离子电池 …………………………………… 175
　　8.3.1　概述 ……………………………………… 175
　　8.3.2　正极材料 ………………………………… 176
　　8.3.3　负极材料和电解液 ……………………… 178
　　8.3.4　发展前景 ………………………………… 180
8.4　铝离子电池 …………………………………… 181
　　8.4.1　概述 ……………………………………… 181
　　8.4.2　正极材料 ………………………………… 181
　　8.4.3　电解液 …………………………………… 182
　　8.4.4　负极材料 ………………………………… 182
　　8.4.5　发展前景 ………………………………… 183
参考文献 …………………………………………… 183

第 1 章
化学电源概述

1.1 化学电源的发展简史

化学电源又称电池，是一种通过氧化还原反应将化学能转化成电能的装置。电池的发展已经经历了两百多年，最早可以追溯到 19 世纪 90 年代，意大利物理学家伏打（A. Volta）翻阅了生物学家伽伐尼（L. Galvani）在青蛙解剖过程中所提出的"生物电"文献，经其启发撰写了题为《论不同导电物质接触产生的电》的论文，首次发现两种不同金属相互接触或浸入同一种液体中会产生一定的电势差，并据此在 1800 年发明了以金属锌片和铜片为电极的伏打电堆，成为世界上第一个具有划时代意义的化学电源。

伏打电堆的发明为电化学科学与技术的发展打开了大门。1836 年，英国科学家丹尼尔（J. F. Daniel）为了消除伏打电堆产氢气的问题，以稀硫酸为电解液解决了电池极化问题，通过设计双液电池与盐桥，发明了丹尼尔电池。尽管这款电池的实际电压只有 1V 左右，但却可以持续稳定地产生电压和电流，成了首款具有真正实用价值的电池。

在此之后，陆续有一系列电极被设计成电池。1859 年，法国物理学家普兰特（G. Planté）发明了世界上第一款可充电的铅酸电池，经过持续改进，铅酸电池凭借高能量密度、二次可充性、价格低廉、原料易得等优点，在电化学电池中占据着重要的地位。1868 年，法国电气工程师勒克朗谢（G. Leclanché）发明了锌-二氧化锰干电池，改良后的锌锰电池至今仍是人们日常生活中的重要用品。1899 年，瑞典科学家雍格纳（W. Junger）以镍作为正极、镉作为负极发明了镍镉蓄电池。1901 年，美国科学家爱迪生（T. Edison）发明了铁-镍蓄电池，这款电池具有很好的环保性和耐用性，成了第一款尝试用于电动汽车的动力电池。镍氢电池是继镍镉电池之后的新一代二次电池，这种电池的成功得益于储氢合金的发现，1990 年日本和欧洲实现了镍氢电池的商业化，镍氢电池成了小型便携式电子产品的重要化学电源。

经历了一百多年的发展，人们对电池性能的要求不断提高，研究人员也逐渐将注意力放在了高能量密度电池的开发上。基于有机电解液的锂基电池和钠基电池、金属-空气电池、燃料电池、液流电池、固态电池等新型电池技术在近半个世纪以来得到了迅猛的发展。其中最具代表性的是锂离子电池，自 1991 年被索尼公司产业化以来，锂离子电池成了目前应用最为成功的技术典范，广泛应用于电动交通工具、3C 电子产品、储能电站等社会领域。

化学电源具有能量转换效率高、使用便捷、安全可靠、环境友好等优点，在日常生活和生产中发挥着无比重要的作用。随着社会的不断发展和科技的快速进步，化学电源也必将迎来更加广泛的关注和更快的技术换代与升级。

1.2 电池的分类与基本组成

1. 电池的分类

电池有许多分类方法，如按照电解液类别可分为酸性电池、碱性电池、中性电池、有机电解液电池等。实际应用中一般按工作性质和储备方式分类，主要包括一次电池、二次电池、燃料电池、贮备电池、电化学电容器五大类，下面予以简要介绍。

（1）一次电池　一次电池也称为原电池，是指电池放完电后无法再通过充电循环使用的电池。这种电池的电化学反应不具备可逆性或者可逆性很差，因此只能使用一次。常见的一次电池有锌锰干电池、碱性锌锰电池、银锌电池、锂一次电池等。

（2）二次电池　顾名思义，二次电池是一种可充电电池，因此也称作蓄电池。该类电池可以通过反复充放电来实现化学能和电能之间的可逆转换，从而实现能量的储存和释放。具有代表性的二次电池包括铅酸电池、镍镉电池、镍氢电池、锂离子电池、钠离子电池等。

（3）燃料电池　燃料电池是将储存于电池体外的电化学活性物质连续注入电池，使其在电极上连续放电的装置，其中电极本身并没有活性，而是活性物质发生电化学反应的场所；而所需的化学原料（燃料和氧化剂）则全部由外部连续供给，同时反应产物（如水和二氧化碳）和未反应的活性物质不断排出电池体系，这是一种把燃料所具有的化学能转变为电能的化学装置。常见种类包括碱性燃料电池、质子交换膜燃料电池、熔融碳酸型燃料电池、固体氧化物燃料电池等。

（4）贮备电池　一般也称为激活电池。电池在贮存期间，正负极活性物质和电解质处于分离状态，使用时注入电解液或电解质熔化，电池处于待放电状态。激活电池的方式有热激活、气体激活和液体激活三种。常见激活电池有热激活锂/硫化铁电池、海水激活 Mg-AgCl 电池、电解液激活 $Zn-Ag_2O$ 贮备电池等。

（5）电化学电容器　电化学电容器也称为超级电容器，是一种介于电池和传统电容器之间的新型储能器件，具有功率密度高、充电速度快、循环寿命长等优点。主要包括双电层电容器和赝电容器，其中前者利用电解质和电极之间形成的界面双电层电容来储存能量，电极材料主要为多孔碳材料；而后者是在电极表面或体相中的二维或准二维空间上，电极活性物质进行欠电位沉积，发生高度可逆的化学吸附脱附或氧化还原反应，产生与电极充电电位有关的电容，典型代表材料有过渡金属氧化物和导电聚合物。

2. 电池的基本组成

电池主要由正极、负极、电解质、隔膜和外壳组成。

正极和负极由电化学活性物质和导电骨架组成，是电池最为核心的部件。活性物质是产生电能的材料，一般为固体、液体或气体。理想的活性物质一般需要具有正极和负极活性物质的电位差尽可能大、电化学活性高、比容量大、在电解液中的化学稳定性好、导电性高、资源丰富、环境友好等特点。导电骨架的作用是支撑活性物质，并为电极提供良好的导电网络。

电解质的作用是通过传导离子来完成正负极上的电化学反应，一般有水溶液、有机电解液、固态电解质、熔融盐电解质等。电解质一般需要满足离子电导率高、电化学稳定窗口宽、与电活性物质不发生化学反应等要求。

隔膜位于正极和负极之间，主要作用是防止正极和负极相接触而导致电池短路，以及提供快速的离子传输通路，一般由绝缘体材料组成，隔膜应具有发达的多孔结构、一定的强度和良好的化学稳定性。

1.3 电池的基本性能参数

1. 电动势、开路电压与工作电压

电动势是衡量电池做电功能力的重要参数。对于一个可逆的电池体系，其电动势就是两个电极的平衡电位之差。在恒温恒压条件下，电池所能做的最大功就是基于该电池反应的吉布斯自由能变化值 ΔG，即 $\Delta G = -nFE$。其中，n 为电池反应所需要转移的电子摩尔数；F 为法拉第常数；E 为电池的电动势。

因此，一个电池体系的理论电动势（E）为

$$E = -\frac{\Delta G}{nF} \tag{1-1}$$

式（1-1）表明电池的电能源自于化学能，其电动势只和参与电池反应的物质本性、反应条件、反应物和产物活度有关。

实际的电池通常采用开路电压（U_{OC}），开路电压是指电池处于开路状态下正负极之间的电位差，是一个实测值。电池的开路电压与其电动势相近，但总是会小于其电动势，其原因在于电池的两极在电解液溶液中所建立的电极电位往往并不是平衡电极电位，而是稳定电极电位。换句话说，电动势是正负两极平衡电位之差，而开路电压是两极稳定电位之差。一个电池体系的可逆程度越高，则其开路电压的数值就越接近于电动势，只有当电池体系完全处于热力学可逆状态时，二者的数值才相等。

实际电池的开路电压并不总是固定不变的，因而往往取其具有代表性的数值规定为该电池的开路电压，这个数值也称为额定电压。例如，锌锰电池的额定电压为 1.5V，实际上电池的电压在 1.5~1.6V 之间；又如，铅酸电池的额定电压为 2.0V，而实际电池的电压为 2.0~2.3V。

当电池处于放电工作状态时，电池的端电压称为工作电压（U_{CC}）或放电电压，它是有电流流过电池正负极之间时的电势差。当电流通过电池内部时，由于电池内部存在内阻（R_i），包括极化电阻（R_f）和欧姆内阻（R_s），就会形成一定的电压降，因此电池的工作电压总是低于开路电压。

当放电电流密度为 I 时，则电池的工作电压可表示为

$$U_{CC} = E - IR_i \tag{1-2}$$

可见，电池的工作电压受放电制度的影响。电流密度越大，电池的工作电压就越低。为了提高电池的工作电压，需要尽可能地降低电池内阻。此外，为了获得更高的工作电压，通

常会使用电子亲和力强且容易还原的物质用作正极活性物质；同理，负极活性物质就要使用电子亲和力弱且容易氧化的物质。

2. 容量与比容量

电池的容量是指在一定的放电条件下电池所给出的电量，常用 C 表示，单位为 $A \cdot h$ 或 $mA \cdot h$，可以分为理论容量、实际容量和额定容量。

根据法拉第定律，可以计算出电池中活性物质的理论容量（C_0），即活性物质全部参加电池反应所能释放的全部电量。如果某活性物质完全反应的质量为 m，其摩尔质量为 M，且该物质参加电化学反应时化合价变化数为 n，则依据法拉第定律，可计算出该物质的理论容量：

$$C_0 = 26.8 \frac{m}{M} n = \frac{m}{q} \tag{1-3}$$

式中，q 称为电化学当量。显然，理论容量与电池中活性物质的质量成正比，与电化学当量成反比。理论容量在电池设计时应用较多。例如，金属锌的电化学当量为 1.22，则质量为 100g 的金属锌的理论容量约为 82 $A \cdot h$。

电池的实际容量（C）是指在一定的放电条件下，电池实际放出的电量。

在恒电流（I）放电一定时间（t）的条件下，其容量为

$$C = It \tag{1-4}$$

在恒电阻（R）放电一定时间（t）的条件下，其容量为

$$C = \int_0^t I \mathrm{d}t = \frac{1}{R} \int_0^t U_{平均} \mathrm{d}t \approx \frac{1}{R} U_{平均} t \tag{1-5}$$

式中，R 为放电电阻；$U_{平均}$ 为电池放电时的平均电压；t 为放电时间。

电池的实际容量主要取决于电池中的电极活性物质的数量和该物质的利用率。当电池的实际容量与理论容量相等时，物质的利用率为 100%。然而，在实际电池中，由于存在内阻等多种因素，电池的利用率总是小于 100%。

为了更好地对比不同电池的性能，一般还会引入比容量的概念。将基于单位质量（m）或单位体积（V）的电池所释放出的容量分别称为质量比容量（C_m）或体积比容量（C_V），分别表示为

$$C_m = \frac{C}{m} \tag{1-6}$$

$$C_V = \frac{C}{V} \tag{1-7}$$

质量比容量和体积比容量的单位分别是 $mA \cdot h/g$ 或 $A \cdot h/kg$、$A \cdot h/L$。电池的容量取决于正极（或负极）的容量，理论上，电池中通过正极和负极的电量总是相等的，但由于构成正负极的物质具有不同的电化学性质，导致正负极容量并不总是相等的，电池实际放出的容量取决于容量较小的那个电极。实际工作中，通常使用正极容量来控制整个电池的容量，而负极容量总是处于过剩状态。

3. 库仑效率与能量效率

能量效率是指电池放电所释放能量与充电所消耗能量之比，这个参数是针对二次电池而言的。一般地，充入二次电池的电量（Q_C）总是高于放电时放出的电量（Q_D），这是由于

充电电流无法完全转化为可利用的反应产物,而且总是伴随无效热能的产生。

电池的效率可以采用库仑效率和能量效率来描述。其中库仑效率 η_{Ah} 的计算式为

$$\eta_{Ah} = \frac{Q_D}{Q_C} \tag{1-8}$$

例如,镍-镉电池的电化学转化库仑效率为 70%~90%,锂离子蓄电池的库仑效率则接近 100%。库仑效率的倒数也称为充电因子。

能量效率 η_{Wh} 的计算式为

$$\eta_{Wh} = \eta_{Ah} \frac{\overline{U}_D}{\overline{U}_C} \tag{1-9}$$

式中,$\overline{U}_D$ 和 $\overline{U}_C$ 分别为放电和充电时的平均极限电压。

由于电池总是存在一定的内阻,导致 $\overline{U}_D < \overline{U}_C$,因此能量效率总是小于库仑效率。

电池的效率除了受到充电效率的影响之外,还受到放电电流和充电过程的影响。

4. 能量密度与功率密度

在一定放电制度下,电池对外释放的电能称为电池的能量,单位为 W·h。理论上,一个可逆电池在恒温恒压下的理论能量(W)等于其理论容量与电动势的乘积,即 $W = C_0 E$。然而,实际上电池放出的能量等于实际输出的容量与平均工作电压之积。

单位质量或单位体积的电池所能输出的能量称为其能量密度或比能量(W),单位分别为 W·h/kg 和 W·h/L。其计算公式分别为

$$W_m = \frac{C\overline{U}_D}{m} \quad \text{或} \quad W_V = \frac{C\overline{U}_D}{V} \tag{1-10}$$

电池的能量密度是由其所组成的电极材料特性所决定的。例如,铅酸电池的理论能量密度为 170.5W·h/kg,而实际能量密度只有 40W·h/kg。常用的电动车用铅酸电池的规格参数为 48V/10A·h,因此可以估计出这种电池至少需要 12kg 才能存储 480W·h 的能量。由此可见,铅酸电池的能量密度比较低,无法用作长续航动力电池。相比之下,锂离子电池的能量密度可以达到 200~300W·h/kg,并且其循环性能要远优于铅酸电池,使其成为电动汽车的首选电池。

电池的功率是指在一定放电条件下,单位时间内所能输出的能量。单位质量或单位体积的电池所能输出的功率称为功率密度或比功率(P),单位分别为 W/kg 或 W/L。其计算公式分别为

$$P_m = \frac{W_m}{t} \quad \text{或} \quad P_V = \frac{W_V}{t} \tag{1-11}$$

功率密度的大小代表着电池所能承受工作电流的大小,主要由电池材料决定。

功率密度和能量密度并没有直接关系,并不是说能量密度越高就是功率密度也越高。功率密度描述的是电池的倍率性能,即电池可以以多大的电流进行放电。功率密度对电池及电动车的开发起着非常重要的作用,如果电池具有很高的功率密度,则表明电动汽车具有非常优异的加速性能。锂离子电池具有高倍率放电性能,目前的功率密度已经可以达到 1000~2000W/kg。

此外，能量密度和功率密度都是数值变化的参量。在循环使用多次后，电池的容量会发生衰减，从而导致其能量密度和功率密度都随之降低。环境的变化也会影响这两个参量的变化，例如，在寒冷的冬季，电池的能量密度和功率密度在一定程度上都会降低。

5. 倍率与循环寿命

对于实际工作中的电池容量或能量，必须标注其放电条件，即电流（或电流密度）的大小，一般采用放电率来表示，其中最常用的是"倍率"，是指电池在规定时间内释放其全部额定容量所需要的电流值，其在数值上等于额定容量的倍数。例如，"1 倍率"（用 1C 表示）是指在 1h 内全部释放电池容量所需的电流强度。例如，假设电池额定容量为 $5A \cdot h$，则 1C 的电流为 5A。显然，电池的额定容量等于其放电电流（I）和放电时间（t）的乘积。

寿命是衡量电池性能的一个重要参数。对于一次电池，其寿命是指电池释放全部额定容量的工作时间，与放电倍率强度有关。对于二次电池，其寿命可以分为充放电循环使用寿命和搁置使用寿命（即贮存性能）。二次电池经过一次充放电过程就是一次使用周期。一般地，在一定的放电条件下，电池容量衰减至规定的容量水平（通常规定为额定容量的 80%）前，电池所经历的充放电循环次数，称为电池的循环寿命。由于经济和生态等原因，具有长循环寿命的电池更容易得到人们的青睐。影响二次电池循环寿命的因素有很多，主要包括电极上活性材料的腐蚀失活或者相变失活、活性物质从电极上粉化脱落、电池发生内短路、隔膜损坏，以及在充放电过程中生成惰性物质导致极化增大等。

比较不同电池的循环寿命，除了循环次数外，还需要考察它的放电深度。所谓放电深度是指在使用电池的过程中，电池放出的容量占标准容量的百分比。一般地，电池放电深度越大，则其循环寿命越短。因此，要延长电池的使用寿命，除非迫不得已，应该尽量不要让电池处于深度放电的状态。

6. 贮存性能与自放电

电池的贮存性能是指荷电状态的电池在开路，以及一定温度、湿度等外部条件下贮存时容量保持的能力。一般情况下，电池在贮存过程中发生容量衰减，主要是因为电极材料与电解液或杂质会发生不可逆的副反应、腐蚀或溶解。例如，对于一些标准电极电位比氢电极更负的活泼金属，杂质的存在往往容易与活泼金属形成腐蚀微电池。此外，正极上发生副反应时也会消耗正极活性物质，导致容量不断下降。以铅酸电池正极活性物质 PbO_2 为例，它会与板栅铅发生如下反应而不断被消耗：$PbO_2 + Pb + 2H_2SO_4 \longrightarrow 2PbSO_4 + 2H_2O$。对于常用二次电池的湿搁置贮存寿命，镉镍电池为 2~3 年，铅酸电池为 3~5 年，锂离子电池为 5~8 年。

电池容量在贮存过程中自行发生衰减的现象称为自放电，又称为荷电保持能力。在一定时间内通过电池自放电损失的容量占总容量的比例称为自放电率，一般采用月自放电率来衡量。一次电池的自放电率较小，例如，碱性锌锰圆形电池的月自放电率约为 2%，而锂-MnO_2 纽扣电池仅有 1%。相比之下，二次电池的自放电率更大，例如，铅酸电池的月自放电率达到 15%~20%。

自放电会降低电池的贮存寿命。降低电池的自放电是一个重要的研究课题，可采取的措施有很多。例如，去除电极中的杂质、采用高纯度的电极材料。在水系电池中，可以在负极中添加氢过电位较高的金属，如 Cd、Hg、Pb 等，或在电解液中加入一些具有抑制析氢能力的缓蚀剂。

1.4 控制电流暂态技术

电化学测量方法是获取各种化学电源性质和性能的重要手段,后面章节将介绍几类重要的电化学测量技术。

控制电流阶跃是一种常用的暂态测量技术,习惯上称为恒电流法,也称为计时电位法,是指通过控制流过研究电极的电流按照一定的电流突跃波形进行规律变化,同时测量电极电位随时间的变化,进而分析电极过程的机理、计算电极的有关参数或电极等效电路中各元件的数值。

1.4.1 控制电流暂态过程概述

在控制电流阶跃暂态测量方法中,流过电极的电流会在某一时刻发生突跃,然后在一定的时间范围内恒定在某一固定值上。

下面以单电流阶跃为例,讨论控制电流阶跃暂态过程的特点。当电极上流过一个单阶跃电流时,电流-时间曲线(i-t 曲线)和相应的电势-时间响应曲线(φ-t 曲线)分别如图 1-1a、b 所示。

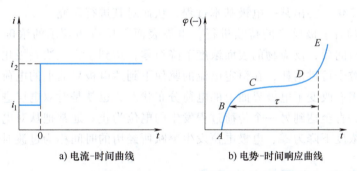

a) 电流-时间曲线　　b) 电势-时间响应曲线

图 1-1　单电流阶跃极化下的控制信号和响应信号

电极电位随时间变化的原因可分析如下。

1) AB 段:在电流突跃瞬间(即 $t=0$ 时刻),流过电极的电量极小,不足以改变界面的荷电状态,因而界面电位差来不及发生改变。或者可以认为,电极/溶液界面的双电层电容对突变电信号短路,而欧姆电阻具有电流跟随特性,其压降在电流突跃 10^{-12} s 后即可产生,因此电极等效电路可简化为只有一个溶液电阻的形式,如图 1-2a 所示。可以说,φ-t 曲线上 $t=0$ 时刻出现的电位突跃是由溶液欧姆电阻引起的,该电位突跃值即为溶液欧姆压降 $\eta_{t=0} = \eta_R = -iR_s$。

2) BC 段:当电极/溶液界面上通过电流后,电化学反应开始发生。由于电荷传递过程的滞后性,引起双电层充电,电极电位发生变化。此时引起电位初期不断变化的主要原因是电化学极化。这时相应的电极等效电路包括溶液电阻和界面上的等效电路,如图 1-2b 所示。

3) CD 段:随着电化学反应的进行,电极表面上的反应物粒子不断消耗,产物粒子不断生成,由于液相扩散传质过程的迟缓性,电极表面反应物粒子浓度开始下降,产物粒子浓度开始上升,浓差极化开始出现。并且这种浓差极化状态随着时间由电极表面向溶液本体深处不断发展，电极表面上粒子浓度持续变化。因此，这一阶段 $\varphi\text{-}t$ 响应曲线上电位变化的主要原因是浓差极化。此时相应的电极等效电路还包括电极界面附近的扩散阻抗，如图 1-2c 所示。

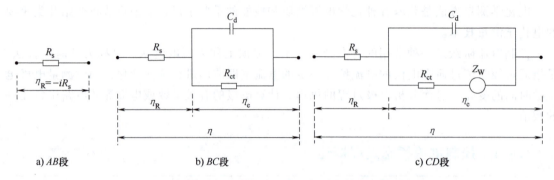

a) AB段　　　　　b) BC段　　　　　c) CD段

图 1-2　电势-时间响应曲线不同阶段对应的电极等效电路

根据上述分析可知，电极极化过程包括电阻极化（即溶液欧姆电压降）、电化学极化和浓差极化，这三种极化对时间的响应各不相同，其中电阻极化 η_R 响应最快，电化学极化 η_e 响应较慢，而浓差极化 η_c 的响应最慢。换言之，电极极化建立的先后顺序是电阻极化、电化学极化和浓差极化。由于三种极化对时间的响应不同，因而可以通过控制极化时间的方法使等效电路得以简化，突出某一电极基本过程，从而对其进行研究。

4）DE 段：随着电极反应的持续进行，电极表面上反应物粒子的浓度不断下降，当电极反应持续一段时间后，反应物的表面浓度下降至零，达到了完全浓差极化。此时，电极表面上已无反应物粒子可供消耗，在恒定电流的驱使下到达电极界面上的电荷不能再被电荷传递过程所消耗，因而改变了电极界面上的电荷分布状态，也就是对双电层进行快速充电，电极电位发生突变，直至达到另一个传荷过程发生的电位为止。通常把从对电极进行恒电流极化到反应物表面浓度下降为零、电极电位发生突跃所经历的时间称为过渡时间，用 τ 表示。

1.4.2　控制电流阶跃技术的应用

恒电流间歇滴定技术（Galvanostatic Intermittent Titration Technique，GITT），是一种结合了暂态和稳态技术的测试方法，最早由 W. Weppnerand 和 R. A. Huggins 提出，采用间歇恒电流激励来获得对应的电压响应图像，经过数学处理可以较方便地得到离子扩散系数。

GITT 是通过分析电压与时间的变化关系而得到反应动力学行为信息的测试技术。如图 1-3 所示，一个完整的 GITT 测试由若干组"阶跃"单元（恒电流+弛豫）构成。

在小电流下对电池进行恒流充（放）电一定时间，随后停止施加电流并保持一定时间，使离子在活性物质内部充分扩散达到平衡状态，结合活性材料的理化参数，分析电极电位的变化和弛

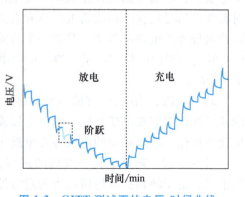

图 1-3　GITT 测试下的电压-时间曲线

豫时间的关系，则可通过式（1-12）计算出离子在材料内部的扩散系数。

$$D_{Li^+} = \frac{4}{\pi\tau}\left(\frac{m_B V_M}{M_B S}\right)^2 \left(\frac{\Delta E_s}{\Delta E_\tau}\right)^2 \quad (1\text{-}12)$$

式中，τ 为恒电流时间（s）；m_B 为活性物质的质量（g）；M_B 和 V_M 分别表示活性物质摩尔质量（g/mol）和摩尔体积（cm³/mol）；S 代表电极面积（cm²）；ΔE_s 为脉冲引起的电压总变化（V）；ΔE_τ 为恒流充放电引起的电压总变化（V）。GITT 的一个阶跃单元如图 1-4 所示。

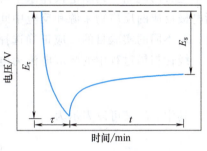

图 1-4　GITT 的一个阶跃单元

1.5　线性电势扫描技术

1.5.1　线性电势扫描技术简述

控制电极电势按照恒定速率，从起始电势 φ_1 变化到某一电势 φ_2，或在完成该变化后再以同一速率从 φ_2 反向变化到 φ_1，或在 $\varphi_1 \sim \varphi_2$ 间进行往复循环变化，同时记录相应的响应电流值，该方法通常称为线性电势扫描伏安法。线性电势扫描伏安法是暂态测量方法中的一种，讨论的是电势连续线性变化的情况。其中，电势变化的速率称为扫描速率，为常数。常见的电势扫描波形如图 1-5 所示。

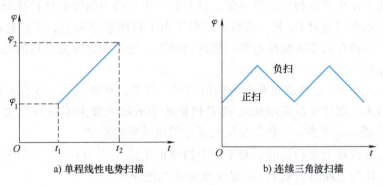

a) 单程线性电势扫描　　　　b) 连续三角波扫描

图 1-5　线性电势扫描技术中的常见波形

单程线性电势扫描是控制电极电势以恒定的速率单方向变化，同时记录通过电极的电流，以测得的电流对施加的电势进行作图，得到电流-电势曲线的方法。连续三角波扫描就是控制电极电势以恒定的速率作等腰三角形变化，得到的电流-电势极化曲线是由阳极极化曲线与阴极极化曲线组合而成的，这种方法称为循环伏安法。实验过程中所采用的三角波电势幅度不同，实验所揭露的电极过程规律也不相同。依据扫描电势幅度的大小，通常可以分为小幅度运用和大幅度运用。当三角波电势幅度小于 10 mV 时，得到的电流-电势曲线主要揭露双电层充电及电荷传递反应的相关规律，属于电化学极化，此时三角波电势扫描法可以用于测定双电层电容和反应电阻。而当采用大幅度三角波电势扫描时，可在整个电势范围内进行扫描，电流-电势曲线能够揭露复杂的电极过程规律，此时可以用于对电极体系做定性和半定量的观测，判断电极体系中可能发生的电化学反应，判断电极过程的可逆性，以及判断电极反应的反应物来源和反应中间产物等。因此，用三角波电势扫描法研究电极过程规律时，对不同的实验目的，应正确选择三角波电势幅度。

线性扫描过程中的响应电流为电化学反应电流 i_r 和双电层充电电流 i_c 之和，即

$$i = i_r + i_c \tag{1-13}$$

其中，i_c 又可以表示为

$$i_c = \frac{dq}{dt} = -C_d \frac{d\varphi}{dt} + (\varphi_z - \varphi) \frac{dC_d}{dt} \tag{1-14}$$

式中，C_d 为双电层的微分电容；φ_z 为零电荷电势；φ 为电极电势。

由式（1-14）可知，i_c 可以分为两部分：一是电极电势发生变化时，改变界面电荷状态的双电层充电电流，即 $-C_d \frac{d\varphi}{dt}$；二是双电层电容改变时引起的双电层充电电流，即 $(\varphi_z - \varphi) \frac{dC_d}{dt}$。

当电极表面发生活性物质的吸脱附时，电极的双电层电容 C_d 会急剧变化，从而导致 $(\varphi_z - \varphi) \frac{dC_d}{dt}$ 很大，表现为在 $i\text{-}\varphi$ 曲线上出现伴随吸脱附曲线的电流峰，称为吸脱附峰。

当电极表面不发生活性物质的吸脱附，且测量过程采用小幅度电势扫描时，在小电势范围内可近似认为双电层电容 C_d 是一常数，同时又由于扫描速率恒定，所以此时的双电层电流也恒定不变。即使在很多大幅度电势扫描的情况下，为了简化研究过程的运算，通常也认为双电层电流保持不变。

扫描速率的大小对 $i\text{-}\varphi$ 曲线也具有较大的影响。其中，双电层充电电流 i_c 随着扫描速率的增大而线性增大，电化学反应电流 i_r 随着扫描速率的增大发生非线性增大。当扫描速率增大时，i_c 比 i_r 增大得更多，i_c 在总反应电流中的贡献率将增加。

当进行大幅度线性电势扫描时，对于一个简单的电极反应 $O + ne^- \longleftrightarrow R$ 而言（其中，O 为氧化态物质，R 为还原态物质），伏安曲线常常如图 1-6 所示。电流峰的出现可以解释为：在电势扫描的过程中，随着电势的移动，电化学极化和浓差极化相继出现。随着极化的增大，反应物的表面浓度不断下降，扩散层中反应物的浓度不断提高，从而导致扩散流量增加，扩散电流增大。当反应物表面的浓度下降为 0 时，即实现完全浓差极化，扩散电流达到极值。但此时，扩散过程并未达到稳态，随着电势继续扫描，扩散场的厚度越来越大，相应的扩散流量逐渐下降，扩散电流逐渐降低，因此形成了电流峰。

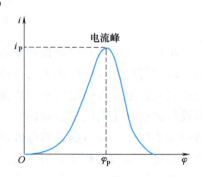

图 1-6　线性电势扫描伏安曲线

1.5.2 线性扫描伏安法

1. 电荷传递过程控制下的小幅度三角波电位扫描法

如果使用小幅度三角波电位信号,由于电位幅度限制在 10mV 以内,所以可以近似认为 R_{ct} 和 C_d 为常数;当三角波频率较高时,浓差极化可以忽略不计,电极受电荷传递过程控制。

(1) 电极处于理想极化状态,且溶液电阻可以忽略 当扫描电位范围内没有电化学反应发生时,电极处于理想极化状态,此时的电极等效电路仅包含双电层电容 C_d。此时,三角波电位控制信号和相应的响应电流如图 1-7a、b 所示。由于采用的是小幅度测量信号,双电层电容可以看成常数,因此在单程扫描过程中响应电流恒定不变,即 $i = i_c = -C_d \dfrac{d\varphi}{dt} =$ const。电流突跃值可以表示为 $\Delta i = 2C_d v$,其中 $v = \left|\dfrac{d\varphi}{dt}\right|$。进一步可得

$$C_d = \frac{T\Delta i}{4\Delta\varphi} \tag{1-15}$$

式中,T 为三角波电位信号的周期;$\Delta\varphi$ 为三角波电位信号的幅值。

此方法是测定电化学超级电容器性能的常用手段。当利用式(1-15)计算时,为了提高测量精度,应当采用较大的扫描速率,同时还要保证扫描幅度在 10mV 以内。如果电极有较宽的理想极化区,在该电位区内可以采用较大幅度的三角波电位扫描法测得整个电位区内的 C_d-φ 曲线。

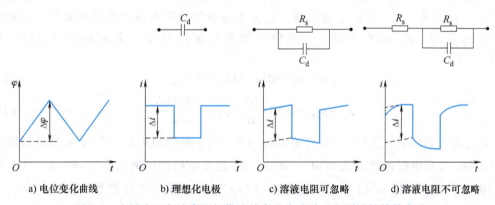

a) 电位变化曲线　　b) 理想化电极　　c) 溶液电阻可忽略　　d) 溶液电阻不可忽略

图 1-7　小幅度三角波电位扫描法的电位电流波形和对应的等效电路

(2) 电极上有电化学反应发生,且溶液电阻可以忽略 当溶液电阻可以忽略时,电极的等效电路可以表示为双电层电容和传荷电阻并联的形式。此时,三角波电位控制信号和响应的电流曲线可以表示为图 1-7a、c。其中,总电流由双电层充电电流和法拉第电流两部分组成,即 $i = -C_d \dfrac{d\varphi}{dt} + i_f$。与上述讨论同理,可以推导出双电层电容 C_d 和传荷电阻 R_{ct} 的计算公式分别为

$$C_d = \frac{T\Delta i}{4\Delta\varphi} \tag{1-16}$$

$$R_{ct} = \frac{|\Delta\varphi|}{\Delta i} \quad (1-17)$$

式中，Δi 代表着电位扫描过程中电流的线性变化值，即法拉第电流的变化值。利用式（1-17）计算时，应当减小扫描速率。

(3) 电极上有电化学反应发生，且溶液电阻不可忽略 当电极上存在电化学反应时，溶液电阻不可忽略，相应的三角波电位信号和响应电流如图 1-7a、d 所示。当溶液电阻 R_s 较小时，可以利用式（1-18）计算 R_{ct}。

$$R_{ct} = \frac{|\Delta\varphi|}{\Delta i} - R_s \quad (1-18)$$

当 R_s 较小时，该近似计算方法得到的结果误差较小；当 R_s 较大时，该近似方法误差较大，不能使用。因此，用这种方法计算时，溶液电阻一定要小或是能够利用恒电位仪进行补偿。如果恒电位仪有溶液电阻补偿电路，将 R_s 引起的电压降补偿后可得图 1-7c 所示的波形，从而提高测量精度。

2. 浓差极化存在时的单程线性扫描伏安法

这里重点讨论大幅度单程线性电位扫描伏安法的情况，此时浓差极化不可忽略。对于一个简单的电极反应，实验前体系中仅存在反应物，而没有产物。如果对其进行阴极方向的单程线性电位扫描，其电位关系可以表示为

$$\varphi(t) = \varphi_i - vt \quad (1-19)$$

其中初始电位 φ_i 选择在相对于形式电位 φ_0 足够正的电位区间，因而在 φ_i 下没有电化学反应发生。

根据反应的可逆性，下面分三种情形进行详细讨论：

(1) 可逆体系 对于可逆电极体系，电荷传递过程的平衡基本未受到破坏，因而能斯特方程仍然适用。在 298K 温度下，峰值电流和峰值电位可以分别用式（1-20）和式（1-21）计算。

$$i_P = 2.69 \times 10^5 n^{3/2} A D_O^{1/2} v^{1/2} C_O^* \quad (1-20)$$

$$\varphi_P = \varphi_{1/2} - 1.109 \frac{RT}{nF} = \varphi_{1/2} - \frac{28.5\text{mV}}{n} \quad (1-21)$$

式中，$\varphi_{1/2}$ 是半波电位（V）；i_P 是峰值电流（A）；φ_P 是峰值电位（V）；n 是电极反应的得失电子数；A 是电极的真实表面积（cm²）；D_O 是反应物的扩散系数（cm²/s）；C_O^* 是反应物的初始浓度（mol/cm³）；v 是扫描速率（V/s）；R 是摩尔气体常数（J/mol·K），R = 8.314J/mol·K；T 是热力学温度（K）；F 是法拉第常数（C/mol）。

当实验中测得的伏安曲线上的电流峰较宽时，峰值电位 φ_P 难以准确测定，此时可以使用 $i = \frac{i_P}{2}$ 时的半峰电位来 $\varphi_{P/2}$ 替代，则

$$\varphi_{P/2} = \varphi_{1/2} + 1.09 \frac{RT}{nF} = \varphi_{1/2} + \frac{28.0\text{mV}}{n} \quad (1-22)$$

由式（1-21）与式（1-22）可得

$$\varphi_{1/2} = \varphi_P + 1.109 \frac{RT}{nF} = \varphi_{P/2} - 1.09 \frac{RT}{nF} \quad (1-23)$$

即半波电位恰好位于 φ_P 和 $\varphi_{P/2}$ 的中间。此外，对于 φ_P 和 $\varphi_{P/2}$ 之间的差值也是确定的，不随扫描速率变化，即

$$|\varphi_P - \varphi_{P/2}| = 2.20\frac{RT}{nF} \text{ 或 } |\varphi_P - \varphi_{P/2}| = \frac{56.5\text{mV}}{n} \tag{1-24}$$

通过以上分析可知，对于可逆电极体系而言，电流伏安曲线具有下述特点：

1) 峰值电位 φ_P、半峰电位 $\varphi_{P/2}$，以及 $|\varphi_P - \varphi_{P/2}|$ 均与扫描速率无关，$\varphi_{1/2}$ 大约在 φ_P 与 $\varphi_{P/2}$ 的正中间。这些电位数值可以作为判定电极反应的依据。

2) 伏安曲线上的任一点的电流大小都正比于 $v^{1/2} C_O^*$。对于 i 正比于 C_O^*，可以利用该特点对反应物的浓度进行定量分析；对于 i 正比于 $v^{1/2}$，可以理解为，扫描速率越大，达到伏安曲线上任一点的电位所需的时间越短，相应的暂态扩散层厚度越薄，扩散速率越大，因而响应电流也越大。

值得注意的是，由于扫描过程中电位总是以恒定的速率变化，双电层充电电流总是存在，且扫描速率越大，反应物的初始浓度越低，双电层充电电流在总电流中所占比例就越高，双电层充电电流所引起的伏安曲线的误差也就越大。通常在确定伏安曲线的峰值电流时，需要以双电层充电电流为基线，从而尽可能扣除掉双电层充电电流的影响。

另外，在电流增大到峰值的过程中，随着电流的增大，溶液的欧姆电压降也在增大，因此真正电极界面上的电位改变速率小于给定的扫描速率 v，因此峰值电流变得更小，峰值电位向着扫描的方向移动，并且真正的界面电位和时间的关系也将偏离线性关系，导致伏安曲线的误差。当扫描速率增大时，响应电流增大，因而溶液的欧姆电压降也会增大，即电位的控制误差增大，导致伏安曲线的偏差更大。

（2）完全不可逆体系　对于完全不可逆体系，能斯特方程不再适用。在 298K 温度下，峰值电流和峰值电位的表达式分别可以改写为

$$i_P = 0.4958AFC_O^* D_O^{1/2} v^{1/2} \left(\frac{nF}{RT}\right)^{1/2} \text{ 或 } i_P = (2.69 \times 10^5)\alpha^{1/2}AC_O^* D_O^{1/2} v^{1/2} \tag{1-25}$$

$$\varphi_P = \varphi^\theta - \frac{RT}{\alpha F}\left[0.78 + \ln\frac{\sqrt{D_O}}{k^\theta} + \ln\sqrt{\frac{\alpha F v}{RT}}\right] \tag{1-26}$$

式中，φ^θ 是形式电位（V）；i_P 是峰值电流（A）；φ_P 是峰值电压（V）；α 是电极反应的传递系数；A 是电极的真实表面积（cm^2）；D_O 是反应物的扩散系数（cm^2/s）；C_O^* 是反应物的初始浓度（mol/cm^3）；v 是扫描速率（V/s）。

实际计算中仍然可以利用半峰电位 $\varphi_{P/2}$ 求峰值电位 φ_P，即

$$|\varphi_P - \varphi_{P/2}| = 1.875\frac{RT}{\alpha F} \text{ 或 } |\varphi_P - \varphi_{P/2}| = \frac{47.7\text{mV}}{\alpha} \tag{1-27}$$

该体系下伏安曲线具有以下特点：

1) 峰值电流 i_P 及伏安曲线上任意一点的电流都正比于反应物的初始浓度和扫描速率的平方根。

2) 完全不可逆体系的 i_P 低于可逆体系的 i_P。

3) φ_P 是扫描速率的函数。扫描速率每增大 10 倍，φ_P 向扫描的方向移动 $\frac{1.15RT}{\alpha F}$。

$|\varphi_P - \varphi^\theta|$ 的值与 φ^θ 下的标准反应速率常数 k^θ 有关，k^θ 越小，这个差值越大，这正是反应受电荷传递过程影响时的动力学特征。

4）完全不可逆体系的 $|\varphi_P - \varphi_{P/2}|$ 大于可逆体系的 $|\varphi_P - \varphi_{P/2}|$。

5）在不同扫描速率下，利用测得的数据进行 $\ln i_P - (\varphi_P - \varphi^\theta)$ 作图，可获得一条直线，通过直线的斜率和截距可以求出 α 和 k^θ。

（3）准可逆体系　准可逆体系的处理过程较为复杂，其伏安曲线的峰值电流 i_P、峰值电位和半波电位的差值 $|\varphi_P - \varphi_{1/2}|$、峰值电位和半峰电位的差值 $|\varphi_P - \varphi_{P/2}|$ 均介于可逆体系和完全不可逆的相应数值之间。

在研究准可逆体系时，通常引入峰参数 Λ：

$$\Lambda = \frac{k^\theta}{\left[D_O^{1-\alpha} D_R^\alpha \left(\frac{nF}{RT}\right) v\right]^{1/2}} \tag{1-28}$$

Λ 是决定电极体系可逆性的重要参数。当 $\Lambda \geq 15$ 时，电极体系处于可逆状态；当 $\Lambda \leq 10^{-2(1+\alpha)}$ 时，电极体系处于完全不可逆状态。

由式（1-28）可知，Λ 不仅取决于体系本身的性质，还受到扫描速率的影响。一般地，扫描速率越快，达到一定电位下所需的时间越短，暂态扩散层厚度越薄，扩散流量越大，扩散速率越快，浓差极化在总极化中所占比例就越小，相应的电化学极化所占比例上升，逐步偏离电化学的平衡状态，能斯特方程不再适用，电极由可逆状态转变为准可逆状态，进而转变为完全不可逆状态。

1.5.3　循环伏安法

将平面电极插入如下电化学体系中，有如下反应：$O + ne^- \longleftrightarrow R$。在电极上施加随时间做线性变化的大幅度三角波电位，如图 1-8a 所示，这个电位称为扫描电位。扫描电位以恒定的速度从电位 φ_1 扫描到 φ_2，然后转换方向，再由 φ_2 扫描到 φ_1。在扫描电位的作用下，通过电极的响应电流会随电位变化而发生改变，从而得到电流-电位曲线，即循环伏安曲线，如图 1-8b 所示。当电极电位向正向扫描时，反应物 O 发生还原反应，得到的电流与电位曲线称为阴极极化曲线；当电极电位反向扫描时，还原产物 R 被氧化，得到的电流与电位曲线称为阳极极化曲线。该测试方法通常被称为循环伏安法，由上述两个极化曲线共同组成的图形称为循环伏安曲线。

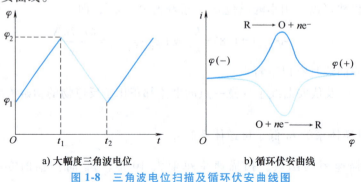

a）大幅度三角波电位　　　　b）循环伏安曲线

图 1-8　三角波电位扫描及循环伏安曲线图

由上述得到的电流-电位曲线可以看出，随着电位向阴极方向移动，电流逐渐增加，通过极大值后，电流又下降，形成了一个阴极峰电流 i_{pc}。产生阴极峰电流时，反应物在电极表面浓度达到零。扫描电位向阳极方向移动时，得到阳极峰电流的原因与阴极峰电流相同。

对循环伏安曲线进行数学解析，可以推导出峰电流、峰电位、反应粒子浓度，以及动力学参数（如扩散系数等）之间的一系列特征关系，从而为研究电极反应规律提供丰富的电化学信息。对于一些新的电化学体系，也能够利用循环伏安法进行定性探索，为推测体系中可能发生的反应提供参考。根据所获得的循环伏安曲线的形状、峰数量、峰电流和峰电位等信息，对电极反应机理进行深入研究。

1.5.4 线性电势扫描技术的应用

1. 初步研究反应体系中可能发生的电化学反应

当在伏安曲线上出现阳极电流峰时，意味着电极发生了氧化反应，而当出现阴极峰时，则表明发生了还原反应。电流峰的电势位置有助于判断发生了什么电化学反应，与该反应的平衡电势间的差值表明了该反应发生的难易程度，阴阳极电流峰的电势差值表明了该反应的可逆程度，峰值电流表示在给定条件下该反应可能的进行程度。此外，如果把电流-电势曲线转换成电流-时间关系曲线，则电流峰下覆盖的面积就代表该电化学反应消耗的电量，由此电量有可能得到电极活性物质的利用率、电极表面覆盖率、电极真实电化学表面积等一系列丰富的电化学信息。

2. 判断电极过程的可逆性

线性电势扫描法能够用来判断电极反应的可逆性。对于单程线性扫描法，若峰值电势 φ_p 不随扫描速率的变化而变化，则该电化学过程是高度可逆的；反之，若 φ_p 随着扫描速率的增大而向扫描方向移动，则电极过程是不完全可逆的。对于循环伏安法，阳极峰和阴极峰电势的差值 $|\varphi_p|$ 可以用来判断反应的可逆性。

若 $|\varphi_p| \approx 59 \text{mV}/n$（298K），且 $|\varphi_p|$ 不随扫描速率的变化而变化，则该过程为可逆电极过程；若 $|\varphi_p| > 59 \text{mV}/n$（298K），且随着扫描速率增加，$|\varphi_p|$ 增大，则为不可逆过程。在相同的扫描速率下，$|\varphi_p|$ 越大，反应的不可逆程度越大。

3. 电极的赝电容计算与动力学分析

在循环伏安测试中，通过施加不同的电压扫描速率，可以得到不同的峰电流值。将扫描速率与所得的峰电流响应进行对应来分辨电池在充放电过程中是体相扩散行为还是表面赝电容行为。根据

$$i = av^b \tag{1-29}$$

如果 b 值为 0.5，电极材料表现为体相扩散行为的电池属性；如果 b 值在 0.5~1 范围内，电极材料表现为体相扩散和表面赝电容的混合行为，且 b 值越接近 1，表面赝电容的容量贡献率越高；如果 b 值为 1，则材料完全表现为表面赝电容行为。为区分上述两种行为对响应电流的贡献量，还可以将响应电流分解成体相扩散（$k_1 v^{1/2}$）和表面赝电容（$k_2 v$）所引起的电流，通过式（1-30）计算特定扫描速率下的赝电容贡献率。

$$i(V)/v^{1/2} = k_1 v^{1/2} + k_2 v \tag{1-30}$$

式中，v 为特定的扫描速率（mV/s）；V 为指定的某一电势；k_1 和 k_2 为可以调整的参数。

在特定的电势下，通过对 $i(V)/v^{1/2}$ 和 $v^{1/2}$ 进行线性拟合，可以得到 k_1 值，每个特定的电势都有一个对应的拟合 k_1 值。将众多的特定电势与 k_1v 通过平滑曲线连接起来，进行非线性拟合（注意：实验过程中记录的电压数据点越多，拟合越精确，赝电容的计算就越精确）。对拟合的闭合曲线进行积分求面积，再对特定扫描速率下的循环伏安曲线进行积分求面积。将拟合曲线的面积除以循环伏安曲线总面积所得的数值定义为在该特定扫描速率下的赝电容贡献率。通常情况下，随着扫描速率的增大，体相扩散的"深度"急剧减少，体相扩散的容量贡献率下降。而赝电容对应的容量受扫描速率的影响小，因此赝电容贡献率将逐渐增大。

1.6 交流阻抗技术

1.6.1 交流阻抗技术概述

在电极上施加一个小幅度的正弦波电位（或电流），这种电信号被称为"扰动"。在该正弦波电位的扰动下，电极输出的正弦波电流被称为"响应"。根据正弦电位和正弦电流的数值可以计算出该电极系统的电化学阻抗值。

电化学阻抗值 Z 可以表示为

$$Z = Z' - jZ'' \tag{1-31}$$

式中，$Z' = |Z|\cos\theta$，称为阻抗实部；$Z'' = |Z|\sin\theta$，称为阻抗虚部。

通过在一系列不同频率下测得不同的电化学阻抗值，便可以构成电极系统的电化学阻抗谱，该方法被称为交流阻抗技术或电化学阻抗技术。

当用一角频率为 ω、振幅足够小的正弦波电流信号对一个稳定的电极系统进行扰动时，相应的电极电势会做出角频率为 ω 的正弦波响应，从被测电极与参比电极之间输出一个角频率是 ω 的电压信号，此时电极系统的频率响应函数就是电化学阻抗。电化学交流阻抗谱技术是在某一直流极化条件下，特别是在平衡电位条件下，研究电化学系统交流阻抗随频率的变化关系。由不同频率下的电化学阻抗数据可以绘制电化学阻抗谱（Electrochemical Impedance Spectroscopy，EIS）。

电化学阻抗谱由两类谱图组成：①电化学阻抗复平面图（Nyquist 图）；②电化学阻抗波特图（Bode 图）。下面分别讨论它们的构成。

电化学阻抗谱是复数，因此，可以用电化学阻抗复平面来描述。其中，复平面纵坐标轴的正向表示电化学阻抗虚部的负值，复平面横坐标轴的正向表示电化学阻抗实部的正值。将式（1-31）表示为化学阻抗复平面坐标系中的一个点，如图 1-9 所示，它是阻抗角为 θ 时的电化学阻抗值。其中，电化学阻抗模和阻抗角分别见式（1-32）和式（1-33）。

$$|Z| = \frac{E}{I} \tag{1-32}$$

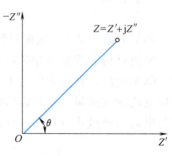

图 1-9　电化学阻抗的复数平面图

$$\tan\theta = \frac{Z'}{Z''} \tag{1-33}$$

由此可见,电化学阻抗是角频率 ω 的函数,因而改变频率,电化学阻抗不再是复平面上的一个点,而是具有一定形状的曲线,即电化学阻抗复平面图。通过不同的 ω 值绘制 Z'' 对 Z' 图,即可获得电化学信息。

电化学阻抗谱一般存在以下两种极限:

(1)低频率 当测试频率较低时,Z'' 对 Z' 图是一条直线,频率在此区间依赖于 Warburg 阻抗,即 Z'' 和 Z' 的线性相关性是一个扩散控制电极的过程。

(2)高频率 当频率升高时,相对于 R_{ct},Warburg 阻抗变得不重要了,此时 Z'' 对 Z' 作图是一个中心处于 $Z''=R_s+R_{ct}/2$ 位置的圆形。

对于任意给定电化学体系,电化学阻抗谱通常由高频、中频、低频等多个区域组成,如图 1-10 所示。

电化学阻抗波特图是指以 $\lg f$ 为横坐标,分别以 $\lg|Z|$ 和阻抗角 θ 为纵坐标绘制的曲线。

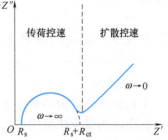

图 1-10 电化学体系的阻抗谱

1.6.2 等效电路与等效元件

电化学阻抗技术可用于确定电极反应的历程和动力学机理,并测定反应历程中的电极基本过程的动力学参数。为实现测定参数的目的,需要对电化学阻抗谱图进行进一步分析,常采用的方式是曲线拟合,即建立电极过程合理的物理模型,并确定该物理模型中的参数值,从而得到相关的动力学参数。

对于小振幅的正弦激励信号,电化学测量池可用一个阻抗来表示,即由电阻和电容组成的等效电路来表示,通过等效电路的电流与通过电化学池的电流相同。在电极上发生电荷转移反应时,电极过程要经历以下四个基本步骤。

1. 双电层充电步骤

电流通过电极时,电极的双电层首先发生充电。充电过程产生的阻抗是双电层引起的,故用双电层电容 C_d 表示电极等效电路中的等效电容元件。

2. 离子迁移过程

电流通过电极时,离子在电解液中发生电迁移。电迁移的阻力可以用溶液电阻 R_s 来表示,其数值大小是鲁金毛细管口到电极表面这段距离的电阻值。

3. 反应物 O 及产物 R 的扩散过程

电流通过电极,在电极界面处形成扩散层。扩散层由无数个 dx 薄层组成,每层浓差极化可用一个电容 C_{dx} 和一个电阻 R_{dx} 表示。浓差极化的等效电路由浓差电容和浓差极化电阻组成,它们分别用 C_W、R_W 表示。理论上,它们通过串联构成浓差极化的等效电路。

4. 电荷转移过程

在电极上施加一定的电位,会发生电化学反应。电荷穿过电极与溶液两相界面传递电荷产生的阻力可以等效为一个电阻,用 R_{ct} 表示,即电荷转移电阻,其数值代表电荷转移的难易程度。

根据以上四个基本步骤及其响应的电学等效元件的分析,任一电极都可以转化为其等效电路。发生电极反应的离子,通过扩散穿过扩散层,然后进入双电层并在电极界面放电。因此,浓差极化等效电路与电荷转移电阻 R_{ct} 是串联的。

实验结果证明,电流通过电极,首先发生双电层充电,然后再发生电化学反应。因此,电荷转移电阻 R_{ct} 和浓差极化等效电路构成串联等效电路与双电层电容 C_d 并联。溶液电阻是指扩散层到鲁金毛细管口这段距离的溶液电阻,故 R_s 与其他等效元件已形成的并联电路再串联。

1.6.3 交流阻抗技术的测量方法与数据处理

1. 测量方法

交流阻抗技术的测量方法可以分为两类:频率域测量方法和时间域测量方法。

频率域测量方法是用正弦波作为扰动信号,用逐个频率测定电极阻抗。属于该方法的有交流电桥法、锁相放大器法等。用阻抗方法完整表征一个电化学过程,测量的频率范围要足够宽,且通常由高频到低频进行测量。一般使用的频率范围是 $10^{-4} \sim 10^5$ Hz。较宽的频率范围可以保证一次测量就能获得足够的高频和低频信息,特别是涉及溶液中的扩散过程或电极表面上的吸附过程的阻抗,往往需要在很低的频率下才能在阻抗谱图上反映出这些过程的特点来。因此通常测量的频率范围的低频端要延伸至 10^{-2} Hz 甚至更低的频率。

时间域测量方法也称为时频转换法。该方法对研究电极施加小幅度扰动电位,按常规方法对电极进行极化,测量响应随时间的变化,再通过数学转换获得电化学阻抗。快速傅里叶变换法和拉普拉斯变换法是时间域测量法中两种常见的方法。

在一般的仪器中,通常同时具备时间域和频率域的测量方法,可以根据实际需要选择使用。此外,值得注意的是,阻抗数据的测量必须满足稳定性条件,即要求进行交流阻抗测量时体系的直流极化必须处于稳态,通常要在直流极化下稳定一段时间后再进行相应的阻抗测量,且交流电也需要施加足够的周期以达到交流平稳态。未达到稳定性条件往往会导致得到的电化学阻抗谱杂乱无规律。同时,阻抗数据的测量还必须满足线性条件,即交流信号的幅值必须足够小。

2. 图解分析

分析阻抗谱时首先要观察高频区和低频区的图形。Nyquist 图上高频区出现半圆或者压扁的半圆,表明电荷传递步骤最有可能是速控步骤,而低频区的实分量和虚分量呈线性相关,则表明所对应的电极过程是扩散控制的。低频区阻抗谱所揭示的信息往往对于反应机理的深入研究具有启发性。如果在第一象限出现低频电容弧或者在第四象限出现低频电感弧,证明在电极表面可能发生了某种物种的吸附(如中间产物的吸附)。然而,电化学阻抗谱并不能确定吸附物种,因此需要与其他电化学测量技术相结合,以深入研究反应机理。

3. 数值计算

电极表面吸附粒子的覆盖度和某种膜的厚度都会影响反应速度。但在高频条件下,吸脱附和成膜过程的影响可以忽略不计,此时 $R_P = R_{ct}$。求出 R_{ct} 后,根据式(1-34)就可以计算出交换电流密度 i^0。

$$i^0 = \frac{RT}{nF} \cdot \frac{1}{R_P} = \frac{RT}{nF} \cdot \frac{1}{R_{ct}} \tag{1-34}$$

R_{ct} 还可以从 Randles 图中求得。如果从 Randles 图求得斜率，还可以计算出扩散系数 D。

1.6.4　交流阻抗技术的应用

当对储能器件（如电池）的某一电极体系进行电化学阻抗测试时，往往可以得到电极内各组成部分对电极性能影响的信息。以嵌入式电极材料为例，其电极弛豫过程可以分为隔膜、电极的欧姆电阻、表面绝缘层、传荷过程和扩散过程。

以锂离子电池正负极为例，如图 1-11 所示，其首次循环前所得的阻抗谱包括一个容抗弧和一条斜率接近 45°的直线。其中，容抗弧与坐标轴的交点对应于隔膜、电极欧姆电阻；容抗弧则对应着双电层电容通过传荷电阻的充放电过程。值得注意的是，经过首次循环后，其在高频区域往往会出现一个小的容抗弧。这是由于首次循环过程中，电极表面上会出现一层由有机电解液组分分解而成的固相膜，该层膜允许离子导电但不允许电子导电，称为固态电解质界面（Solid Electrolyte Interface，SEI）膜。SEI 膜不仅存在于锂离子电池的碳负极材料中，也存在于所有 Li$_x$MO$_y$（M = Ni、Co、Mn 等）正极表面上。在低频区域的直线对应于锂离子的体相扩散过程。

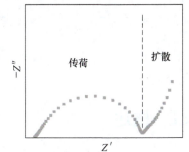

图 1-11　锂离子电池电极材料的电化学阻抗谱图

通过上述分析可知，阻抗谱的高频容抗弧对应于锂离子在 SEI 膜中的迁移过程，而中频容抗弧则对应于锂离子在 SEI 膜和电极活性材料界面处发生的电荷传递过程，低频直线对应着锂离子在固相中的扩散过程。据此分析，可以建立电极的等效电路，如图 1-12 所示。其中，R_s 代表电极体系的欧姆电阻；R_{SEI} 和 C_{SEI} 分别代表着 SEI 膜的阻抗和电容；C_d 代表双电层电容；R_{ct} 代表电荷传递电阻；Z_W 代表固相扩散阻抗。通过对等效电路的拟合可以分别获得各个电路元件的拟合值。

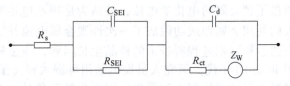

图 1-12　锂离子电池电极材料的等效电路

参 考 文 献

[1] 陈军, 陶占良. 化学电源——原理、技术与应用 [M]. 北京: 化学工业出版社, 2021.
[2] 程新群. 化学电源 [M]. 2 版. 北京: 化学工业出版社, 2019.
[3] 孙世刚. 电化学测量原理和方法 [M]. 厦门: 厦门大学出版社, 2021.
[4] 贾铮, 戴长松, 陈玲. 电化学测量方法 [M]. 北京: 化学工业出版社, 2006.
[5] ORAZEM M E, TRIBOLLET B. 电化学阻抗谱 [M]. 雍兴跃, 译. 北京: 化学工业出版社, 2022.

第 2 章
锂离子电池

2.1 概述

锂是元素周期表中的第一个金属元素，相对原子质量仅有 6.94，同时也是金属元素中密度最小的元素（$0.534\text{g}\cdot\text{cm}^{-3}$）。锂是由阿尔费德森（Arfwedson）于 1817 年在分析透锂长石（$LiAlSi_4O_{10}$）时首次发现的，于是他的老师贝采里乌斯（Berzelius）根据希腊文的"石头"将其命名为"Lithion"，后来演变为英文名称"Lithium"。然而，金属锂作为极为活泼的碱金属，易于和水及空气发生剧烈反应，导致人们在很长时间内对其无计可施。对锂电池的研究最早可追溯至 20 世纪早期，Gilbert N. Lewis 教授于 1913 年第一次系统阐述并成功测量了锂金属的电化学电位，被认为是锂基电池最早的研究工作。随后在 20 世纪 70 年代，人们使用金属锂成功做成了一次性锂金属电池并实现了商业化应用。然而，由于始终无法解决锂金属沉积过程所带来的枝晶生长问题，锂金属二次电池的商业化进程遭到了搁置。直到 20 世纪 80 年代，研究人员提出采用可嵌入锂离子的材料作为正负极，锂离子可以在正负极材料进行可逆地嵌入和脱出，因而也被形象地称为"摇椅电池"。在该体系中，由于不存在锂金属的沉积，有效避免了因锂枝晶生长带来的安全问题，引起了研究人员的广泛关注。美国学者 Goodenough 教授首次报道层状 $LiCoO_2$ 正极材料，其材料层间可以实现锂离子嵌入脱出，极大地推动了锂离子电池的商业应用。在此基础上，日本索尼公司于 1991 年首次推出了锂离子二次电池（即锂离子电池）。锂离子电池由于比能量高、环境适应能力强等特点迅速替代了镍镉电池、镍氢电池，广泛应用于手机、笔记本计算机等便捷式电子产品。时至今日，锂离子电池的能量密度不断攀升，成本大幅度缩减，在很多领域均占据着重要地位。

2.2 锂离子电池的工作原理、特点与分类

2.2.1 锂离子电池的工作原理

锂离子电池通常由阴极（正极）和阳极（负极）组成，在阴极和阳极间存在含有锂离

子的电解液。同时电池内部还存在隔膜，避免电极间直接接触形成离子通路。通常，锂离子电池的正极材料为插锂化合物，如 $LiCoO_2$、$LiFePO_4$ 等，而负极一般为石墨材料。电解质则为含有锂盐的有机溶剂。其中，溶质通常为 $LiPF_6$、$LiAsF_6$ 等，而溶剂一般为碳酸乙烯酯（EC）、碳酸丙烯酯（PC）等。除液态电解质外，凝胶、聚合物和陶瓷电解质也被应用于锂离子电池中。图 2-1 展示了典型锂离子电池的基本工作原理。如今，尽管人们已经探索了各种电极材料、电解质和隔膜，但是锂离子电池的基本结构设计与索尼公司最初的商业化电池依旧相同。

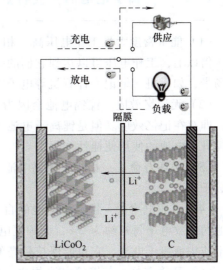

图 2-1 锂离子电池的基本工作原理示意图

充电时，电池两端与外部电源相连接。电子通过外部线路由阴极向阳极移动，同时锂离子通过电解液也由阴极向阳极移动。通过这种方式，外部能量以化学能的形式储存在电池中，分别储存在具有不同化学势的阳极和阴极材料中。放电过程则相反，电子通过外部负载从阳极移动到阴极，而锂离子则在电解液中从阳极移动到阴极。可见，在充放电循环过程中，锂离子在阳极和阴极之间来回穿梭，因而也被称为"摇椅"机制。在理想情况下，锂离子在正负极材料中嵌入和脱出，仅仅影响材料自身在层面间距上的变化，而并不破坏其晶体结构，是一种高度的可逆反应。

锂离子电池的典型基本构成为

$$(-)C_n | LiPF_6 =\!=\!= EC+DMC | Li_{1-x}M_xO_y(+)$$

两电极间的理论电压可通过电化学反应所引起的吉布斯自由能 [ΔG，见式（1-1）] 计算而来。

锂离子电池的性能可以通过许多参数来评估，如比能量、比容量、循环寿命、安全性、快充倍率等。从理论上来讲，石墨负极中每 6 个碳原子可以存储 1 个锂离子，其反应式可写成：

$$Li^+ + e^- + C_6 \longrightarrow LiC_6$$

根据式（1-3）和式（1-6）可知，石墨负极的理论比容量（$mA \cdot h/g$）为 $372mA \cdot h/g$。

类似地，对于 $LiCoO_2$ 的阴极反应，其反应式如下：

$$LiCoO_2 \longrightarrow 0.5Li^+ + 0.5e^- + Li_{0.5}CoO_2$$

其中 0.5 为实际转移电子数，此时该正极材料的理论比容量为 $137mA \cdot h/g$。

在实际中，要评估锂离子电池的整体容量，不仅要考虑阴极材料和阳极材料的重量，还要考虑其他基本组件，如黏合剂、导电增强剂、隔膜、电解质、集流体、外壳、极耳等，因此评估值会比理论值小。目前，普通商用锂离子电池根据正极材料的不同，额定电压通常为 3.6V 和 4.2V。此外，锂离子电池还设有下限终止电压，通常为 3.1V。

2.2.2 锂离子电池的主要特点

(1) 能量密度大且工作电压高　相较于镍镉或镍氢电池,锂离子电池的比能量是它们的 3 倍以上,工作电压可以达到它们的 3 倍,非常适合用于对重量要求轻、工作时间长的应用场景,如手机、笔记本计算机等电子产品。

(2) 无记忆效应　镍镉电池会因为充放电不完全使得内容物产生结晶,而导致容量下降,即存在记忆效应。但是锂离子电池不存在这种问题,可以在任何状态下进行充放电,极大提升了电池的使用便捷性。

(3) 循环寿命长　相较于镍镉电池 300~600 次的充放电循环,锂离子电池循环寿命可达数千次。

(4) 自放电率低　锂离子电池的自放电率相比其他类型的二次电池要低得多。锂离子电池的自放电率每月约为 2%,而镍镉电池每月的自放电率则在 15% 以上。因此,即使长时间不使用锂离子电池,它也能保持较高的电量。

(5) 环境友好　与镍镉电池相比,锂离子电池不含镉(Cd)、铅(Pb)、汞(Hg)等对环境和人体有害的重金属,更符合环保需求。表 2-1 对比了锂离子电池与镍镉电池和镍氢电池的性能。

表 2-1　锂离子电池与其他电池主要性能对比

技术参数	镍镉电池	镍氢电池	锂离子电池
工作电压/V	1.2	1.2	3.6
质量比能量/(W·h/kg)	50	65	120~160
充放电循环次数	300~600	300~600	>1000
毒性	有毒	轻毒	轻毒
形状	固定	固定	固定
月自放电率(%)	15~30	15~30	2

尽管锂离子电池在商业化道路上已经取得了巨大成功,但目前仍有许多问题需要解决。首先,锂离子电池的价格昂贵,这主要是因为锂资源分布不均、储量紧缺,因此与其他电池相比,锂离子电池单位瓦时成本仍然要高很多。其次,安全性仍需增强,锂离子电池在经历穿刺、破碎时可能会引发热失控起火,这需要增强关键部位的安全性。最后,该电池体系的工作温度有限,不仅在高温下性能下降,而且在低温下充电可能会因为枝晶生长导致安全问题发生。虽然使用保护电路可以避免过充和热失控,但也会增加重量负担并降低整个电池的能量密度。

2.2.3 锂离子电池的分类

目前,锂离子电池已经应用到人们生活中的方方面面。因此,根据应用领域的不同,电池的形态也被分为纽扣式、圆柱形、方形(图 2-2)。

(1) 纽扣式电池　纽扣式电池尺寸较小,通常应用于计算机主板、电子计算器等微型

a) 纽扣式　　　　　　　　　b) 圆柱形　　　　　　　　　c) 方形

图 2-2 锂离子电池的类型

电池产品。纽扣电池的编号通常由 4 位数字组成，前 2 位数字代表直径，后 2 位代表厚度，单位为 mm。如 2032 型锂离子电池代表直径为 20mm、厚度为 3.2mm。

（2）圆柱形电池　圆柱形电池的尺寸略大，广泛应用于太阳能灯具、电动工具。其规格参数通常由 5 位数字组成，前 2 位数字代表直径，中间 2 位代表长度，最后 1 位通常为数字 0，代表圆柱形电池，单位为 mm。例如，18650 型电池代表的是直径为 18mm、长度为 65mm 的圆柱形电池。

（3）方形电池　方形电池尺寸较大，能量密度较高，被广泛应用在汽车领域。其规格参数通常由 6 位数字组成，前 2 位数字代表厚度，中间 2 位代表宽度，最后 2 位代表长度，单位为 mm。例如，103450 型电池代表的是长度为 10mm、宽度为 34mm、高度为 50mm 的方形电池。

此外，锂离子电池还可以根据电解质的形态，分为液态锂离子电池和聚合物锂离子电池（固态聚合物锂离子电池）。两者在结构上并无区别，均含有正极、电解质和负极，但聚合物锂离子电池在能量密度、轻量化、安全性和成本方面更有优势。

2.3　锂离子电池正极材料

为了提高锂离子电池的能量密度、倍率性能和循环稳定性，正极材料必须满足以下几个基本要求：

1）氧化还原电位尽可能高，以获得更大的单体电池工作电压。
2）电化学反应活性高且可逆储锂比容量大，以获取更高的能量密度。
3）锂离子扩散通道充足，以确保离子快速嵌入和脱出。
4）具有良好的结构稳定性和电化学稳定性，以提高电池的循环寿命。
5）具有制备工艺简单、资源丰富，以及环境友好等特点。

锂离子电池正极材料通常是过渡金属氧化物，当 Li^+ 脱出时，过渡金属被氧化为更高价态，以保持化合物电荷平衡。然而，过度的 Li^+ 脱出会引发正极材料的相变，发生结构坍塌。因此，正极材料中 Li^+ 的脱出必须在一定范围内进行，这使得不同的正极材料间存在着容量差异。此外，在充放电过程中，Li^+ 的嵌入和脱出通常伴随着电子的转移，这两者的速率及电解质中锂离子的转移速率共同控制着最大放电电流，即材料的倍率性能。

锂离子电池已商业化的正极材料可大致分为以下 3 类：

1)橄榄石结构正极材料,如磷酸铁锂(LiFePO$_4$),具有循环寿命长、热稳定性高,以及成本低等诸多优势,其缺点在于能量密度低,无法满足长续航的要求。

2)层状结构正极材料,如镍钴锰三元材料(LiNi$_x$Co$_y$Mn$_{1-x-y}$O$_2$,NCM),具有高能量密度和体积比能量较高等优点,其缺点在于热稳定性差,安全性有待提高。

3)尖晶石结构正极材料,如锰酸锂(LiMn$_2$O$_4$),具有成本低、快充及低温特性优良等优点,其缺点在于能量密度仍无法满足需求。

2.3.1 橄榄石结构正极材料

LiFePO$_4$是最为常见的橄榄石结构正极材料,其电压平台为3.4V,理论比容量为170mA·h/g,是一种低成本、环境友好型正极材料。如图2-3所示,LiFePO$_4$的晶体结构由扭曲的六方紧密堆积氧骨架组成,其中1/8的四面体孔被P占据,Fe与Li则分别位于的氧原子八面体中心的4c与4a位。整体上看,FeO$_6$八面体、LiO$_6$八面体,以及PO$_4$四面体交替排列。在这种结构下,锂离子的传输只能沿着一维通道进行。因此LiFePO$_4$的电子电导率低,其倍率性能差,常通过复合导电材料来满足高倍率充放电的需求。

LiFePO$_4$的电极反应式可写成:

$$LiFePO_4 \longrightarrow Li_{1-x}FePO_4 + xLi^+ + xe^-$$

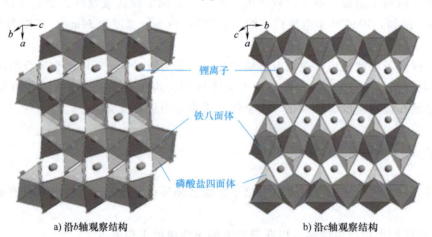

a)沿b轴观察结构　　　　b)沿c轴观察结构

图2-3 橄榄石结构正极材料晶体结构

LiFePO$_4$在Li$^+$脱出和嵌入过程中会发生相间转变,涉及LiFePO$_4$与FePO$_4$两相共存。1997年,Goodenough首先提出"核-壳"模型来解释相间演变,认为在转变过程中会存在两相界面的形成,然而却无法解释开路电压与3.45 V间的显著偏差。此后,"收缩核(Shrinking Core)"模型被提出,该模型指出,在双相区之外,还存在着一部分单相。锂化过程首先在表面颗粒发生,通过单向区后转移至双相区域。在脱锂化过程中,FePO$_4$壳层首先形成,随后伴随着两相界面逐步移动。为了综合考虑晶体结构各向异性所带来的影响,人们提出了"多米诺骨牌"模型。该模型认为不同颗粒间均存在着过渡区,嵌入和脱嵌过程产生了框架失配,约束了内部的反应活性,而反应界面存在的高浓度载流子则会促进反应发生。

除 LiFePO$_4$ 外，LiMPO$_4$（M 为金属）橄榄石结构材料还包括锰、镍、钴等。虽然它们的加入可以提高工作电压，但是存在着极化电压大、容量低等缺点，无法满足实际应用需求。

2.3.2 层状结构正极材料

层状结构正极材料可大致分为两类：层状氧化物正极材料（如 LiCoO$_2$、LiNiO$_2$）以及三元正极材料（如 LiNi$_{1/3}$Co$_{1/3}$Mn$_{1/3}$O$_2$）。

层状钴酸锂是最早商业化的正极材料，综合性能优异，具有耐高压特性。结构上，它属于 R-$\bar{3}$m 空间群，具有 α-NaFeO$_2$ 结构（图 2-4）。O 位于 6c 位置并形成立方密堆积，构成正极材料的整体骨架，Li 与 Co 分别位于 3a 与 3c 处，形成层间交替占位。虽然 LiCoO$_2$ 理论容量高达 274mA·h/g，但是在实际应用中只能提供不到一半的容量，并且随着电压的升高，容量迅速衰减。这是由于 Co 元素在循环过程中发生了严重的溶解并伴随着 O 元素的不可逆脱出，对结构产生了严重破坏。此外，LiCoO$_2$ 正极材料的热稳定性也存在着缺陷，在 200℃ 时会释放大量的 O$_2$ 导致热失控起火。

LiCoO$_2$ 正极材料的电极反应式可写成：

$$\text{LiCoO}_2 \longrightarrow \text{Li}_{1-x}\text{CoO}_2 + x\text{Li}^+ + xe^-$$

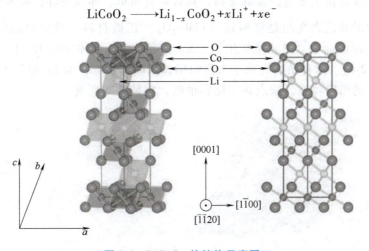

图 2-4　LiCoO$_2$ 的结构示意图

此外，三元正极材料由于能量密度高、循环寿命长，被认为是极具商业化价值的材料。三元正极材料空间结构上也属于 R-$\bar{3}$m 空间群（图 2-5），其中 Li 位于 3a 位置，与周围的 O 形成 LiO$_6$ 八面体，Ni、Co、Mn 等过渡金属位于 6c 位置，与 O 共同形成 MO$_6$ 八面体。这样的结构有利于 Li$^+$ 在层间可逆嵌入和脱出，过渡金属 Ni 是该过程中的主要活性物质，在充放电过程中发生 Ni^{2+}/Ni^{3+} 和 Ni^{3+}/Ni^{4+} 间相互转换。但是，Ni 含量高会导致 Li$^+$ 与 Ni^{2+} 换位，发生严重的离子混排、加剧 Li$^+$ 嵌入和脱出带来的体积变化，循环稳定性降低。Co 的掺入可以维系层状结构的稳定性，降低离子混排程度，但是会导致成本上升。因此人们又引入了过渡金属 Mn 用以取代部分 Co 元素，然而过高的 Mn 含量会导致容量下降并生成尖晶石杂相结构。因此三元正极材料的关注重点在于如何实现过渡金属的合理分配比例。

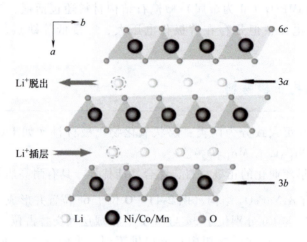

图 2-5 层状正极材料晶体结构

2.3.3 尖晶石结构正极材料

尖晶石型正极材料主要为锂锰氧化物,具有合成简单、环境友好、成本低,以及安全性好等优势。其中最具代表性的是锰酸锂($LiMn_2O_4$)正极材料,其空间结构为 $Fd\bar{3}m$ 空间群。O 与 O 之间组成面心立方密堆积结构,Mn 元素位于八面体中的 $16d$ 位,Li 元素则在四面体 $8a$ 位(图 2-6)。这种结构提供了大量的相邻八面体位点,为 Li^+ 提供了三维扩散路径,使材料拥有良好的倍率特性,缺点在于比容量低,容量衰减严重。

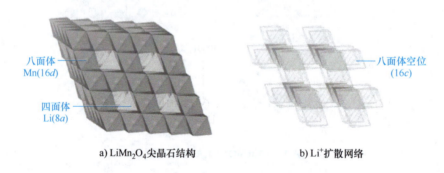

a) $LiMn_2O_4$尖晶石结构　　　　b) Li^+扩散网络

图 2-6　$LiCoO_2$ 结构及离子扩散通道示意图

尖晶石结构锂锰氧化物在充放电过程中存在着严重的结构相变。在循环过程中容易出现 Jahn-Teller 效应,发生从正菱形相到立方尖晶石结构的一阶结构相变,造成相间不相容、颗粒间接触不充分,并造成晶体结构的崩塌,加速容量衰减。此外,过渡的 Mn 元素溶解也会导致尖晶石结构破坏,缩短循环寿命,限制了其商业化的应用。利用杂原子(如 Al、Ni、Zn)掺杂来稳定晶相结构被认为是提高循环稳定性的有效方法之一。其中通过 Ni 掺杂 $LiNi_{0.5}Mn_{1.5}O_4$,不仅可以延长循环寿命,还可以提供额外的容量,因此,尖晶石结构正极材料被视为极具应用前景的正极材料。

2.3.4 正极材料制备方法

1. 固相合成法

固相合成法（图 2-7）可以制备绝大部分电极材料，具有工艺简单、生产率高、工业化工艺兼容强等优势。其主要步骤包括：将含有镍、锰元素的前驱体与锂盐按一定比例混合均匀，在特定高温煅烧、冷却、研磨粉碎，得到最终产品。在此过程中，前驱体会随之发生脱水、分解，以及相变等得到最终产品，因此，固相烧结的条件直接影响着最终产物的组成。通常在较低的烧结温度下得到的颗粒尺寸较小，有利于 Li^+ 在晶粒中的扩散。然而，低温制备所提供的能量无法满足化学键的断裂、重排，因此最终产物晶相纯度低，影响充放电容量。提高烧结温度可以提升材料的振实密度与晶相纯度，但会造成氧空位的缺失，极大地劣化循环性能。

图 2-7 固相合成法示意图

以锂锰氧化物（$LiMn_2O_4$）的合成为例，通常以电解二氧化锰（MnO_2）与碳酸锂（Li_2CO_3）为原料。首次通过分散剂（去离子水）与络合剂（柠檬酸）将一定比例的前驱体混合物分散均匀，并采用湿法研磨、干燥、煅烧得到最终产物。其反应方程式为

$$Li_2CO_3 + 4MnO_2 = 2LiMn_2O_4 + CO_2 + \frac{1}{2}O_2$$

这种情况下，温度对最终产物的晶型起着决定性作用。理论计算表明，在低温（300℃）下，首先发生 MnO_2 分解，得到分解产物 Mn_2O_3 并参与后续反应，得到最终产物 $Li_4Mn_5O_{12}$，反应方程式为

$$8Li_2CO_3 + 10Mn_2O_3 + 5O_2 = 4Li_4Mn_5O_{12} + 8CO_2$$

当温度提升至 400℃ 时，Mn_2O_3 分解产物继续参与后续反应，生成产物 $LiMnO_2$，反应方程式为

$$Li_2CO_3 + Mn_2O_3 = 2LiMnO_2 + CO_2$$

随着温度进一步提高至 500℃，将会有 $LiMn_2O_4$ 产生，反应方程式为

$$LiMnO_2 + MnO_2 = LiMn_2O_4$$

此后，继续提高温度还会依次发生：

$$2Li_4Mn_5O_{12} = 4LiMn_2O_4 + 2Li_2MnO_3 + O_2 \,(525\,℃)$$

$$2LiMn_2O_4 + 2Li_2MnO_3 = 6LiMnO_2 + O_2 \,(900\,℃)$$

此外，煅烧过程中氧气含量也对材料结构有着重要的影响。随着温度的升高，反应所需的氧含量越来越大，缺氧现象也会越发严重，导致电化学性能较差。当温度高于 750℃ 时，需要保证氧分压大于 0.016MPa，此时空气气氛可以满足要求。需要注意的是，如果提高淬冷温度、加快冷却速度，就容易引起缺氧问题的发生。

2. 溶胶-凝胶法

溶胶-凝胶法步骤包括将金属盐分散到特定溶液中，通过水解-缩合得到溶胶产物，在此

过程中，通常需要加入乙二醇等来调控胶体粒子的粒径分布。之后，经过陈化固化、低温热处理最终变为正极材料（图2-8）。因此，前驱体、络合物类型、干燥温度及时间等参数是影响最终产物品质的关键。

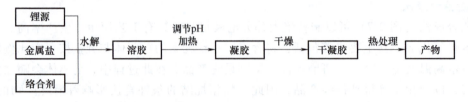

图2-8 溶胶-凝胶法合成正极材料示意图

溶胶-凝胶法绝大部分反应过程是在液体中进行的，因此各反应物前驱体比例可控，并且可以达到前驱体在微观分子级的均匀混合；同时整个反应不涉及高温煅烧，因此产品纯度高。但是溶胶-凝胶法的反应周期较长，原料成本昂贵，不适合用于大规模工业化生产。其整个过程可分为以下3个阶段。

溶胶制备：此过程中，溶胶是前驱体金属盐通过水解反应形成的。其反应式为

$$M^{n+} + nH_2O \longrightarrow M(OH)_n + nH^+$$

溶胶-凝胶转化：通过改变溶液pH或者加热脱水等方式去除溶胶中含有的大量水，生成凝胶化产物。其反应式为

$$-M-OH + HO-M \longrightarrow -M-O-M- + H_2O$$

凝胶干燥和低温热处理：在最终热处理反应之前，需要通过干燥完全去除凝胶中含有的溶剂，得到干凝胶。之后，在热处理过程中，需要对升温速率与最终温度进行合理调控，获得理想的结构组成。以锂锰氧化物为例：将前驱体的乙酸锰和硝酸锂按比例混合溶于水溶液中，并在搅拌的同时加入柠檬酸得到均匀溶液；此后，通过加热干燥、研磨粉碎、热处理最终得到锂锰氧化物。以溶胶-凝胶法得到的锂锰氧化物可以获得纳米级的混合产物，因此在一定程度上可以抑制Jahn-Teller效应带来的容量衰减。

3. 喷雾干燥法

喷雾干燥法是干燥材料的工艺，也常被用来制备正极材料前驱体。首先需要将前驱体盐溶于水等介质中，通过超声等过程制成浆料液滴，并利用载气进行雾化处理。之后，通过与热气流间相互接触，迅速蒸发溶剂中的水分，得到颗粒状前驱体。因此，通过喷雾干燥得到前驱体可以不经历粉碎等工艺，直接煅烧得到最终产物。合成得到的正极材料具有粒径小、尺寸分布窄、振实密度大等优势。

以锰酸锂为例，其合成示意图如图2-9所示。将锂源（Li_2CO_3）与锰源（$MnCO_3$）按一定比例混合均匀，加入到含有柠檬酸黏结剂的水、乙醇混合溶液中，通过液相球磨得到流质浆料，之后经过喷雾干燥得到前驱体粉末，最后通过在一定温度下煅烧得到锰酸锂正极材料。

图2-9 喷雾干燥法合成锰酸锂示意图

4. 溶剂热法

溶剂热法是在高温高压溶液或蒸气下进行的反应，前驱体反应物可以在分子水平上发生一系列反应。亚临界或超临界的溶剂热条件可以为反应前驱体提供常压条件下无法获得的反应环境，使其在反应体系中充分溶解甚至达到过饱和状态，从而形成生长基团，进行原子、分子形核长大，最终得到发育完全、分布均匀的晶粒。该方法具有颗粒尺寸可控、成分可控、分布均匀等特点，而且可以免去后续高温煅烧过程，直接生成目标产物，避免了煅烧所导致的晶粒团聚、杂质多等缺点。

以锂锰氧化物正极为例，其合成示意图如图2-10所示。首先将锰源、锂源按照一定比例混合均匀置入反应釜中，此过程中，还需要加入一部分矿化剂用来调控溶剂的pH值，促进前驱体反应物溶解。在此之后，向反应釜中加入一定量的无水乙醇，密封后置一定温度下反应一定时间，干燥后得到目标产物。不同温度及时间下MnO_2会发生不同的反应，生成MnOOH、Mn_2O_3、Mn_3O_4等物质。因此，除反应前驱体外，反应时间及温度对反应过程也起着重要的作用。

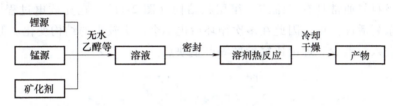

图2-10 溶剂热法合成锂锰氧化物正极示意图

2.4 锂离子电池负极材料

负极材料是锂离子电池的主要组成部分，是锂离子的主要承载者，也是锂离子电池能够实现商业化的决定性因素之一。碳负极材料的成功开发避免了锂金属负极出现的安全问题，最终实现了锂离子电池的大规模应用。时至今日，商业化锂离子电池的负极大部分依旧是石墨（包括天然石墨、改性石墨等）碳材料。与此同时，硅基负极、合金负极等新型负极也得到了极大的发展。综合来看，负极材料可以大致分为3类：①插层型负极材料，如碳材料、$LiNb_2O_5$等，这类材料通常具有层状的框架型晶格结构，可以满足充放循环过程中Li^+的嵌入与脱出；②合金型负极材料，如Si、Sn、SiO等与金属锂发生反应生成的锂合金具有很高的理论比容量；③转换型负极材料，通常为CoO等过渡金属氧化物，通过与金属发生反应存储Li^+，具有较高的理论比容量，但是其导电性和体积膨胀系数较大。

理想的锂离子负极材料都应满足以下条件：
1）负极储锂平台电压低。有利于较高的全电池输出电压，提高整体能量密度。
2）比容量高。可以在单位质量内存储更多的Li^+。
3）结构稳定。在充放电循环过程中维持较低的体积变化。
4）库仑效率高。减少不可逆损失，提高循环稳定性。
5）较高的电子、离子电导能力。
6）电解液兼容性好。

7)原材料资源丰富、价格低廉、制备简单。

8)环境友好,对人体无毒害。

石墨负极正是较好地兼顾了上述要求,从而得到了商业化的广泛应用。然而,石墨负极存在着理论比容量较低的缺点,无法满足人们对长续航的需要,因此许多新型负极材料得到了快速发展。同时,在首次充放电过程中,有机电解液会在负极界面发生不可逆的分解,生成一层电子绝缘但离子可通过的钝化层,即固态电解质界面(Solid Electrolyte Interface,SEI)膜。SEI膜的形成不仅会消耗正极所释放的Li^+,降低电池循环寿命,还会提高电池自身的界面阻抗,影响快充倍率性能。特别是低质量SEI膜,将无法阻止电解液的持续分解,最终影响整体电化学性能。因此,负极材料的选择还需要综合考虑生成SEI膜所带来的影响。

2.4.1 嵌入型负极材料

嵌入型负极材料通常具有二维或三维层状结构(图2-11),在充放电过程中为Li^+嵌入与脱出提供一系列活性位点,因此在多次循环后也不会产生较大的结构变化。但是,这种材料也存在着可嵌入位点少、理论比容量低等严重缺点。

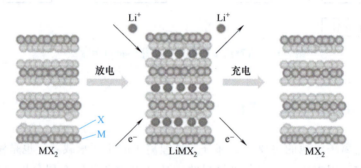

图 2-11 嵌入型负极材料示意图

最典型的负极材料是石墨,具有高度结晶性。通常认为石墨在嵌锂过程中会经历五个过程,依次生成LiC_{36}、LiC_{27}、LiC_{18}、LiC_{12}、LiC_6等五种不同的相,最大理论比容量分别为63mA·h/g、82mA·h/g、123mA·h/g、126mA·h/g、186mA·h/g、372mA·h/g,相应的反应式分别为

$$36C+Li^++e^- \longrightarrow LiC_{36}$$
$$3LiC_{36}+Li^++e^- \longrightarrow 4LiC_{27}$$
$$2LiC_{27}+Li^++e^- \longrightarrow 3LiC_{18}$$
$$2LiC_{18}+Li^++e^- \longrightarrow 3LiC_{12}$$
$$LiC_{12}+Li^++e^- \longrightarrow 2LiC_6$$

可见,即使是Li^+饱和嵌入,也需要6个碳原子才能结合1个锂离子,因此,石墨的理论比容量只有372mA·h/g。此外,除晶态的石墨,碳材料还包括软碳和硬碳等无定形材料。其中,软碳内部的无序化结构通过低温处理可以生成大量的石墨微晶组织,此时,晶粒间依旧呈现出无规则取向,处于长程无序的状态。然而高温(2000℃以上)下,软碳可以通过

碳化重组实现石墨化转变。不同的是，硬碳材料即使经过2000℃以上的高温处理，内部结构依旧呈现出完全无序的状态，并不会发生完全石墨化，同时其内部还会存在大量本征缺陷。由于无定形碳材料石墨化程度非常低，并且片层间无序随机、层间距较大，加之本征缺陷也提供了大量的 Li^+ 嵌入位点，因此与石墨材料相比，无定形碳材料的理论比容量更大。但是 Li^+ 在本征缺陷中的嵌入和脱出需要更大的过电势，同时电压滞后现象也更加严重，不仅会影响首次库仑效率，还会导致金属锂析出，引发严重的安全问题。因此在碳材料中，石墨是目前应用最为广泛的锂离子负极材料。

除石墨外，尖晶石钛酸锂类（$Li_4Ti_5O_{12}$）也属于嵌入型负极材料，具有倍率性能优异、循环寿命长的优点。钛酸锂 $Li_4Ti_5O_{12}$ 的晶体结构如图2-12a所示，其层间可以嵌入3个 Li^+，形成 $Li_7Ti_5O_{12}$（图2-12b），理论比容量为175mA·h/g。此外，钛酸锂的嵌锂电位通常发生在1.5V左右（图2-12c），这个电位下不会造成电解液大量消耗，使其具有更高的首次库仑效率和更长的循环寿命，但这会造成全电池整体电压偏低、能量密度较小。与石墨不同，钛酸锂类材料在嵌锂过程中会发生两相间的转变，但是这种转变不会产生较大的体积变化，因此不会对循环寿命产生较大的影响。有趣的是，钛酸锂在相变过程中，其本身的导电性也会产生较大转变，可从 $10^{-13} \sim 10^{-8}$ S/cm（$Li_4Ti_5O_{12}$）提升至 10^{-2} S/cm（$Li_7Ti_5O_{12}$），因此表面碳包覆处理也常常用来提高钛酸锂负极的整体性能。

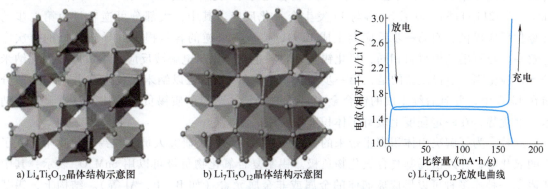

a) $Li_4Ti_5O_{12}$晶体结构示意图　　b) $Li_7Ti_5O_{12}$晶体结构示意图　　c) $Li_4Ti_5O_{12}$充放电曲线

图2-12　钛酸锂的结构和充放电曲线

2.4.2　合金型负极材料

合金型负极材料大部分为Ⅳ和Ⅴ族元素，如Si、Sn等，这些材料（M）在 Li^+ 嵌入时与之发生反应，生成对应的合金化合物（图2-13）。这类合金化合物都具有很高的理论比容量。以Sn负极为例，1个Sn原子最多可以与4.4个 Li^+ 相结合，理论比容量高达993mA·h/g，是商业石墨的2倍以上，而当Si作为负极时，其理论比容量甚至可以达到4200mA·h/g，因此合金型负极材料得到了广泛关注，被认为是最有希望取代石墨的锂离子电池负极材料。

1. 锡基合金型负极材料

合金型锡基材料除单质Sn外，又可以分为锡氧化物、锡合金等。其中，Sn作为负极时，与 Li^+ 发生合金化反应，其反应式为

$$Sn + xLi^+ + xe^- \longrightarrow Li_xSn \quad (0 < x \leqslant 4.4)$$

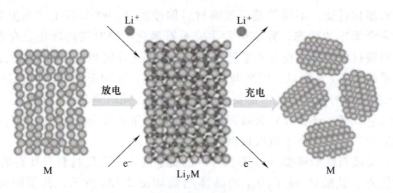

图 2-13　合金型负极材料机理示意图

除理论比容量高（994mA·h/g）外，Sn 还具有电导性高的特点，因此，Sn 负极能够满足大电流充放电的需求。Sn 负极的缺点在于在充放电循环过程中会产生巨大的体积变化，引发活性材料的脱离并造成 SEI 膜的反复破裂与形成，最终导致循环稳定性差。

此外，锡氧化物作为负极材料也得到了大量的关注，包括简单氧化物（如 SnO_2）与复合氧化物（如 $SnB_{0.5}P_{0.5}O_3$）。SnO_2 的储锂机制与 Sn 类似，均是通过 Sn 与 Li^+ 形成合金化合物的方式存储 Li^+，不同之处在于 SnO_2 会首先与 Li^+ 反应生成 Li_2O 和 Sn，即：$4Li^+ + 4e^- + SnO_2 \longrightarrow 2Li_2O + Sn$，其后 Sn 再与 Li 发生合金化反应。其中，大部分可逆容量由第二步的合金化反应提供，而第一步反应会生成 Li_2O，造成不可逆的容量损失并导致较低的首次库仑效率。与石墨负极材料相同，氧化锡负极材料也会首先与电解液反应，生成厚度为几纳米的 SEI 钝化膜。值得注意的是，第一步反应中生成的 Sn 颗粒以纳米尺度存在并均匀弥散分布在 Li_2O 中，并且后续生成的锂合金也具有纳米尺寸。与单质锡负极相比，具有显著的纳米尺度优势，在一定程度上缓解了体积膨胀带来的影响。

此外，为了解决由体积膨胀带来的循环寿命短的问题，研究人员又在锡氧化物中加入了新的氧化物，开发出锡基复合氧化物负极。锡基复合氧化物负极可以用 SnM_xO_y 表示，其中 M 表示一种或多种可以形成玻璃体的金属或非金属元素（如 B、P、Al 等）。结构上，锡基复合氧化物具有无定形非晶体结构，其活性中心 Sn—O 键被外来元素（B、P、Al 等）所组成的无规网格隔离开，因此可以有效缓解体积膨胀带来的影响，同时，无定形玻璃体还可以提高 Li^+ 的体相扩散系数，增强倍率性能。

除锡基复合氧化物外，通过在 Sn 中加入其他低硬度金属（如 Cu、Co 等）组成锡基合金的方式也可以极大地缓解体积膨胀带来的影响。以 Sn-Cu 合金（Cu_6Sn_5）为例，Cu 在 0~2V 电压范围内不与 Li^+ 反应，但是可以为活性中心提供稳定的框架并提高材料整体的导电性。在 Li^+ 嵌入时，先生成 Li_2CuSn，并产生两相共存的电压平台，随后生成 $Li_{4.4}Sn$ 与 Cu 单质。

2. 硅基合金型负极材料

硅也是一种重要的合金型材料，其理论比容量可以达到 4200mA·h/g，同时充电电位更高、析锂风险更小。硅基合金型负极材料除硅单质外，还包括硅氧化物和硅碳复合材料。

采用单质硅作为锂离子电池负极材料时通常采用无定形结构状态。在首次嵌锂过程中，可生成 $Li_{12}Si_7$、$Li_{13}Si_4$、Li_7Si_3 及 $Li_{22}Si_5$，这些化合物具有比容量高、材料不易团聚、析锂

程度低等优点。硅锂化过程中各步骤的反应式分别为

$$7Si+12Li^++12e^-\longrightarrow Li_{12}Si_7$$
$$4Si+13Li^++13e^-\longrightarrow Li_{13}Si_4$$
$$3Si+7Li^++7e^-\longrightarrow Li_7Si_3$$
$$4Si+22Li^++22e^-\longrightarrow Li_{22}Si_4$$

然而，单质 Si 作为锂离子电池负极材料存在以下问题：

(1) 体积膨胀严重　虽然 Si 与 C 位于同一主族，但是 Si 为合金型负极材料，在发生合金化反应后会产生超过 300% 的巨大体积膨胀。如此巨大的体积变化在循环过程中将持续产生应力积累，引起电极材料粉碎，最终导致其与集流体剥离，严重缩短电池的循环寿命。不仅如此，巨大的体积变化还会导致界面失稳，造成 SEI 膜的破裂，导致电解液在循环过程中持续消耗，不仅加剧电池的不稳定性，还使得倍率性能大幅衰减。

(2) 动力学缓慢　一直以来 Si 都被认为是半导体，因为 Si 本身的电子电导率（$10^{-5} \sim 10^{-3}$ S/cm）较低。同时，Si 自身锂离子扩散系数（$10^{-14} \sim 10^{-12}$ cm^2/s）也不高，因此作为锂离子电池负极时，其倍率性能一直欠佳。

要解决上述问题，可以采取 Si 颗粒纳米化的方式来缩短离子传输路径并缓解体积膨胀，除此之外，制备新型硅氧化物负极材料（SiO_x）也是提升电化学性能的有效途径。氧的加入可以有效缓解硅的体积膨胀，增强材料的循环稳定性。在首次嵌锂过程中，SiO_x 先与 Li$^+$ 反应生成 Li$_2$O 及锂硅酸盐，可以抑制 Si 颗粒的团聚并缓解体积膨胀，其反应式为

$$SiO_2+4Li^++4e^-\longrightarrow 2Li_2O+Si$$
$$2SiO_2+4Li^++4e^-\longrightarrow Li_4SiO_4+Si$$
$$Si+xLi^++xe^-\longrightarrow Li_xSi$$

因此，SiO_x 中 O 的原子数量很大程度上决定着循环稳定性，如增加 O 原子数量可以提高循环性能，但是会降低电池的比容量。但是，材料导电性差、动力学缓慢的问题依旧没有得到有效解决，而 Li$_2$O 等产物的出现还会导致较低的首次库仑效率。

针对以上问题，研究人员开发了硅/碳复合材料，利用硅、碳两种材料间的协同效应，综合提高电池的整体性能。嵌入型碳材料不仅可以在循环过程中保持良好的结构，还拥有良好的导电性，因此可以作为 Si 的分散载体来改善体积效应、提升倍率性能。根据 Si 的分布不同，硅/碳复合材料可分为包覆型和嵌入型，如图 2-14 所示。

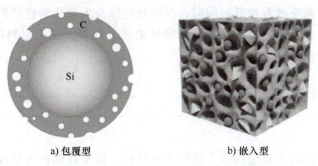

a) 包覆型　　　　b) 嵌入型

图 2-14　硅/碳复合材料的结构示意图

包覆型硅/碳复合材料具有核壳结构，通过在硅颗粒外表面包裹碳层，不仅可以避免电

解液与硅接触所导致的过度分解,还能有效缓冲体积膨胀,同时还能在一定程度上阻止 Li⁺ 在 Si 负极中过度嵌入,从而提高材料的循环稳定性。

在嵌入型硅/碳复合材料中,纳米硅粉会被均匀分散在碳载体中,形成稳定的复合体系,该体系下的碳载体发挥着与包覆型中的碳载体相同的作用。但需要注意的是,这种复合方式往往是在高温条件下实现的,使得 Si/C 容易发生反应生成惰性 SiC,失去存储性能。

除此以外,近年来研究者进一步将含有 Si 元素、C 元素的前驱体通过气相沉积反应得到组分紧密接触且高度均匀分散的硅/碳复合材料。例如,通过气相沉积碳包覆硅或硅烷气相沉积限域到多孔碳中。在该体系下,Si 以纳米尺寸高度分散并存在于碳骨架中,最大程度上缓解了循环过程中严重的体积膨胀问题。

2.4.3 转换型负极材料

转换型负极材料一般为过渡金属化合物,包括氧化物或硫化物等,通过 Li⁺ 发生氧化还原反应存储 Li⁺,此类材料具有容量高、价格低的优点。与置换反应类似,金属化合物与 Li⁺ 生成 Li₂O 及过渡金属单质。转换型负极材料的反应机理示意图如图 2-15 所示,反应式为

$$M_xX_y + 2yLi^+ + 2ye^- \longrightarrow xM + yLi_2X$$

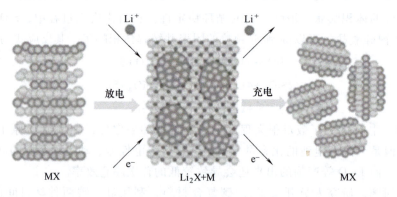

图 2-15 转换型负极材料的反应机理示意图

然而,转换型负极材料都会不可避免地产生巨大的体积变化,在循环过程中造成结构坍塌,导致 SEI 膜的反复破裂与形成;此外,由于反应衍生形成的 Li₂X 可逆性低,因此转换型负极材料首次库仑效率通常较低;同时,反应过程涉及大量化学键的断裂与重组,会产生较高的嵌锂平台电压,大幅降低了全电池的整体电压。此外,这类材料的本征导电性较差,需要进一步提高其倍率性能。

2.4.4 负极材料制备方法

1. 高温碳化法

石墨类材料是目前商业化应用最广泛的负极材料,通常在保护气氛或隔绝氧气下,将易于碳化的前驱体经高温石墨化处理制得,流程包括预处理、造粒、石墨化,以及球磨筛分。预处理的目的在于降低前驱体材料粒径,降低其膨胀系数。首先,将石墨前驱体原料

（如石油焦）与黏结剂（如沥青）混合均匀；随后进行粉碎操作，使粒径小于 $10\mu m$。造粒是高温碳化过程中的关键步骤，造粒产物的大小对最终性能起着重要影响。减小颗粒尺寸可以得到更好的倍率性能，更好的循环性能。该步骤包括热解与球磨筛分两个环节：热解是在低温惰性气氛下对预处理前驱体进行加热处理，在此过程中会出现团聚和体积膨胀等行为，因此需要再次进行球磨筛分处理。

石墨化处理步骤是改变前驱体微观结构的核心环节，通过高温热处理使材料内部无序结构发生原子重排并最终通过球磨筛分得到理想粒径的石墨产物。

2. 气相沉积法

气相沉积法是制备硅/碳复合材料等材料的重要手段。通过气相沉积可以使乙炔等有机物在硅颗粒表面发生裂解，制备出具有良好包覆效果的硅/碳复合材料。该方法的优点在于硅碳结合紧密、不易脱离，可有效缓解硅在循环过程中发生的体积膨胀，提升循环稳定性。此外，硅/碳复合材料还可以利用硅烷气体在多孔碳骨架中进行气相沉积的方式完成，此时硅颗粒被封装在多孔碳骨架中，碳骨架内部的孔隙可缓解硅的体积膨胀。因此，碳骨架的孔径及孔隙率对材料整体结构起着决定性作用。

3. 研磨法

研磨法是制备合金、纳米硅和硅氧等负极材料的重要方法，具有合成工艺简单、低成本、高效率等优势，适合大规模生产。在机械作用力下，不仅可以减小颗粒尺寸，改变颗粒形貌，还可以促进不同颗粒间的充分混合，改变材料的总体性能。然而，如果仅仅通过球磨处理得到的颗粒尺寸较大，且粒径分布不可控，无法从根本上阻止团聚现象的发生，因此常与其他方法联合制备负极材料。

4. 溶胶-凝胶法

除正极材料外，溶胶-凝胶法也可以用来制备硅氧、钛酸锂等负极材料。该方法可以提高前驱体材料分散性，还具有合成温度低、合成时间短、尺寸形貌可控等众多优势。以钛酸锂为例，选取合适的钛源（如 $TiCl_4$）和锂源（如 $LiNO_3$），按化学计量比混合均匀后分散于含有乙二醇等的有机溶剂中，加入柠檬酸等络合剂后搅拌形成透明溶胶，随后进行干燥及热处理工艺得到钛酸锂负极材料，这种方法得到的负极材料拥有较高的可逆比容量及良好的循环性能。

2.5 锂离子电池隔膜材料

锂离子电池在充放电过程中，隔膜构成锂离子快速迁移的通道并承担着隔绝正负极的作用，对整个体系的安全起着关键性作用。理想的锂离子隔膜材料应满足以下条件：

（1）电子绝缘性好　隔膜承担着隔绝正负极和防止短路的重要作用，直接关系到电池的安全问题。

（2）孔隙率高、电解液浸润性优异　高孔隙率及优异的浸润性特性可以满足高通量离子传输，提升传输能力。

（3）化学稳定性强、强度高　保证在充放电循环过程中不发生分解等现象。

（4）厚度均匀　保证 Li^+ 在各位置的传输速率相似。

（5）闭孔温度低　具有较低的闭孔温度的隔膜可以在热失控情况下及时封闭微孔、限制离子传输避免短路风险，有助于提高电池安全。

商业隔膜可分为聚烯烃隔膜、无纺布隔膜及纤维素隔膜。其中，聚烯烃隔膜包括聚丙烯（PP）、聚乙烯（PE）等类型，通常为孔径小于2nm的多孔膜，具有稳定性好、强度高等优势。除单层隔膜外，也将强度高的聚丙烯隔膜和低闭孔温度的聚乙烯隔膜共挤压组成PP/PE多层隔膜，满足不同条件的需求。无纺布隔膜即非织造布隔膜，是通过非织造的方法（如静电纺丝法）制得的均匀排列的网状纤维制品，包括聚酰亚胺（PI）、聚丙烯腈（PAN）、聚偏氟乙烯（PVDF）等，具有电化学稳定性好、强度高等特点。纤维素隔膜是以天然纤维为主要原料制得的，具有制备简单、成本低廉等优势。得益于天然纤维本身高亲水性和发达的孔隙结构，纤维素隔膜具有良好的浸润性和较高的孔隙率，可延长电池的循环寿命，增强倍率性能。

锂离子电池隔膜的制备方法可以分为干法制备、湿法制备、静电纺丝制备，以及熔喷纺丝制备。其中干法制备是将前驱体原料通过熔融、挤压、拉伸等流程制得隔膜的，具有制备简单、污染小等优势，但是该法制得的隔膜存在厚度大、孔径不匀等缺点。而湿法制备是先将高沸点的小分子与前驱体原料混合得到液相混合物，再经过平铺、分离、热处理最终得到产物的，制得的隔膜具有孔径分布均匀、强度高等特点。静电纺丝制备是利用聚合物在强电场作用下进行纺丝加工的技术。在该方法中，聚合物溶液被喷射到收集器上，并伴随着溶剂的蒸发得到聚合物纤维，是连续制备复合纤维最直接的方法。与静电纺丝技术类似，喷熔纺丝制备是将熔融聚合物喷射出来，相互交织形成网状结构隔膜。

2.6 锂离子电池电解质

电解质是锂离子电池内循环的关键组分，承担着传输锂离子、参与正负极表面氧化还原反应的角色，对电池的容量、倍率、循环寿命、安全性、高低温性能及自放电等性能都会产生十分重要的影响。目前，研究较为广泛的锂离子电池电解质主要包括液态电解质和聚合物电解质两大类。

电解质是连接正负极的桥梁，快速的离子传导和良好的电极/电解质界面稳定性可以保证充放电过程的正常进行。因此，电解质本身的特性及其与电极材料间的兼容性显得尤为重要。用于锂离子电池的电解质往往需要满足以下要求：

1）离子电导率高。这不仅有利于促进Li^+的传输，同时也意味着较低的内部电阻，避免在电池运行过程中产生过多的热量。因此，Li^+在电解质中快速迁移的能力是满足锂离子电池快充性能的先决条件。

2）化学及电化学稳定性好。化学稳定性决定了电解质与电池体系内其他材料的兼容性，而宽的电化学窗口不仅可以保证电解质不易分解，也有利于稳定电极与电解质界面，从而保障电池在不同环境条件下都可以保持良好运行。

3）热稳定性好。性质稳定、不易燃的电解质体系是必然趋势。

4）电子绝缘性高，从而降低电池的自放电率。

5）成本低廉、环境友好。

此外，对于聚合物电解质而言，还需要具有良好的强度以更好地匹配正负极，提高电池的循环稳定性。

2.6.1 液态电解质

液态电解质也称电解液,应用于锂离子电池的电解液主要由溶剂、溶质(锂盐)和添加剂构成,三者共同决定了电解液的性质。其中,溶剂主要包括酯类溶剂和醚类溶剂,前者结构稳定且安全性高;溶质主要包括大半径阴离子、阴阳离子间缔合作用弱的锂盐;添加剂的使用能够弥补溶剂和溶质存在的一些缺点。

1. 溶剂

用于锂离子电池电解液的溶剂一般是极性非质子有机溶剂,即分子内正负电荷中心不重合,且不含有活性较强的质子氢的溶剂。有机溶剂分子与Li^+会形成溶剂化结构,这种结构会对Li^+的迁移和在电极表面的反应产生影响。一般地,良好的化学和电化学稳定性、高介电常数、低黏度和宽液程是锂离子电池溶剂的首要发展目标。

目前应用于锂离子电池的电解液溶剂主要包括碳酸酯类、醚类,以及羧酸酯类3种,其分子结构如图2-16所示,不同有机溶剂之间有着各自的特点。不同溶剂对电池的电化学性能也会产生不同的影响,常见的锂离子电池电解液典型溶剂的物理化学性质见表2-2。

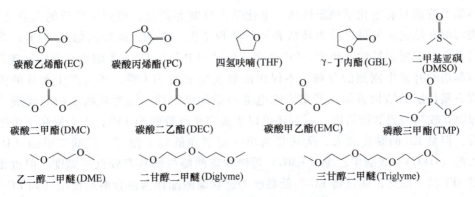

图 2-16 不同溶剂分子的几何结构

表 2-2 锂离子电池电解液典型溶剂的物理化学性质

名称	缩写	分子量	介电常数	黏度/$10^{-3}Pa \cdot s$	熔点/℃	沸点/℃	密度/(g/cm^3)	闪点/℃	施主数DN
碳酸乙烯酯	EC	88	89.78(40℃)	1.99(40℃)	36.4	248	1.32	143	16.4
碳酸丙烯酯	PC	102	66.14(20℃)	2.50	-48.8	242	1.20	135	15.1
碳酸丁烯酯	BC	116	55.90	3.20	-53	240	1.15	—	—
碳酸二甲酯	DMC	90	3.087	0.58	4.6	91	1.06	19	16.0
碳酸二乙酯	DEC	118	2.82(24℃)	0.75	-73	126	0.97	25	16.0
碳酸甲乙酯	EMC	104	2.985(20℃)	0.65	-55	108	1.01	23	—

(续)

名称	缩写	分子量	介电常数	黏度 /10⁻³Pa·s	熔点/℃	沸点/℃	密度/ (g/cm³)	闪点/℃	施主数 DN
碳酸甲丙酯	MPC	118	3.00 (24℃)	0.87	-43	130	0.98	—	—
四氢呋喃	THF	72	7.52 (22℃)	0.46	-108	65	0.88	-14	20.0
1,3-二氧杂环戊烷	DOL	74	6.79	0.59	-95	78	1.06	2	18.0
乙二醇二甲醚	DME	90	7.30 (23℃)	0.46	-58	85	0.86	-2	23.9
二乙二醇二甲醚	DEGDME	134.8	7.23	1.06	-64	163	0.94	57	19.5
三乙二醇二甲醚	TRGDME	178	7.62	—	-44	249	1.05	118.3	
四乙二醇二甲醚	TEGDME	222	7.68	—	-30	275	1.01	140.5	
磷酸三甲酯	TMP	140	20.60 (20℃)	2.032	-46	197	1.21	107	—
磷酸三乙酯	TEP	182	13.20	1.56	-57	215	1.07	116	

碳酸酯类溶剂具有电化学稳定性高、电化学窗口宽等优点，得到了广泛的商业化应用。碳酸酯类溶剂在结构上又可以分为环状和链状两种结构。例如，碳酸丙烯酯（PC）属于环状酯，具有良好的低温特性。然而，PC 在充放电过程中会与 Li^+ 发生溶剂化共插层现象，共同嵌入石墨层间并发生剧烈的分解，不仅无法形成稳定的 SEI 膜，还会产生大量的丙烯气体，造成石墨片层的结构破坏，严重影响电池的循环稳定性。同为环状结构的碳酸乙烯酯（EC）却拥有较高的锂盐溶解度，同时还可以生成致密有效的 SEI 膜，大大提高了电极的循环稳定性，但是 EC 的黏度较大，无法作为单一溶剂在低温下使用。碳酸二甲酯（DMC）、碳酸二乙酯（DEC）、碳酸甲乙酯（EMC）等链状碳酸酯虽然具有较低的黏度，但也无法形成稳定的 SEI 膜。因此，通过将 EC 与低黏度的链状碳酸酯作为混合溶剂使用（如 EC/DEC/EMC），可以显著降低电解液黏度，提高电池的低温性能。

醚类溶剂也包括环状和链状两类，其中环状醚包括四氢呋喃（THF）、1,3-二氧杂环戊烷（DOL）等。环状醚存在易氧化开环的问题，电化学稳定性差，因此常与 PC 等溶剂混合应用于一次电池中。链状醚包括乙二醇二甲醚（DME）、二甘醇二甲醚（Diglyme）等。随着碳链的增长，其耐高压能力与黏度均会提高。DME 是最常用的链状醚，具有两个极性 C—O 键，对 Li^+ 具有良好的螯合作用，因此锂盐溶解度较高，但是耐高压性能较差，容易被氧化分解。

羧酸酯同样也包括环状和链状两类。γ-丁内酯（GBL）是最主要的环状羧酸酯，具有溶解度小、电导率低等缺点，通常不作为锂离子电池电解液溶剂使用。链状羧酸酯包括甲酸甲酯（MF）、乙酸甲酯（MA）等，熔点较低，适量添加可以提高电池的低温性能。

2. 溶质（锂盐）

电解液锂盐是锂离子的提供者，而且其阴离子参与 SEI 膜的形成，决定着界面的物理化学性质，以及电解质的物理和化学性能。目前，六氟磷酸锂（$LiPF_6$）由于具有低晶格能和高电导率，得到了广泛的应用。然而 $LiPF_6$ 制备复杂、稳定性差，即使是微量的水也会与

LiPF$_6$ 生成 HF 与 POF$_3$，在高温环境下很容易分解生成 LiF 与 PF$_5$，从而引发一系列安全问题。因此目前许多研究一方面是探索 LiPF$_6$ 的官能团改性，通过烷基、草酸等基团部分取代 F 原子可以提升锂盐的稳定性。例如，采用草酸根部分取代 F 原子可得到四氟草酸磷酸锂，其电导率可达 8mS/cm，同时稳定性得到提升。另一方面的研究是探索新型高性能锂盐，其中硼酸锂类盐得到了广泛应用，但普遍存在着溶解度低、稳定性差等缺点。四氟硼酸锂（LiBF$_4$）溶解度低、衍生的 SEI 膜致密性较差；双草酸硼酸锂（LiBOB）还存在着耐高压特性差的缺点，因此通常只能与低压正极相匹配。

此外，还可以通过将双草酸硼酸锂（LiBOB）与四氟硼酸锂（LiBF$_4$）结合，得到综合两者特性的二氟草酸硼酸锂（LiODFB）。不仅具有溶解度高、黏度小等良好的物理化学性质，同时还具有工作温度宽、成膜质量高等优势，可以满足电池高倍率充放电要求，具有良好的应用前景。

磺酰亚胺类盐含有强吸电子能力的 N 基阴离子，可以显著提高锂盐在电解液中的溶解性。以双（三氟甲磺酰）亚胺锂（LiTFSI）为例，这种锂盐的阴离子电荷呈现出高度离域分散的状态，因此解离容易、溶解度高，可以形成稳定的 SEI 膜，但是对铝箔集流体存在严重的腐蚀作用。

3. 添加剂

除了调节溶剂与锂盐外，使用功能添加剂也是提高电池性能的重要方式，具有效果明显、成本低等优势。电解液添加剂可以通过调节 SEI 膜、Li$^+$ 溶剂化结构等方式来调节锂离子电池的电化学性能。

（1）增强 SEI 膜性能型添加剂 在锂离子电池首次充放电过程中，有机电解液会在界面处发生反应，分解形成 SEI 钝化膜。稳定的 SEI 膜可以允许 Li$^+$ 自由穿梭，并能阻止电解液的持续分解，提高电池的循环寿命。成膜添加剂可以在充放电过程中优先发生分解，改变 SEI 成分组成并提高其结构致密性。此类功能添加剂主要包括二氟乙烯碳酸酯（DFEC）、亚硫酸乙烯酯（ES）、碳酸亚乙烯酯（VC）和氟代碳酸乙烯酯（FEC）等，其中 FEC 是使用最广泛的 SEI 成膜添加剂，生成的 SEI 膜结构致密、电导率高，不仅能提高循环寿命，还可以增强倍率与低温性能。

（2）提高电解液电导率型添加剂 提高电解液中锂盐的解离程度可以提升电解液电导率并抑制溶剂化导致的电池材料破坏。按照作用机理区别，可分为阳离子作用添加剂与阴离子作用添加剂。其中阳离子作用添加剂（如 12-冠-4 醚）通过与 Li$^+$ 发生强配位或螯合作用而改变溶剂化结构，实现溶质盐阴阳离子的有效分离从而促进盐的解离。虽然阳离子作用型添加剂可以在一定程度上提高 Li$^+$ 电导率，但是会与 Li$^+$ 一起嵌入石墨负极中，造成结构的破坏。阴离子作用型添加剂（通常为含有电子缺陷的硼基化合物）则是通过与阴离子形成络合物实现溶质盐阴阳离子的有效分离，并且可以提升电子迁移数。

（3）提高安全性能型添加剂 锂离子电池安全事故的直接原因通常为内部短路，以及不正常充放电等导致的电池快速升温、燃烧，因此提高安全性能型添加剂的作用机理就是阻止电池燃烧及提高充电保护特性。其中阻燃型添加剂最早源于阻燃高分子聚合物，在受热时可以释放出阻燃自由基（如 P·自由基），捕获电解液受热分解产生的 H·，从而阻止电解液燃烧的链式反应。阻燃添加剂通常为烷基磷酸酯、氟代磷酸酯及磷腈类化合物，如磷酸三甲酯（TMP）、三-（2,2,2-三氟乙基）磷酸酯（TFP）等。其中，氟代磷酸酯类阻燃添加剂不仅具有良好的阻燃效果，还能形成稳定的富无机 SEI 层。

（4）过充电保护型添加剂　这类添加剂可通过发生氧化还原反应、电聚合反应等提升电池的耐过充特性。其中，氧化还原反应型添加剂（如 3-氯茴香醚、氢化二苯并呋喃等）要求在正常充放电时保持电化学稳定状态，并在充电达到特定电位时发生反应，同时氧化产物也会通过扩散迁移至负极并还原。氧化还原反应对的存在可以消除电解液内部的多余电荷，改善电池的安全性能。整个过程最关键的是添加剂的氧化与迁移，因此要求添加剂的氧化起始电位略高于充电截止电压，同时还必须有足够的浓度与扩散速率。电聚合型添加剂能在特定电压下发生单体聚合，形成新的高导电旁路，使电池充电过程无法进行。其缺点在于这种单体聚合往往是不可逆的，因此在发挥作用的同时也会终结电池的寿命。

（5）提高低温性能型添加剂　提高电池低温性能的关键在于改善电极/电解液界面性质，降低电解液溶剂熔点。常见的 EC 溶剂熔点高、黏度大，低温环境下很容易凝固，因此通常会采用低凝固点、高介电常数的有机溶剂（如甲基醋酸酯 MA、乙基醋酸酯 EA 等）作为添加剂，提高电池的整体性能。

2.6.2　聚合物电解质

1. 聚合物电解质的特点

聚合物电解质以具有离子导电性的有机功能高分子为基体，避免了漏液问题的发生，具有较高的安全性。同时，聚合物电解质中还兼具隔膜的作用，在传输 Li^+ 的同时还承担隔绝正负极的任务，可进一步降低电池体积、提高体积能量密度。此外，聚合物电解质中没有可自由流动的液态物质，因此采用聚合物电解质的锂离子电池避免了因电解液漏液带来的危险，安全性更高。

综合来看，与液态电解液相比，聚合物电解质具有许多优点：

（1）安全性高　聚合物电解质是连续无孔的非液态物质，可显著抑制锂枝晶的生长，提升安全特性。同时，与液态电解液相比，聚合物电解质可以进一步减少与正负极的副反应，增强循环稳定性。

（2）强度高　聚合物电解质所具有的固态结构强度更高，不仅能承受锂离子嵌入/脱出过程中电极材料的体积变化，而且耐冲击性能也更加优异。另外，聚合物锂离子电池还可以封装平板状的塑料袋中，避免刚性金属外壳腐蚀带来的影响。

（3）形状灵活性高　聚合物锂离子电池的外观形状可以根据不同环境的需要而改变，同时体积更小、体积能量密度更高。

2. 聚合物电解质的分类

目前，聚合物电解质可以大致分为固态聚合物电解质（Solid Polymer Electrolyte，SPE）、凝胶聚合物电解质（Gel Polymer Electrolyte，GPE）和复合聚合物电解质（Composite Polymer Electrolyte，CPE）。

（1）固态聚合物电解质　固态聚合物电解质通常仅由聚合物基质和可溶性盐组成，不含有液态成分。理想的聚合物电解质应该具有以下特性：

1）合适的溶剂化能：合适的聚合物-阳离子相互作用，一方面可以提高锂盐的溶解度，另一方面阳离子可以在不同配位位点间迁移。

2) 高介电常数：高介电常数聚合物能够促进盐的有效电荷分离，提高载流子浓度。

3) 主链柔顺性高：主链柔顺性高可以降低键转动的能垒，有利于聚合物链的链段运动。

（2）凝胶聚合物电解质　凝胶聚合物电解质是介于液态电解质与固态电解质之间的中间状态，主要用于改善固态电解质中有限的离子电导率。凝胶聚合物电解质由聚合物基体、液体增塑剂、锂盐，以及无机填料等添加剂组成。其中，聚合物基体包括聚氧化乙烯（PEO）、聚丙烯腈（PAN）、聚偏氟乙烯（PVDF）、聚甲基丙烯酸甲酯（PMMA）。增塑剂通常为液态电解质常用溶剂，如碳酸丙烯酯（PC）、碳酸乙烯酯（EC）、碳酸二甲酯（DMC）、碳酸二乙酯（DEC）、四乙二醇二甲醚（TEGDME）等。在凝胶聚合物中，锂离子的传输主要发生在含有溶解 Li 盐的液态增塑剂中，这一点与液态电解质相同。聚合物基体为凝胶聚合物提供了强度并使其保持在准固态，从而最大限度地减少了液态组分泄漏带来的安全风险。因此，凝胶聚合物电解质不仅具有液体电解质的高离子电导率和优异的电极-电解质界面性能，而且具有优异的力学性能（强度、柔韧性等）和安全性。

此外，在锂离子电池的充放电过程中，凝胶聚合物电解质中的增塑剂也会在电极表面发生反应，形成类似于液态电解质的 SEI 膜，而惰性聚合物基体一般不参与 SEI 膜的形成。

凝胶聚合物电解质的制备可分为物理制备法与化学制备法。

在物理制备法中，首先将聚合物基质溶解在有机溶剂中，然后与无机填料或其他添加剂混合，然后蒸发有机溶剂得到干态聚合物膜。之后将得到的干态聚合物膜用含有锂盐和增塑剂的液态电解质溶液进行溶胀，最终制得凝胶聚合物电解质。

化学制备法又称"原位聚合法"。首先将引发剂、交联剂和单体以特定的比例混合溶于液态电解质中，形成前驱体溶液，在一定条件下引发单体聚合形成交联聚合物网络。此过程中，液态电解质被均匀地固定在这种交联结构的纳米孔中，得到凝胶聚合物电解质。其中，丙烯酸酯和环氧乙烷常常被作为原位合成的单体或交联剂，偶氮二异丁腈等被作为引发剂。与物理法相比，化学法可以形成强交联结构，表现出优异的热稳定性，即使在高温或长期老化过程也不会出现溶剂泄漏。化学法包括原位热引发法、原位辐射和原位电化学引发法。以原位热引发法为例，由引发剂、交联剂和单体组成的前驱体溶液被注入电池并浸润到隔膜中，通过加热引发缩聚反应发生。通常，这种反应可以在电池组装完成密封之后进行，所得到的凝胶聚合物电解质具有良好的离子传导性，同时与正负极还具有良好的接触与亲和性，保证了组装的聚合物电池具有优异的电化学性能。

（3）复合聚合物电解质　通过在固态聚合物电解质中加入填料可以得到复合聚合物电解质，同时离子电导率和强度也会进一步提高。无机填料一般可分为两类：非离子导体填料和离子导体填料。

将非离子导电的纳米颗粒（如 Al_2O_3、SiO_2 等）作为填料与固态聚合物电解质结合时，填料表面官能团会与聚合物基体发生作用，降低基体结晶度、促进链段运动，从而提高离子电导率。此外，填料还能和基体内部的锂盐通过氢键等作用力，促进盐的解离，进一步提高 Li^+ 的迁移数。

与非离子导电填料不同，离子导体型活性填料（如 $Li_{0.33}La_{0.557}TiO_3$）内部还含有大量的 Li^+，它们参与离子传导过程，进一步增强固态聚合物电解质的离子电导率，如图 2-17 所示。以钙钛矿型填料（$Li_{3x}La_{\frac{2}{3}-x}TiO_3$）为例，其室温离子电导率高达 10^{-3} S/cm，同时具有良好的耐高压稳定性，可以综合提高聚合物电解质的电化学性能。

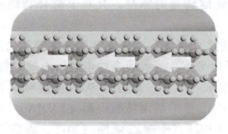
a) 有离子导电填料参与

b) 无离子导电填料参与

图 2-17　复合聚合物电解质中 Li^+ 的传输路径（一）

随着研究的深入，金属有机框架（MOF）等一些新型材料也被应用在复合聚合物电解质中，改善其电化学与力学性能。以 MOF 为例，由于其具有丰富的功能官能团，在作为填料使用时可以与锂盐相互作用，促进盐的解离，同时还可以削弱 Li^+ 与聚合物基体之间的亲和作用力，加速 Li^+ 迁移速率（图 2-18）。此外，MOF 的多层次孔结构还可以在一定程度上限制锂盐阴离子的移动，提高 Li^+ 迁移数。

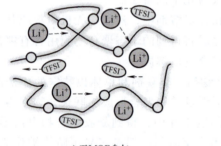
a) 无MOF参与

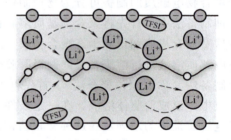
b) 有MOF参与

图 2-18　复合聚合物电解质中 Li^+ 的传输路径（二）

2.7　锂离子电池的应用

自 1817 年锂金属被发现，锂离子电池在其商业化应用中经历了曲折的探索和发展过程。1991 年，索尼公司推出了第一款商用锂离子电池，并得到了市场的广泛认可。锂离子电池因其高能量密度、长循环寿命、低自放电率，以及环保特性，在多个领域得到了广泛的应用，主要包括如下 6 个方面：

1）消费电子产品。主要包括智能手机、平板计算机、可穿戴设备、摄影设备和家用电器等。

2）电动汽车（EV）及交通工具。主要包括电动自行车、电动摩托车、电动汽车、轨道交通、船舶等。

3）储能系统。主要包括家庭储能、商业和工业储能，以及电网级储能。

4）航空航天。主要包括卫星和航天器。

5）医疗设备。主要包括便携式医疗设备和移动医疗站。

6）军事应用。主要包括通信设备和单兵装备。

然而，锂离子电池的发展还远未停止，科学家们仍在继续探索具有更高能量密度、更快充电速度、更长循环寿命的新材料和新技术，力图推动锂离子电池技术的进一步突破，以满足人们对电池能源不断增长的需求。未来，锂离子电池必将在可穿戴能源、电动飞行汽车、农业机器人与自动化设备等领域大放异彩。因此，各国也在积极布局未来，发展锂离子电池产业，下面简单概述。

1. 日本和韩国锂离子电池产业布局

日本和韩国已经形成了从原材料供应到电池制造再到电池回收的成熟产业链。据报道，2021年，日本和韩国企业在全球锂离子电池市场中占据市场份额显著。日本和韩国的企业如松下、东芝、LG化学和三星SDI等公司都在不断开发更高效的电池回收技术，以应对废电池日益增加的问题，此举有助于积极推动电池技术的商业化和全球化。

2. 美国锂离子电池产业布局

近年来，美国企业在提升电池能量密度和安全性方面取得了显著进展，并积极推动电池制造的自动化和智能化。2021年，美国特斯拉、通用电气等企业在全球锂离子电池市场中有较强的竞争力。分析专利数据可知，美国以关键战略材料的技术创新和市场形成来保持其在新能源材料技术创新系统中的优势地位。美国企业在推动电池技术商业化和全球化方面表现出色，如特斯拉通过Gigafactory大规模生产高效电池，降低了电池成本并提升其性能，不仅满足了美国国内市场需求，还增强了其在国际市场中的竞争力。

3. 中国锂离子电池产业布局

中国锂离子电池产业经过多年的发展，已经形成了完整的产业链布局。上游是锂、镍、钴和锰等关键原材料的生产和供应；中游主要是电池的生产和制造，生产正负极材料、电解质、隔膜等产品；下游则是电池的应用领域，涵盖了消费电子、新能源汽车和储能等多种应用场景。近年来，中国锂离子电池生产企业从几家发展到上百家，成为全球最大的锂离子电池生产国和消费国。

随着新能源汽车和储能市场的不断扩大，锂离子电池的需求量也将大幅提升。2019年，我国锂离子电池出货量达到131.6GW·h，产业规模超过1700亿元，从2021年开始到2023年，我国锂离子电池行业总产值从每年超6000亿元快速上升至每年超1.4万亿元。

目前，我国的锂离子电池产业仍面临着新一代技术和安全性的挑战，高能量密度电池的研发和应用亟须进一步突破。放眼未来，随着技术的进步和市场需求的变化，中国锂离子电池产业将继续保持快速发展。

参 考 文 献

［1］ GOODENOUGH J B, KIM Y. Challenges for rechargeable Li batteries［J］. Chemistry of Materials, 2010, 22（3）：587-603.

［2］ LI M, LU J, CHEN Z W, et al. 30 years of lithium-ion batteries［J］. Advanced Materials, 2018, 30（33）：1800932.

［3］ DENG D. Li-ion batteries：basics, progress, and challenges［J］. Energy Science & Engineering, 2015, 3（5）：385-418.

［4］ DING L. Development review of cathode materials for lithium ion power battery［J］. Chinese Journal of Power Sources, 2015, 39: 1780.

[5] XIONG F, ZHANG W X, YANG Z H, et al. Research progress on cathode materials for high energy density lithium ion batteries [J]. Energy Storage Science and Technology, 2018, 7 (7): 607-617.

[6] ELLIS B L, LEE K T, NAZAR L F. Positive electrode materials for Li-ion and Li-batteries [J]. Chemistry of Materials, 2010, 22: 691-714.

[7] PADHI A K, NANJUNDASWAMY K S, GOODENOUGH J B. Phospho-olivines as positive-electrode materials for rechargeable lithium batteries [J]. Journal of the Electrochemical Society, 1997, 144 (4): 1188-1194.

[8] SRINIVASAN V, NEWMAN J. Discharge model for the lithium iron-phosphate electrode [J]. Journal of the Electrochemical Society, 2004, 151 (9): A1517-A1527.

[9] DELMAS C, MACCARIO M, CROGUENNEC L, et al. Lithium deintercalation in $LiFePO_4$ nanoparticles via a domino-cascade model [J]. Nature Materials, 2008, 7 (8): 665-671.

[10] HUANG R, HITOSUGI T, FINDLAY S D, et al. Real-time direct observation of Li in $LiCoO_2$ cathode material [J]. Applied Physics Letters, 2011, 98 (5): 3743.

[11] 张建茹, 蓝兹炜, 席儒恒, 等. 锂离子电池高镍三元材料不足与改性研究综述 [J]. 稀有金属, 2022, 46 (4): 367-376.

[12] HOUSE R A, BRUCE P G. Lightning fast conduction [J]. Nature. Energy, 2020, 5 (3): 191-192.

[13] 张雁南. 固相烧结法合成尖晶石型 $LiMn_2O_4$ 正极材料反应机理及改性研究 [D]. 昆明: 昆明理工大学, 2017.

[14] YUE P, WANG Z X, GUO H J, et al. Effect of synthesis routes on the electrochemical performance of Li $[Ni_{0.6}Co_{0.2}Mn_{0.2}]O_2$ for lithium ion batteries Journal [J]. of Solid State Electrochemistry, 2012, 16, (12): 3849-3854.

[15] 金周. 锂离子电池复合合金负极材料的合成与研究 [D]. 北京: 中国科学院大学 (中国科学院物理研究所), 2020.

[16] CHHOWALLA M, SHIN H S, EDA G, et al. The chemistry of two-dimensional layered transition metal dichalcogenide nanosheets [J]. Nature Chemistry, 2013, 5 (4): 263-275.

[17] LU J, CHEN Z W, PAN F, et al. High-performance anode materials for rechargeable lithium-ion batteries [J]. Electrochemical Energy Reviews, 2018, 1 (1): 35-53.

[18] TARASCON J M, ARMAND M. Issues and challenges facing rechargeable lithium batteries [M]. Berlin: Nature, 2001 (414): 359-367.

[19] 崔珺. 锂离子电池锡基负极材料的合成及性能表征 [D]. 上海: 复旦大学, 2011.

[20] DING N W, CHEN Y, LI R, et al. Pomegranate structured C@ pSi/rGO composite as high performance anode materials of lithium-ion batteries [J]. Electrochimica. Acta, 2021, 367: 137491.

[21] ZHANG W, FANG S, WANG N, et al. A compact silicon-carbon composite with an embedded structure for high cycling coulombic efficiency anode materials in lithium-ion batteries [J]. Inorganic Chemistry Frontiers, 2020, 7 (13): 2487-2496.

[22] LU W J, YUAN Z Z, ZHAO Y Y, et al. Porous membranes in secondary battery technologies [J]. Chemical Society. Reviews, 2017, 46 (8): 2199-2236.

[23] TIAN Z ZOU Y G, LIU G, et al. Electrolyte solvation structure design for sodium ion batteries [J]. Advanced Science, 2022, 9 (22): e2201207.

[24] ZHOU D, SHANMUKARAJ D, TKACHEVA A, et al. Polymer electrolytes for lithium-based batteries: advances and prospects [J]. Chem, 2019, 5 (9): 2326-2352.

[25] CHENG X L, PAN J, ZHAO Y, et al. Gel polymer electrolytes for electrochemical energy storage [J].

Advanced Energy Materials, 2018, 8 (7): 1702184.

[26] QUARTARONE E, MUSTARELLI P. Electrolytes for solid-state lithium rechargeable batteries: recent advances and perspectives [J]. Chemical Society Reviews, 2011, 40 (5): 2525-2540.

[27] LIN Z Y, GUO X W, YU H J. Amorphous modified silyl-terminated 3D polymer electrolyte for high-performance lithium metal battery [J]. Nano Energy, 2017, 41: 646-653.

[28] GUO D, SHINDE D B, SHIN W, et al. Foldable solid-state batteries enabled by electrolyte mediation in covalent organic frameworks [J]. Advanced Materials, 2022, 34 (23): 2201410.

第3章
锂金属电池

3.1 概述

金属锂作为一种极为活泼的碱金属，易于和水及空气发生剧烈反应，对环境要求苛刻，导致人们在很长时间内对其无计可施。直到1821年，Brande利用电解法才分离出纯金属锂。1913年，Lewis和Keyes成功测量了金属锂的电极电势，发现锂具有迄今为止最低的电极电位（−3.04V，相对于标准氢电极），这意味着金属锂可以对外输出更高的电压，再加上金属锂具有高的理论比容量（3860mA·h/g），被认为是一种天生的电极材料。1958年，W. S. Harris考虑到金属锂的活泼性，发现了金属锂可以在不同有机酯溶液中发生钝化现象，并成功筛选出两种有望成为锂电池电解液的溶液：碳酸乙烯酯（EC）溶液和碳酸丙烯酯（PC）溶液。这个发现对日后锂离子电池的发展发挥了重要的作用，迈出了锂电池实用化的关键一步。1965年，美国国家航空航天局（NASA）对Li‖Cu电池在不同溶质（$LiClO_4$、$LiBF_4$、LiI、$LiAlCl_4$、LiCl）的PC电解液体系中的性能进行了深入研究，促进了人们对电解液体系的研究兴趣。1969年，已经有专利采用锂、钠、钾金属与商业化有机电解液来构筑电池。1970年，日本松下公司推出了一种Li‖CF_x一次电池（CF_x是一种氟碳化物，灰白色无毒粉末），Li‖CF_x电池从严格意义上讲是第一个商业化的锂电池。1975年，日本三洋公司发明了Li‖MnO_2电池，并且应用在可充电太阳能计算器上，成为第一个可充电式锂电池。1972年，M. B. Armand提出了类似普鲁士蓝结构的材料，如$M_xFe(CN)_3$（$0<x<1$），并对其离子插层现象进行了研究。1973年，贝尔实验室的J. Broadhead等人研究了在金属二硫族化合物中的硫、碘原子的插层现象，并对离子插层现象进行了初步的研究，为之后锂离子电池的发明提供了机会。1975年，Exxon（埃克森美孚的前身）的M. B. Dines对一系列过渡金属二硫族化合物与碱金属之间的插层进行了初步的计算和实验，M. S. Whittingham在同年发表了Li‖TiS_2电池的专利。1977年，Exxon将Li‖Al-TiS_2电池商业化，其中锂铝合金可以增强电池的安全性，之后陆续被美国的Eveready Battery公司和Grace公司商业化。1983年加拿大科学家M. A. Py发明了Li‖MoS_2电池，并被加拿大公司Moli Energy商业化应用，能量密度可达60~65W·h/kg，然而该电池频繁爆发的爆炸事件引起了大规模恐慌，至此停止

了对金属锂二次电池的开发,并逐渐淡出公众视野。

与"摇椅式"锂离子电池工作原理的不同之处在于负极将锂离子电池的嵌入/脱出过程转变为锂金属的沉积/溶解(图3-1),具体的反应式如下:

充电过程(沉积反应):
$$Li^+ + e^- \longrightarrow Li$$

放电过程(溶解反应):
$$Li - e^- \longrightarrow Li^+$$

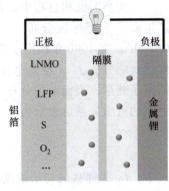

图3-1 基于不同正极材料 LNMO、LFP、S、O_2 的锂金属电池反应过程

充电时,Li^+ 从正极脱出,通过电解液迁移至负极侧,得到电子后被还原成锂原子沉积在负极表面;放电时,负极的锂原子失去电子氧化成 Li^+,通过电解液迁移至正极侧。由于充放电机制的改变,金属锂负极可以提供 3860mA·h/g 的理论比容量,是石墨负极理论比容量的十倍。

未来对于高能量密度的追求,可充电锂电池的未来发展可能是:①采用高容量或高电压正极、高容量负极的新一代锂离子电池,如 $LiNi_{\frac{1}{2}}Mn_{\frac{3}{2}}O_4$、$xLi_2MnO_3·(1-x)LiMO_2$(M 代表过渡金属元素,如 Ni、Mn、Co 等)、$LiNi_{\frac{1}{3}}Co_{\frac{1}{3}}Mn_{\frac{1}{3}}O_2$ 为正极,高容量 Si 为负极的锂离子电池;②金属锂作为负极的锂金属电池,如 Li‖FeF_3、Li‖MnO_2、Li‖FeS_2 电池,其安全性、循环寿命有待进一步提升;③最终的高能量密度电池是以金属锂作为负极,O_2、CO_2、S 作为正极的锂金属电池。但是这些电池目前还处于实验室的早期研发阶段。与上述以 O_2、CO_2、S 作为正极的锂金属电池相比,嵌入型正极构建的锂电池研究和技术相对更加成熟,如高镍三元正极材料($LiNi_{0.8}Co_{0.1}Mn_{0.1}O_2$、NCM811),其比容量可达 220mA·h/g,所匹配的锂金属电池的实际能量密度可突破 400W·h/kg。目前,以高镍三元正极材料 NCM811 相匹配的锂金属电池是最有潜力实现商业化应用的电池体系之一。

尽管锂金属电池相较于传统的锂离子电池的能量密度展现出显著的优异性,但其较短的循环寿命限制了其实际应用,追溯其原因在于循环可逆性较差,导致库仑效率低于 90%,这对于实际应用还有很长一段距离。锂金属电池满足商业化的要求是库仑效率需达到 99.95%甚至 99.99%且循环 1000 个周期以上,电池容量保持在 80%以上,目前实现这一目标仍有很长的路要走。此外,金属锂在反复充放电循环过程中,具有严重的粉化失活现象,这一问题在软包电池中尤为突出,造成严重的安全隐患,最根本原因在于锂的不均匀沉积。因此,深刻认识金属锂负极在充放电过程中的行为机制,对于开发高能量密度锂金属电池尤为关键。

3.2 金属锂负极

金属锂负极的不稳定主要来自锂枝晶的形成、锂的高化学反应活性,以及高体积形变这 3 个问题。这些问题导致了金属锂表面稳定性差、枝晶化生长、死锂堆积等问题,进而决定了金属锂负极具有较低的库仑效率、较差的循环稳定性和低安全性等一系列问题。下面对上述存在的问题详细展开说明。

3.2.1 锂枝晶的形成

在锂金属沉积过程中，锂离子在电场的驱动下发生迁移，通常会在电极/电解液界面处产生离子浓度梯度分布。一般来讲，电流密度越大，负极表面的锂离子浓度差就越大。Chazalviel 在 1990 年提出了空间电荷模型来描述液态电解液中锂离子的分布情况。当电流密度达到临界值 J^*，在此电流密度下只能持续一段特征时间，此后电极表面附近电解液中的阳离子耗尽，表面电场分布不均匀，导致锂枝晶的产生。特征时间（τ）与电流密度（J）之间的数学关系可表示为

$$\tau = \pi D \left(\frac{C_0 e}{2 J t_a} \right)^2 \tag{3-1}$$

式中，C_0 为锂盐的初始浓度；D 为扩散系数；e 为元电荷，$e = 1.6 \times 10^{-19}$ C；t_a 为阴离子的迁移数。

由式（3-1）可知，降低电流密度 J 可以获得均匀的离子分布，延长枝晶形成的特征时间。然而研究表明，即使在很小的电流密度下，仍然可以观察到锂枝晶的形成。这是因为实际的电极表面仍然会存在一些小凸起，诱发大量的锂离子聚集，使得电场强度增大，进而导致电极表面的离子浓度分布不均匀（图 3-2）。

图 3-2　锂沉积/锂剥离过程示意图

3.2.2 高化学反应活性

金属锂的电极电位非常低（-3.04V，相对于标准氢电极），这使其具有极高的活泼性，容易失去外层电子形成 Li^+，因此具有高的反应活性和差的热力学稳定性，极易与电解液发生反应，引发一系列界面副反应的发生。反应得到的固相含锂化合物堆积在电极/电解液界面处，阻碍电子的传导但加速离子传输，被称为固态电解质界面（SEI）膜。金属锂表面SEI膜的生成会改变金属锂的热力学和动力学性质。在热力学方面，原始金属锂的开路势能在产生 SEI 膜后将发生约 0.42eV 的下降，对应着金属锂电极电位的上升；在动力学方面，无 SEI 膜的锂离子的沉积/剥离过程具有高达 10mA/cm^2 的交换电流密度（取决于电解液的溶质和溶剂）。而引入 SEI 膜后，交换电流密度将发生一到两个数量级的下降，说明锂离子的反应动力学速率受到了极大的限制。

SEI 膜组分主要由以 LiF、Li_2O、Li_2CO_3 为代表的无机物和以烷氧基锂与烷基碳酸锂为代表的有机低聚物构成。目前普遍接受的 SEI 膜结构包括马赛克模型和层状模型。马赛克模型表面不均匀，不同还原产物同时分解在金属锂表面，呈现出不溶性多相混合物沉积在金属锂表面，具有镶嵌形态的 SEI 膜可以允许 Li 离子快速迁移（图 3-3）。层状模型认为 SEI 层

在厚度方向上不均匀分布，呈双层结构且组分多样，靠近金属锂表面的层含有 Li_2O、Li_3N、LiF、LiOH、Li_2CO_3 等低氧化态物质，标记为无机层。表面膜的外层由氧化态较高的物质组成，如 $ROCO_2Li$、ROLi、$RCOO_2Li$（R 为与溶剂相关的有机基团），标记为有机层。这种双层结构可能的形成机制是：有机成分在电解液区域初始成核后开始在电极表面浸润，随后转化为 Li_2O 和 LiF 等无机成分。这种薄膜的

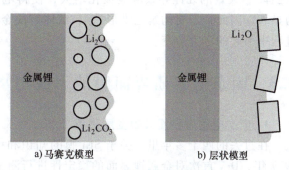

a) 马赛克模型   b) 层状模型

图 3-3　SEI 膜的两种模型

一些成分可能不是由电解液和金属锂直接反应形成的，而是由一些中间产物转化而来的。因此，明确各种 SEI 膜的组成和分布是揭示 SEI 膜形成机制的首要任务。

3.2.3　高体积形变

电极材料在充放电过程中会发生体积变化，不同的负极材料所发生的体积形变不同。例如：石墨的体积形变约为 10%，而合金型负极硅的体积形变约为 400%，严重限制了其商业化进程。金属锂存在一个显著的"无宿主"特征，其在充放电过程中的体积形变是无限的。从实用化角度来看，单面商用电极面容量至少达到 $3.0 mA·h/cm^2$，对应的厚度变化约为 14.6μm。在未来更高能量密度的需求下，单片的面容量会更高，因此厚度变化也更大。在如此高的体积形变下，SEI 膜会不断地发生破裂再重构，导致电解液和活性锂源被持续消耗（图 3-4）；另外，极大的体积形变导致锂在剥离过程中易于从根部直接脱离，形成电绝缘的

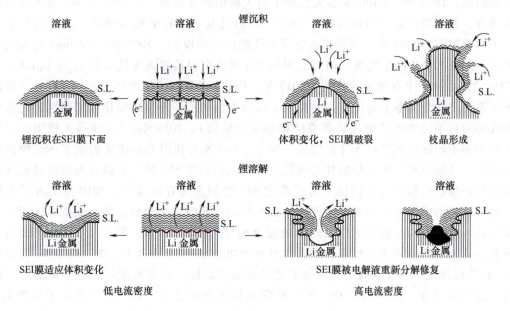

图 3-4　金属锂在低电流密度和高电流密度下的沉积/溶解过程示意图
(S.L. = SEI 膜)

"死锂",大量的死锂导致电池极化增大,使得电池快速失效,这种行为在高电流密度下尤为显著。因此,需要构筑三维形核层/载体解决金属锂的"无宿主"特性,缓解其在充放电过程中引起的巨大形变。

3.3 固态电解质界面膜的形成与离子输运机制

1. 固态电解质界面膜的发展进程

在过去的四十多年里,关于 SEI 膜的知识和一些模型已经取得了重大进展。具体来说,1977 年,Dey 首次对金属锂表面的稳定性进行测试,发现液态有机电解质电池的成功主要取决于电解液溶液的分解产物在表面形成的保护膜,这层保护膜可以理解为覆盖在锂金属表面的不同大小的晶体。1979 年,Peled 首次提出了 SEI 膜的概念,他认为在锂金属表面形成的这层超薄钝化膜具有一定的保护作用。随后,在 1983 年,Peled 等人指出 SEI 膜具有双层结构模型,靠近锂金属负极的一侧是致密的内层,靠近电解质溶液的一侧是多孔的外层。1985 年,Nazri 和 Muller 通过原位 X 射线衍射(XRD)成功地证实了 SEI 膜内层中的 Li_2CO_3 和 SEI 膜外层中的聚合物的存在。后来,在 1987 年,Aurbach 和同事利用红外(FT-IR)和 X 射线光电子能谱(XPS)发现 SEI 膜的主要成分为烷基碳酸锂($ROCO_2Li$),而只有少量的 Li_2CO_3。在 1990 年,Fong 等人将这种钝化现象应用到石墨阳极上。1994 年,Aurbach 等人对 SEI 膜存在的电化学模型进行了构建,完善了 SEI 膜的多层结构模型。1995 年,Kanamura 等人利用 XPS 进一步验证了在 $LiBF_4$-基电解液中金属锂表面形成的 SEI 膜中存在 LiF 和许多有机物质。1997 年,Peled 等人对之前的研究成果进行了总结,根据空间分布的行为提出了马赛克模型。在马赛克模型中,SEI 膜由多个有机物和无机物的物相组成。靠近金属锂负极一侧由 Li_2O、LiF、Li_2CO_3 组成;靠近电解液一侧由疏松多孔层的低聚物(聚乙烯)和烷基碳酸酯组成。1999 年,Aurbach 等人总结了前人利用锂金属和石墨阳极对 SEI 膜形成过程的许多研究,包括原位原子力显微镜(AFM)和扫描电化学显微镜(SEM)的研究结果,并提出了层状模型。2004 年,研究者提出了 SEI 膜的数学模型。2006 年,Edstrom 等人报道了有关石墨阳极 SEI 膜的新发现,研究表明在 SEI 膜中可以检测到无机成分 Li_2O 和 LiF,然而 Li_2CO_3 的存在是一个有争议的问题。2017 年,Cui 等人利用冷冻电镜(Cryo-EM)手段阐明了 SEI 膜在原子分辨率上的模型,并提出了在商业电解液和与氟功能化添加剂混合的电解液中形成的两种不同纳米结构(马赛克结构和层状结构)。2018 年,Lucht 等人提出了一种基于氟溶剂和不同锂盐的独特 SEI 膜模型。同年,Cui 等人利用 Cryo-EM 揭示了 SEI 膜的两种不同结构:马赛克和层状。根据相关表征结果,他们认为 SEI 膜中晶粒分布的波动是区分马赛克结构和层状结构的关键特征。为了确定 SEI 膜的主要有机成分,2019 年 Cao 等人报道了一种以氟化溶剂为基础的电解液使锂粉最小化的方法,在金属锂表面形成的 SEI 膜呈现出一体化的特征,这与之前文献报道的结论完全相反。随后,Wang 等人为了鉴定 SEI 膜的有机成分,进行了一系列表征技术,并确定在商业电解液中(1M $LiPF_6$ 在 EC/DMC 混合溶剂中),石墨阳极上的 SEI 膜的主要成分不是二碳酸乙烯锂,而更可能是乙烯单碳酸锂,这也挑战了之前的认识。2020 年,Cui 等人发现在高氟电解液中,LiF 并不存在于致密的 SEI 膜中。

在长达四十余年的研究历程中,尽管科学家们对 SEI 膜进行了不懈的探索,但这一领域依然存在着诸多未被充分认知的地方。SEI 膜作为影响电池性能的关键因素之一，其复杂的形成机制、动态变化及其对电化学过程的深远影响，仍需要人们不断深化理解，以推动相关技术的突破与发展。尽管目前采用了很多先进的表征手段来认知 SEI 膜的组成和结构，但对其并没有统一的认知，缺乏更加细化和准确的研究。因此，准确认识 SEI 膜的性质对锂金属电池的发展具有重要的意义。

2. 固态电解质界面膜的组成

SEI 膜主要由无机组分（如 Li_2O、LiF、Li_3N、LiN_xO_y、Li_2CO_3、Li_2S、LiH）和有机成分组成，两者的协同作用决定了 SEI 膜的性质。SEI 膜中常见成分的来源以及其作用见表 3-1。无机组分主要通过阴离子和溶剂的还原分解产生，例如：Li_2O、Li_2CO_3 主要通过碳酸酯类电解液和醚类电解液分解产生，研究表明 Li_2O、Li_2CO_3 可以提高 SEI 膜的机械稳定性。Li_2CO_3 是 SEI 膜中吸湿性最小的稳定化合物，可以通过 X 射线光电子能谱（XPS）进行表征。Li_2O 组分稳定 SEI 膜的同时也可以提高 SEI 膜的离子电导率。Li_3N 和 LiN_xO_y 通常产生于含有 $LiNO_3$ 的电解液体系中，$LiNO_3$ 目前被普遍认为是一种良好的电解液添加剂，它的引入可以优先在阳极上还原生成富含 Li_3N 和 LiN_xO_y 的 SEI 膜，能够有效地提高金属锂负极的库仑效率和循环稳定性。但是 $LiNO_3$ 在酯类电解液中的溶解能力很低，导致其实际应用范围受限。Li_2S 组分通常出现在锂硫电池中，主要是电解液中的多硫化物与 Li^+ 反应生成，或者是双三氟甲基磺酰亚胺锂（LiTFSI）或双氟磺酰亚胺锂（LiFSI）电解质还原生成。Li_2S 具有较高的离子电导率且有助于形成稳定的 SEI 膜，促进锂离子的均匀沉积且抑制枝晶的产生。含氟的电解质（如 $LiPF_6$、LiTFSI、LiFSI 等）或者某些添加剂（如氟代碳酸亚乙酯 FEC）能够在 SEI 膜中产生 LiF 组分。许多研究表明：LiF 具有高的化学稳定性、优异的强度，以及低的锂离子扩散势垒，稳定的 SEI 膜有助于提高锂金属电池的循环稳定性。针对 LiF 作为 SEI 膜组分表现出的优异的电化学性能，研究工作者们致力于开发基于 LiF 组分的复合 SEI 膜，如 LiF-Li_3N-Li_2S、LiF-硫化物、LiF-Li_2S_x-Li_3N、LiF-TiO_2 等。这些复合 SEI 膜充分发挥无机组分的优势，提升 Li^+ 迁移的同时可以抑制枝晶的生长，使得金属锂电池取得了优异的循环稳定性。近几年已经被证实 SEI 膜中 LiH 的存在，研究者们通过 Cryo-EM 发现 LiH 是电池循环过程中产生的氢气与沉积的金属锂发生反应生成的副产物，这个反应可以消耗活性锂源，导致容量损失。在此基础上，研究者们利用同步辐射 X 射线衍射和对分布函数（PDF）的分析追溯到 LiH 的来源，除了溶剂和水之外，原始锂箔上残留的 LiOH 也是产生 LiH 的重要来源。目前普遍认为 LiH 会破坏金属锂负极的稳定性，但此观点仍需进一步的证实和研究论证。

表 3-1 SEI 膜中常见成分的来源及其作用

成分	来源	作用
Li_2O	在碳酸酯类或醚类电解液中产生	提高 SEI 膜的稳定性、离子电导率和机械强度
Li_2CO_3	由碳酸酯类电解质中的烷基碳酸锂与痕量水反应产生	提高 SEI 膜的机械强度，是所有成分中吸湿性最小的稳定化合物
LiN_xO_y	由 $LiNO_3$ 或 ISDN（硝酸异山梨酯）分解产生	改善 SEI 膜的均匀性，有效抑制了电解质和锂金属负极之间的副反应
Li_3N	$LiNO_3$ 添加剂或电解质中的 NO_3^- 生成	具有高电导率，可以促进 SEI 膜中 Li^+ 的运输

（续）

成分	来源	作用
Li_2S	由电解质中的多硫化物与 Li^+ 反应生成或从含有 LiTFSI 或 LiFTFSI 的电解质中还原形成	可以提高 SEI 膜的稳定性，改善 Li^+ 在 SEI 膜上的扩散，促进均匀的 Li 沉积
LiF	由电解质中的含氟锂盐（如 $LiPF_6$、LiTFSI、LiFSI 等）或添加剂（如 FEC 等）产生	具有高的化学稳定性和机械强度以及低的 Li^+ 扩散势垒，可以抑制负极表面的锂枝晶生长
LiH	由氢和沉积 Li 反应生成或者通过溶剂、H_2O 和 LiOH 产生	消耗活性 Li，破坏锂金属负极的循环稳定性
有机成分	由电解质分解产生	调节 SEI 膜的力学性能，提高柔韧性，降低 SEI 膜的致密性，影响 Li^+ 扩散

除了无机组分外，SEI 膜中还存在有机组分，其与溶剂的选择有直接关系。碳酸酯类溶剂［如碳酸乙烯酯（EC）、碳酸丙烯酯（PC）、碳酸二甲酯（DMC）等］中形成的 SEI 膜的有机组分主要为 $ROCO_2Li$、$(ROCO_2Li)_2$ 等。醚类溶剂中形成的有机组分则为 ROLi。与醚类电解液相比，金属锂在酯类电解液中形成的 SEI 膜稳定性较差。有研究表明，当锂脱出时，不稳定的 $ROCO_2Li$ 和 ROLi 的分解使 SEI 膜的致密性得到了较大的降低，引起碳酸酯类电解液成分在锂沉积过程中持续分解，最终导致循环过程中的电势下降，极化程度增大。SEI 膜中的有机组分具有良好的柔韧性和界面相容性，可以弥补富无机成分在循环过程中难以适应体积变化而破裂的缺陷。

无机 SEI 膜组分被广泛研究，普遍认为其可以促进 Li^+ 的扩散和抑制枝晶的产生，同时可以提高 SEI 膜的机械稳定性。但是对有机 SEI 膜组分的研究相对较少，其可以提高机械柔韧性并且与基底具有良好的结合力，能够适应金属锂负极在循环过程中的形变，弥补无机 SEI 膜柔韧性差的缺点。近期的研究表明，有机/无机复合 SEI 膜在提高金属锂负极的循环稳定性方面显示出重要的作用。

3. 固态电解质界面膜的结构模型

除了上述的组分影响外，SEI 膜的结构对离子传输和循环稳定性具有同样重要的影响。1997 年，Peled 等人根据阻抗谱和深度剖面研究，首次提出了马赛克模型。1999 年，Aurbach 等人基于以往的金属锂和石墨阳极的 SEI 膜形成组分和结构的研究，提出了层状模型。随着后续的深入研究，马赛克模型和层状模型被认为是目前 SEI 膜结构的主要模型。近几年，有研究表明，SEI 膜由内外两层组成，内层是薄且致密的富含 Li_2O 的无机层，外层是疏松的有机低聚物层，符合 SEI 膜层状模型的主要特征。随后，也有研究表明电解质盐和溶剂同时还原分解生成异质结构的 SEI 膜，这些异质结构呈马赛克状分布在 SEI 膜中，形成镶嵌结构，符合马赛克模型。马赛克模型强调的是多种分解同时发生，形成不溶性多相混合物且随机排布。崔屹等人开创性地结合 Cryo-EM 并应用于研究 SEI 膜的精细结构，首次获得了原子分辨率级别的 SEI 膜结构图像，验证了在不同电解质中形成的两种 SEI 膜结构，即上述的马赛克结构和层状结构。在 EC/DEC 电解液中加入 FEC 添加剂可以使 SEI 膜由马赛克结构转变为层状结构，更有利于锂金属负极的均匀沉积/剥离过程。

随着科研探索的不断深入，对 SEI 膜的认知日益清晰。SEI 膜主要由一种无定形基质构成，这种基质复杂而精细，其核心成分源自电解液的分解过程，这个过程生成了丰富的有机聚合物，并夹杂着少量的晶体相（这主要是 SEI 膜的无机组分所呈现的形态）。这种独特的化学结构,在金属锂负极的特定电解液环境中,会进一步演化为马赛克状或层状结构,其形态的形成与演变高度依赖于多种因素的综合作用,包括但不限于电极所处的电解液环境、具体的电极电位条件、流经的电流密度大小,以及操作时的温度条件等。这一发现不仅深化了人们对 SEI 膜本质的理解,也为后续优化电池性能、提升电化学稳定性提供了宝贵的理论依据和实践方向。

4. 固态电解质界面膜的输运方式

在前文中讨论过,SEI 膜是一种基于无机/有机分布构成的混合物,为后续的离子传输提供从电解液通往电极表面的通道。在充电过程中,锂离子首先需经历去溶剂化的关键步骤,随后穿越 SEI 层,最终抵达电极表面并获取电子。Li^+ 的去溶剂化过程不仅直接影响电池的充电效率,更与电池的循环寿命、安全性等核心性能紧密相关。一个高效、稳定的去溶剂化机制能够确保 Li^+ 在 SEI 膜中的顺畅传输,减少传输过程中的能量损耗和副反应发生,从而延长电池的循环寿命。同时,稳定的 SEI 层还能有效阻隔电解液与电极的直接接触,避免有害的化学反应发生,提高电池的安全性。因此,深入理解和优化 Li^+ 的去溶剂化过程,以及探索如何构建更加稳定、高效的 SEI 层,是当前电池研究领域的热点之一,对于推动电池技术的进步具有重要意义。

如图 3-5 所示,溶剂化的 Li^+ 在穿过 SEI 膜前需要脱去其溶剂化鞘层,然后在多晶 SEI 膜中进行固相扩散。电化学阻抗谱(EIS)通常用来研究 Li^+ 的去溶剂化过程,结果表明:Li^+ 周围的溶剂化结构极大地影响界面电荷转移,并决定了 Li^+ 在穿越 SEI 膜到达石墨表面的速率。这个结论引起了大家后续对溶剂化结构的关注,且说明液相传质对 SEI 膜的离子输运存在一定的影响。

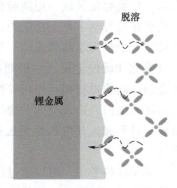

图 3-5 锂离子去溶剂化过程示意图

关于 Li^+ 的扩散方式,学术界目前存在两种主流观点。一种观点认为 Li^+ 通过空位、间隙或者晶界进行扩散,这种扩散机制类似于固体材料中的离子迁移,其中 Li^+ 利用 SEI 膜结构中的微观缺陷或不规则区域作为通道,实现其在 SEI 层内的移动。另一种观点则强调,来自电解液中的 Li^+ 在进入 SEI 层后,会挤压并推动 SEI 膜组分中原有的 Li^+,从而促使它们在 SEI 膜内部进行扩散。这种机制类似于一种"置换"或"推动"过程,其中新进入的 Li^+ 作为驱动力,促进了 SEI 膜内部原有 Li^+ 的重新分布和扩散。这种扩散方式可能更加依赖于电解液与 SEI 膜之间的相互作用,以及 SEI 膜的动态稳定性和可塑性。SEI 膜中不同组分对 Li^+ 有着不同的迁移能垒。例如,Li_3N 的扩散能垒最低,意味着富含 Li_3N 组分的 SEI 膜中 Li^+ 的迁移速率较快。而对于 LiF、Li_2CO_3、Li_2O 等,其晶界周围对于 Li^+ 来说是优良的通道。也有研究表明,Li^+ 穿过 SEI 膜的过程分为两个阶段:第一阶段是 Li^+ 可以通过电解液浸润 SEI 膜外层多孔有机层扩散;第二个阶段是内层 Li_2CO_3 等无机层的碰撞扩散。

3.4 金属锂的沉积与脱出模型

在锂金属电池循环过程中,金属锂表面会经历反复的沉积/脱出过程。在沉积过程中,往往会产生锂枝晶,这种不均匀沉积行为会破坏表面的 SEI 膜,使得暴露在电解液中的金属锂会加剧电解液的消耗。在脱出过程中,锂枝晶容易与集流体脱离,形成"死锂",造成库仑效率降低和活性锂源的消耗。除此之外,锂枝晶的产生还会造成电池内短路和热失控的问题,引发安全事故。因此,深入了解金属锂的沉积与脱出模型对于开发高安全性、长寿命的锂金属电池至关重要。

3.4.1 形核模型

可充电电池中的锂金属是反复沉积/剥离的,在不同情况下,每个循环都会发生形核过程。在锂沉积过程中,初始形核位置对随后的锂沉积行为起着重要作用。本小节从理论推导和实验观察两方面提出了异相形核模型、表面形核与扩散模型、空间电荷模型、晶体结构模型、固体电解质界面层模型来解释初始形核阶段的锂沉积行为。

1. 异相形核模型

在 Li^+ 初始沉积过程中,Li^+ 获得电子并沉积在集流体上,这个过程被认为是一种非均相形核行为。初始形核形态对最终的锂沉积模式起着至关重要的作用。Ely 等人对非均相形核过程进行了热力学和动力学研究,确定了五个区域来说明复杂的非均相形核行为:形核抑制区域、长期孵化区域、短期孵化区域、早期生长区域和晚期生长区域。在形核抑制区域下的形核胚在热力学上是不稳定的,因此有重新溶解到电解质中的倾向。在长期孵化区域,形核胚尺寸大于热力学临界尺寸,形核胚处于热力学稳定态,可以稳定存在较长时间并发生 Ostwald 熟化和缓慢生长。在短期孵化区域,临界形核热力学尺寸与动力学尺寸很接近,形核胚受到彼此的短程相互作用并快速生长,最终锂越过临界动力学尺寸沉积,并随着过电位增大而逐渐生长。进入早期和晚期生长区域后,热力学和动力学稳定的核以相同速度生长。锂晶核一旦形成,其生长是无法避免的,因此如何在初始锂晶核阶段抑制锂枝晶的生长至关重要。

基于这些考虑,可以通过以下策略来抑制锂枝晶的生长:①通过降低金属锂负极表面的粗糙度,提高孵化区域形核胚的均匀性;②设计负极骨架尺寸小于热力学稳定的晶核尺寸,使得枝晶无法出现;③限制负极的过电位;④改善金属锂电极的亲锂性。

2. 表面形核与扩散模型

与金属镁相比,金属锂在热力学上容易生长枝晶,通过密度泛函理论(DFT)计算锂和镁在真空/金属界面沉积的过程,结果显示所形成的 Li—Li 键能小于 Mg—Mg 键能,使得金属锂在不同维度之间的自由能差异低于金属镁,因此金属锂会在沉积过程中优先获得一维方向的生长。除此之外,沉积过程的表面扩散也很重要。对 Li、Na、Mg 金属的计算结果表明:Li 原子具有较高的扩散势垒,在沉积过程中倾向于聚集在一起形成枝晶。

金属锂在电解液中不可避免地形成一层 SEI 膜,因此 Li^+ 在沉积过程中需要扩散穿过 SEI 膜再沉积在金属锂表面,需要计算 Li^+ 在各组分(如 $LiOH$、Li_2O、Li_2CO_3)及卤化物(LiF、$LiCl$、$LiBr$ 和 LiI)中的 Li^+ 表面扩散能垒。结果表明:Li^+ 在 Li_2CO_3 中的扩散能垒高,并且 Li_2CO_3 的表面能低。因此,当 Li_2CO_3 作为 SEI 膜的主要成分时,会使 Li^+ 聚集在一个区域而难以均匀扩散至金属锂表面,从而形成枝晶。当卤化物作为 SEI 膜的主要组分时,会倾向于获得一个无枝晶沉积。

3. 空间电荷模型

1990 年，Chazalviel 提出了空间电荷模型来描述锂的形核过程。该模型计算了在无对流稀溶液条件下，当锂离子以较快的速度进行沉积时，金属锂负极表面的阴离子浓度快速降低，并在负极和电解液界面处形成空间电荷，诱发锂枝晶的生长。Chazalviel 计算了对称电池模型（图 3-6a）中的离子浓度和电势分布，并分为两个区域（图 3-6b）。区域 I 为正极侧到电解液区域，离子传输为主要的扩散方式，阴离子浓度 C_c 和阳离子浓度 C_a 差异不大，电势由正极侧向负极侧缓慢降低；区域 II 为负极表面少部分区域，其离子传输的主要方式为迁移，该区域阴离子浓度降低至 0，而 Li^+ 仍保持少量，从而形成一个空间电荷层，负极表面的电势迅速下降。当电极表面具有不平整区域时，电荷更集中在该区域，并促进锂枝晶的形成。根据此模型，通过固定阴离子或者提高锂离子迁移数的方法，可以促进锂离子的均匀沉积，抑制枝晶的产生。

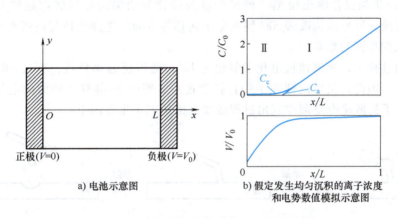

a) 电池示意图

b) 假定发生均匀沉积的离子浓度和电势数值模拟示意图

图 3-6 矩形对称电池中离子浓度和电势示意图

4. 晶体结构模型

晶体取向将影响锂的最终沉积形态。通过冷冻电镜观察锂单晶纳米线，面心立方（FCC）结构锂金属枝晶更倾向于沿着 <111> 晶向生长（49%），其余的会沿着 <211>（32%）、<110>（19%）晶向生长，这样的行为是因为 FCC 晶体结构中的 {110} 晶面族具有最低的表面能，单晶锂金属枝晶更倾向于暴露 {110} 面作为侧面。锂枝晶形态分别包括三角形、六边形和矩形横截面的锂枝晶结构。其中，三角形和六边形截面有利于沿 <111> 晶向生长枝晶。沿 <111> 生长的枝晶通过透射电子显微镜观察呈现六边形横截面，而沿 <110> 或 <211> 生长的枝晶，其侧壁不能完全暴露 {110} 面，将矩形横截面延长为观察到的晶须结构，以降低它们的表面能。尽管如此，由于锂金属负极上存在 SEI 膜，锂沉积的形态表现为无序结构。

5. 固体电解质界面层模型

金属锂负极表面不可避免地产生一层 SEI 膜，Li^+ 需要穿过这层 SEI 膜达到锂金属表面才能得到电子被还原。因此，SEI 膜本身的性质也会影响金属锂的沉积行为。SEI 膜不稳定，容易在沉积/剥离过程中造成 SEI 膜的反复破裂，造成大量的 Li^+ 富集快速沉积，引发枝晶的生长。相比于电解液主体相中的液相扩散控制过程，SEI 膜中的短程固相扩散过程更加影响 Li^+ 的初始形核，进而改变其最终的沉积形貌。

3.4.2 脱出模型

金属锂作为二次电池的负极材料，在充放电过程中经历了反复的沉积和脱出过程。这两个过程对于深入理解金属锂负极的电化学行为至关重要。然而，与体系较为完整的锂枝晶形成和生长模型相比，关于锂脱出过程的研究模型相对较少，主要有以下三种模型：

（1）基底脱出模型　Yamaki 等建立了一种较为普遍的基体溶出模型，即锂脱出遵循锂沉积的反向过程。因为锂枝晶根部的电流密度总是高于尖端，导致锂更容易从基体脱落，形成大量的死锂（图3-7）。

（2）尖端脱出模型　Steiger 等的实验发现，锂更倾向于从尖端开始脱落，只是由于 SEI 膜对锂脱出的约束，即使在锂全部溶解后，SEI 膜仍然存在。

（3）基底/尖端混合脱出模型　该模型认为锂枝晶的尖端和基底都是锂脱出的活性位点，可以通过设计异质结构改善 SEI 膜和电子转移等方面，选择性地提高锂在顶端的脱出速度，以此来减少死锂的数量。

在脱锂的过程中，金属锂被电化学氧化为 Li^+，随后将远离负极，穿过 SEI 膜并迁移至体相电解液中。因此，负极内锂原子的自扩散速率、锂电极-电解液界面的电化学反应速率和 SEI 膜的离子扩散速率是调控脱出过程需要考虑的三个重要因素。

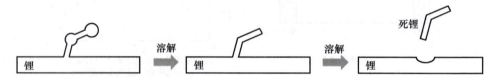

图 3-7　基于基底的锂脱出模型

3.5　锂负极结构设计

3.5.1　金属基集流体设计

金属基电极材料在锂金属电池中扮演着至关重要的角色，它们通过多种方式优化锂金属的沉积过程，包括形成高电子/离子导电层、构筑亲锂化合物、诱导活性形核位点、构建纳米孔结构和扩展表面积等多种方式，可以有效诱导锂金属在电极表面的均匀沉积。这些策略对于提高锂金属电池的性能、循环稳定性和安全性具有重要意义。

1. 三维结构金属集流体设计

集流体不仅是电子传输的通道，还需要具备足够的强度以支撑活性材料（如锂金属）沉积溶解过程中的体积变化。针对锂金属负极，集流体的选择和设计尤为重要，可以赋予更多的结构与功能特征，使用 3D 结构的金属集流体作为锂金属负极是一种简单且有效的方法，能够显著增加集流体的表面积，为锂金属提供更多的沉积空间，从而减缓体积膨胀并提高循环稳定性。此外，3D 结构还能促进电解液的渗透和锂离子的传输，进一步提高电池性能。例如，对于浸渍锂金属的商用 3D 泡沫 Ni 和 Cu 网作为集流体时（图 3-8），研究发现循环后锂金属负极的体积变化减小，循环稳定且锂金属生长均匀。可以通过以下方法制备 3D Cu 集流体来增加其表面积。一是利用模板法构建泡沫 3D Cu，可以精确地控制 Cu 集流体的 3D 结构。通过选择合适的模板（如高分子微球）和沉积条件，可以制备出具有大比表面积和良好导电性的泡沫 Cu 集流体。二是形成 Cu 基合金集流体并选择性蚀刻另外一组分。例如，首先制备 Cu-Zn 合金集流体，然后通过化学或电化学方法选择性蚀刻 Zn 元素。由于 Zn 和 Cu 在合金中的电化学性质差异，Zn 元素可以被优先蚀刻掉，从而在 Cu 集流体表面形成多孔或泡沫状结构。这些方法不仅有助于实现锂金属的均匀沉积和稳定循环，还为提高锂金属电池的容量、循环寿命和安全性提供了有力支持。

图 3-8　注入熔融金属锂的 3D 泡沫 Ni 的示意图

2. 亲锂纳米结构集流体设计

纳米金属基电极材料可分为三类：①将纳米结构的金属材料引入 3D 金属集流体中；②在 2D 金属集流体上构筑纳米结构的金属材料；③使用自支撑的纳米结构金属电极材料。

用亲锂纳米颗粒修饰三维金属集流体是一种增加活性表面积和亲锂性的可行策略。在三维金属集流体中引入 Au、Ag 或 ZnO 纳米粒子在改善成核过电位和库仑效率（CE）方面得到了证实。例如：在泡沫 Ni 上生长锂化的 $NiCo_2O_4$ 纳米棒，可以有效地降低电极中的平均电流。此外，在锂化的 $NiCo_2O_4$ 纳米棒上原位生成的 Li_2O 涂层也可以有效地增加活性表面积和亲锂行为。金属基体与亲锂纳米材料的协同效应也适用于其他材料，如 Cu 纳米线、Cu_2O 纳米线、CuO 纳米花、V_2O_5 纳米带阵列和 ZnO 纳米片。

由于商用 3D 金属集流体具有数百微米大小的大孔和不足的表面积，因此研究了其他纳米结构组装成的独特的 3D 形态。例如，高纵横比的 3D Cu 纤维（图 3-9），可以抑制锂枝晶的生长。ZnO 是一种可存储锂的活性材料，可将其用于在 2D 金属箔上构造垂直生长的纳米结构。在锂化过程中，ZnO 纳米棒被转变为高导电性和亲锂性的 $LiZn/Li_2O$ 阵列，该阵列为锂的沉积提供了形核位点。这些结果表明，在典型的铜箔上设计纳米结构的亲锂转化材料可能是实现均匀金属沉积/剥离的有效策略。

图 3-9　在集流体上构筑 3D Cu 纤维示意图

重/厚金属集流体的使用限制了相应锂金属电池的体积能量密度。因此，高纵横比的金属纳米线被组装为自支撑的 3D 网络结构，以替代传统的集流体。纳米电极材料可提供丰富的导电网络及高活性催化位点的开放表面积。此外，自支撑的3D Cu 纳米线网络还具有很高的柔性，这类材料显示出 97.3%～99.9% 的高 CE 和良好的循环稳定性，并且无枝晶生长现象。

3. 集流体梯度骨架设计

枝晶的生长主要是由某些电化学参数（如电流密度、截止容量和电极周围的锂离子浓度）相关的异质金属沉积引起的。其中，锂离子通量会强烈影响金属沉积过程，因为在高局部电流密度下，其可通过扩散控制的金属沉积形成金属枝晶。因此，为了缓解锂枝晶的形成，人们引入具有高比表面积和三维结构的材料来促进快速的锂离子通量。在大多数情况下，控制金属基电极材料的结构不足以实现均匀的锂离子通量。大量实验观察和模拟表明，锂金属优先沉积在负极/隔膜界面，这通常被称为"尖端生长"模式。在连续的金属沉积过程中，这种生长会减慢锂离子通量，因此需要一种新的方法实现从电极底层开始的沉积，利用不导电的 Al_2O_3 构造亲锂性梯度结构可以解决该问题（图 3-10）。由于电钝化的 Al_2O_3 层提供了电导率梯度并可作成核势垒，因此基底上的 Au 可以引导稳定的锂镀层并提供亲锂性梯度。此外，人们还报道了使用离子/电导率梯度结构的类似方法，例如，Al_2O_3 和 $Li_{0.33}La_{0.56}TiO_3$ 陶瓷纳米纤维薄膜、具有不同电导率的铜纳米线层、具有磷酸化梯度的铜纳米线和具有可变厚度镍涂层的三聚氰胺海绵。这些结构具有高 CE 值和稳定的循环性能，即使在高电流速率或高容量下也不会出现金属枝晶的生长，这归因于电极上均衡的电子/离子电导率利于锂金属的沉积。

通常来说，纳米结构材料比 3D 集流体具有更好的循环稳定性和 CE。另外，纳米结构和梯度结构的电极材料具有大的初始不可逆容量，需要相对昂贵

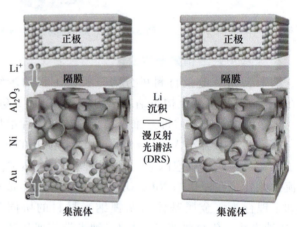

图 3-10 具有梯度结构的金属基混合电极结构示意图

的前体和复杂的制造工艺。此外，锂注入精细纳米结构更加困难，使基于纳米结构的 3D 锂金属负极的制备变得复杂，并且电极材料的均匀性也是重要的问题。在小电流下，局部电流密度的偏差小，而在实际电池中，电流密度的不均匀性会诱发树枝状金属的形成。因此，未来的研究应考虑均匀纳米结构的设计。

3.5.2 碳基电极材料

碳基材料具有低密度、高表面积、高导电性、可调性能、廉价且普遍存在的前驱体、众所周知且简单明了的化学性质等优点，特别是关于纳米结构 sp^2 碳［如碳纳米管（CNT）和石墨烯纳米片（GNS）］的最新研究表明，这些材料的 3D 结构和表面化学性质对其电化学性能起着关键作用。

1. 三维碳结构的设计

许多具有三维形态和不同微观结构的碳基材料可以使用不同的固相、液相和气相技术以

及简单的化学方法制备。由于3D结构的碳具有高的比表面积、大量的孔、可调节的孔隙率和导电网络、高度的柔韧性，以及大量的金属成核活性位点，因此它们是用于容纳锂金属并实现可逆沉积/剥离循环的重要载体。碳纳米管海绵可以通过化学气相沉积制备得到，是3D结构碳的首要候选材料。例如，3D多孔集流体的CNT海绵，其对沉积的锂金属具有很高的亲和力，并能减少锂成核的过电势。为了增强CNT海绵的物理性能，研究者们采用了镍修饰的CNT自生长的分层碳支架。除此之外，共价连接的石墨微管网络将其作为基体的3D支架。石墨微管的内部孔提供了用于容纳锂的模板。另外，通过真空过滤制备了厚度可控的碳纳米管堆，厚度为50~200μm的3D CNT膜在其内侧具有纠缠的CNT网络结构，锂金属可以以较小的体积变化可逆地沉积/溶解。尽管碳纤维布比3D CNT具有更低的比表面积和孔隙率，但前者具有出色的力学性能、高电导率、良好的化学稳定性和丰富的大孔。作为一种新的策略，可以在碳纤维布表面制成多层多孔结构的CNT网络。CNT网络可以显著增加碳纤维布的比表面积，同时保留其良好的力学性能。3D自支撑电极材料也可以通过多种方法由石墨烯纳米片制成。重金属基集流体可以被相对轻的、基于石墨烯纳米片的框架所替代，该框架具有更多的亲锂位点和分层的多孔结构。

2. 碳基材料的表面官能团

锂的形核行为很大程度上受基体表面性质的影响，例如，与金属锂亲和性良好的亲锂基质提供了大量的成核位点，通过减少有效表面积中的形核极化来引导均匀的金属沉积。在具有高表面积的三维主体结构中，引入亲锂基官能团对于实现高度稳定的无枝晶的锂沉积/溶解循环至关重要。

通过将亲锂官能团与具有较高表面积的3D碳材料结合，可以使氮官能团的亲锂作用最大化。例如，在石墨烯纳米片中引入多种氮构型的氮掺杂原子，可有效引导锂金属的沉积/溶解。研究发现，具有吡咯氮和吡啶氮的石墨烯纳米片分别有一个额外的电子和一对孤对电子，可成为填满p轨道的富电子供体，充当路易斯碱性位点，可强烈吸附路易斯酸性的锂离子。通过酸碱相互作用，并引导锂金属核在石墨烯纳米片表面的均匀分布。O（3.44）的电负性比Li（0.98）高，因此O原子与Li原子之间的相互作用可通过路易斯酸碱理论解释。羧基中额外的一对电子使其成为富电子供体，充当路易斯碱性位点以牢固地结合路易斯酸性的Li离子。形成的Li—O键（0.179nm）的长度比晶体Li_2O（0.202nm）中的短，表明Li原子与羧酸氧之间有很强的相互作用（图3-11）。通常，较高的结合能可以通过降低其对基底的表面张力来促进其异质成核。此外，氧原子还与碳基体中的离域π键相互作用，可以获得类似于氮原子的负电荷。但是，目前难以确定锂金属可逆存储过程中氧化官能团含量与化学稳定性之间的关系。除此之外，引入具有高电负性和较强的局部偶极子（如氧和氮）的单原子掺杂剂会导致高的Li结合能，从而显著降低Li成核的过电势。除此之外，氧/硼、氧/硫和氧/磷掺杂会使其与锂的结合能增大。

3.5.3 金属-碳复合电极材料

通过构建具有互连结构的3D大孔碳骨架并引入亲锂性金属材料，可以最大限度地发挥各自的优势。自支撑碳纳米纤维具有高的比表面积、开放孔结构和良好的导电网络，并且可以通过静电纺丝轻易制备，因而成为首选的骨架材料。Ag、TiN、Sn和Cu纳米颗粒都可被

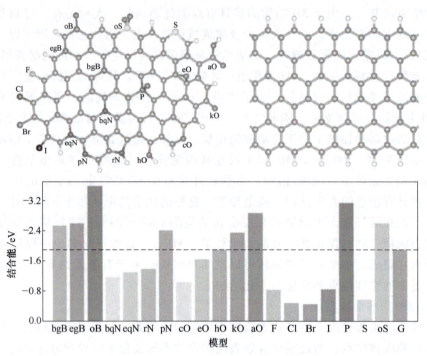

图 3-11 杂原子掺杂碳的模型和结合能

用作碳网络表面的亲锂材料。作为碳骨架，石墨烯纳米片具有大的表面积和含氧官能团，因此，也被用来与亲锂性金属纳米粒子结合。金属纳米粒子如钴、Ni_3N、Cu_2O 和 Au 都显示出优异的电化学性能和均匀的锂沉积。除此之外，可以在金属衬底上构建基于碳纳米管（Carbon Nanotube）CNT 和石墨烯纳米片的 3D 结构，尽管这样不利于能量密度，但可以为碳结构提供高机械稳定性和高导电性的电子通路。如果金属集流体可被 3D 碳骨架所代替，并且可以使用廉价金属作为催化材料，那么金属-碳复合电极有望实现更大的发展。

3.6 锂金属电池电解液

19 世纪 60~70 年代，人们在锂金属电池中用的主要是碳酸酯类电解液，如 PC（Propylene Carbonate）、EC（Ethylere Carbonate）、DMC（Dimethy Carbonate）、DEC（Diethyl Carbonate）、EMC（Ethyl Methyl Carbonate），刚开始用的盐是无机锂盐，但是溶解度较低，于是人们开始使用有机锂盐，但是这些锂盐与碳酸酯组合成的电解液的库仑效率（CE）一般低于90%。因此在 19 世纪 70 年代后期，醚类电解液受到了关注，因为它们的库仑效率很高，如 2-MeTHF 的库仑效率达到了 97.4%，可能是因为形成了更稳定的 SEI 膜。但是由于后来商业化的锂金属电池造成了事故，电解液的发展在此之后变得缓慢。直到 2010 年左右，锂金属电池复兴，电解液的发展再次受到重视，如高浓度的电解液（HCE），这种电解液的 CE 能够达到 99.3%。特别地，因其独特的溶剂化结构，HCE 对高压电池的正极特别稳定，比如 NMC811。但是 HCE 的高黏度和高成本是其不可回避的缺点，于是，局域高浓度电解质（LHCE）被发展起来，LHCE 是在 HCE 中加入稀释剂（如氟化的醚），从而降低电解液黏度和成本，它被认为是最先进的电解液，有望在实用化的锂金属电池中应用。除此之外，固态电池（SSB）作为锂金属电池的一种重要形式，因其固态电解质能有效阻止锂枝晶的形成而备受关注。最近，几家致力于固态电池技术的公司已经宣布获得资助，如 Prologium、Automotive Cells Company、Welion 和 Quantum Scape 等，特别是 Blue Solutions 公司已成功将固态锂金属聚合物电池应用于电动汽车的动力源，展示了这些电解质的潜在应用前景。

3.7 锂金属电池实用化情况

锂离子电池对现代社会产生了深远的影响。在过去 30 多年内，锂离子电池的能量密度稳步增加，成本逐渐减小。但目前，随着人们对于更高能量密度的追求，显然锂离子电池受负极石墨的容量限制无法提高。在已有的负极材料中，金属锂负极拥有高的理论比容量和低的电极电位，因此被认为是未来储能系统最理想的负极材料之一。因此，对于磷酸铁锂、钴酸锂和镍钴锰酸锂（NCM）等成熟的正极材料，为最大化提高能量密度，实现高于 350W·h/kg 乃至 500W·h/kg 的能量密度，金属锂被认为是必不可少的负极材料。

需要注意的是，早期的锂金属电池基于含有过量的锂和电解液的纽扣型电池，然而这些结果中的大多数不能直接转换为实用级的软包电池。实用纽扣电池的大多数工作中，电解液处于过量"淹没"状态（>75μL），同时正极的面容量过低（1mA·h/cm^2），这对应于大约 70g/(A·h) 的电解液/电池容量比而言，是实用级软包电池的近 23 倍。除了电解液用量外，金属锂负极的厚度也是关键指标，对于厚锂而言，主要的失效机制为负极侧 SEI 膜形成、死锂的累积，以及干液导致电池内阻的增加。在这种情况下通过补充电解液可以恢复至原来的容量。早期实验室级的锂箔非常厚（>250μm），是达到 300W·h/kg 的实用化条件所需锂负极厚度（50μm）的 5 倍。因此，薄锂的失效机制不同于厚锂。薄锂的失效机制是由于电解液和金属锂的消耗，而不是锂枝晶的形成，已经通过实验证明了这一点。此外，传统锂金属电池存在锂枝晶生长导致的短路和爆炸风险。随着固态电解质、界面工程等技术的发展，锂金属电池的安全性得到了显著改善，降低了商业化应用的风险。

锂金属电池的商业化情况目前仍处于相对初级的阶段，尽管面临诸多挑战，但其高能量密度、长续驶里程和安全性等优势使得其在新能源汽车、储能系统和消费电子等领域具有广泛的应用前景。然而，锂金属电池的产业化进程受到生产工艺、设备投资、产能扩张等多种因素的影响。要实现大规模商业化的应用，需要建立完善的产业链和供应链体系。全固态电池作为锂金属电池的一种重要形式，其固态电解质能有效抑制锂枝晶的生长，提高电池的安全性和能量密度，有望成为锂金属电池产业化的重要推手。目前在实验室条件下已经初步实现了较高的能量密度，如有公司宣布成功研发出能量密度达到 720W·h/kg 的全固态锂金属电池。SES 公司在 2021 年发布了混合锂金属电池，锂金属电池已经从最初的单层、多层、A·h 级电芯跃升为 100A·h 级模组，逐步走向商业化装车，这意味着其距离商业化装车迈进了一大步。

参 考 文 献

[1] 黄佳琦，张强，吴锋. 金属锂电池［M］. 北京：北京理工大学出版社，2022.
[2] COHEN Y S, COHEN Y, AURBACH D. Micromorphological studies of lithium electrodes in alkyl carbonate solutions using in situ atomic force microscopy［J］. The Journal of Physical Chemistry B, 2000, 104

(51)：12282-12291.

[3] 郑立涵，沈之川，施志聪. 金属锂固体电解质界面膜的研究进展[J]. 化工学报，2023，74（12）：4764-4776.

[4] XU K. "Charge-transfer" process at graphite/electrolyte interface and the solvation sheath structure of Li$^+$ in nonaqueous electrolytes[J]. Journal of The Electrochemical Society，2007，154（3）：A162.

[5] ELY D R, GARCÍA R E. Heterogeneous nucleation and growth of lithium electrodeposits on negative electrodes[J]. Journal of the Electrochemical Society，2013，160（4）：A662-A668.

[6] CHAZALVIEL J N. Electrochemical aspects of the generation of ramified metallic electrodeposits[J]. Physical Review A，1990，42（12）：7355-7367.

[7] YAMAKI J I, TOBISHIMA S I, HAYASHI K, et al. A consideration of the morphology of electrochemically deposited lithium in an organic electrolyte[J]. Journal of Power Sources，1998，74（2）：219-227.

[8] CHI S S, LIU Y, SONG W L, et al. Prestoring lithium into stable 3D nickel foam host as dendrite-free lithium metal anode[J]. Advanced Functional Materials，2017，27（24）：1700348.

[9] YANG C P, YIN Y X, ZHANG S F, et al. Accommodating lithium into 3D current collectors with a submicron skeleton towards long-life lithium metal anodes[J]. Nature Communications，2015，6（1）：8058.

[10] PU J, LI J, ZHANG K, et al. Conductivity and lithiophilicity gradients guide lithium deposition to mitigate short circuits[J]. Nature Communications，2019，10（1）：1896.

[11] CHEN X, CHEN X R, HOU T Z, et al. Lithiophilicity chemistry of heteroatom-doped carbon to guide uniform lithium nucleation in lithium metal anodes[J]. Science Advances，2019，5（2）：eaau7728.

第 4 章
锂硫电池

4.1 概述

第 3 章介绍了以金属锂作为负极的锂金属电池，当正极采用硫时所形成的电池称为锂硫电池，也属于一种锂金属电池。其中，硫正极具有超高的理论比容量（1675mA·h/g）及能量密度（2600W·h/kg），搭配锂金属负极，可实现高达 600W·h/kg 的高能量密度电池。此外，由于硫单质供应充足且成本低廉，锂硫电池的最低成本可低至 36 美元/(kW·h)，极具优势。

4.1.1 锂硫电池发展历史

最早的锂硫电池可以追溯到 1962 年，Ulam 和 Herbet 首次提出了以单质硫和金属锂分别作为正、负极材料的电池，早期被用作一次电池。然而，20 世纪 90 年代在锂离子电池的大规模商业化背景下，因安全性和稳定性等问题，锂硫电池的研究陷入低谷。随着锂离子电池工艺的日益完善，其实际能量密度逐渐接近理论值极限，难以满足未来人们对储能器件的需求。在此背景下，以高能量密度著称的锂硫电池再度受到关注。2009 年，Nazar 等人将单质硫与有序介孔碳 CMK-3 进行复合，所得硫复合正极展示出 1320mA·h/g 的高比容量，开启了锂硫电池快速发展的新篇章。

4.1.2 锂硫电池工作原理与特点

不同于锂离子电池的"摇椅式"反应，锂硫电池通常通过锂负极和硫正极之间的电化学反应来实现化学能和电能之间的相互转换。图 4-1 展示了锂硫电池的结构及硫氧化还原反应过程的机制，在放电过程中（如图 4-1b 所示），S_8 分子与 Li^+ 结合，过程经历了固相 S_8 分子到液相多硫化锂，以及固相 Li_2S 的转化，具体放电过程中硫的转化可分为以下四个阶段。

第一阶段：$S_8 + 2Li^+ + 2e^- \longrightarrow Li_2S_8$

该阶段对应于放电曲线中 2.2~2.3V 处的电压平台。在该阶段中，固相的 S_8 分子向液态的 Li_2S_8 转化，为固液两相还原过程，该过程贡献了约 209mA·h/g 的比容量，为硫正极理论比容量的 12.5%。由于长链 Li_2S_8 在电解液中的高溶解性，所以该阶段具有较快的反应速率，反应生成的多硫化物会迅速溶解到电解液中，正极也变得疏松多孔。

第二阶段：$Li_2S_8 + 2Li^+ + 2e^- \longrightarrow Li_2S_{8-n} + Li_2S_n$

在该阶段，长链的 Li_2S_8 向低阶多硫化锂转化，为液-液均相还原过程，其对应放电曲线中第一电压平台的下降部分。随着反应的进行，多硫离子浓度逐渐升高，电解液的黏度也将持续增加直至该阶段反应结束。

第三阶段：$2Li_2S_n + (2n-4)Li^+ + (2n-4)e^- \longrightarrow nLi_2S_2$

$Li_2S_n + (2n-2)Li^+ + (2n-2)e^- \longrightarrow nLi_2S$

该阶段对应放电曲线中 1.9~2.1V 处电压平台，在该阶段中，发生可溶性低阶多硫化锂向固态硫化锂（Li_2S_2，Li_2S）转变的液-固两相还原。上述的两种反应相互竞争，贡献了约 1256mA·h/g 的比容量，为硫正极理论比容量的 75%。

第四阶段：$Li_2S_2 + 2Li^+ + 2e^- \longrightarrow 2Li_2S$

该阶段为硫化锂间的固相还原过程（Li_2S_2 转变为 Li_2S），其对应放电曲线中第二电压平台较陡的下降过程。由于硫化锂较差的导电性及不溶性，该阶段反应速率缓慢并且具有较大的极化。

在充电过程中，固体 Li_2S/Li_2S_2 首先被氧化生成可溶性多硫化锂中间体，最终转化为固态 S_8 分子。

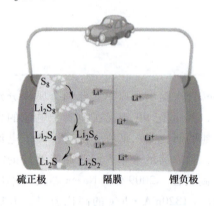
a) 结构示意图

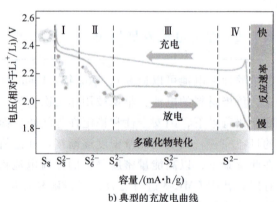
b) 典型的充放电曲线

图 4-1 锂硫电池的结构和充放电曲线示意图

从上述的电化学反应可以看出，锂硫电池的充放电过程不仅包括多步骤、多电子的氧化还原反应，还涉及固-液-固的不断转化，尽管其具有优异的理论比容量及能量密度，但由于反应的复杂性，该类电池仍面临着诸多的挑战，如图 4-2 所示。

1. 多硫化物中间体的溶解

作为单质硫向最终放电产物 Li_2S 转化的关键中间产物，可溶性多硫化锂在醚类电解液中的溶解和迁移使其在电极/电解液界面得失电子和离子，为 S_8 与 Li_2S 之间的电化学反应提供保障。然而，可溶性多硫化锂易迁移出正极区域，其将不再参与正极的电化学反应，并在浓度梯度的作用下扩散到锂金属负极区，与金属锂发生反应，导致正极活性物质的损失和负极的腐蚀，出现严重的过充现象。此外，多硫化锂的溶解易产生自放电反应，造成静置储存过程中电池容量的损失。

2. 硫正极材料导电性差和体积膨胀

硫和 Li_2S 的电子绝缘性（室温下硫的电子电导率为 $5×10^{-30}$ S/cm，Li_2S 为 $10^{-2}\sim10^{-10}$ S/cm）引起活性材料间较差的电子接触，导致活性物质间低的转化率，阻碍了活性物质的有效利用。此外，硫单质（25℃下密度为 2.07g/cm^3）与最终放电产物 Li_2S（25℃下密度为 1.66g/cm^3）的密度差异导致在充放电过程中将产生约 80%的体积膨胀，造成正极材料的结构坍塌。

3. 锂负极腐蚀与安全

正如之前章节所提到的，锂金属具有极高的金属活性，因此锂硫电池在充放电过程中，一些高阶的多硫化锂一旦扩散到负极便会与金属锂反应，生成的不溶性硫化锂易沉积到锂负极表面，引起活性物质损失、锂金属表面腐蚀等一系列问题。此外，沉积在锂金属表面的硫化锂易与溶解的多硫物质进一步发生反应，从而加剧固态电解质膜的不稳定性，导致锂枝晶的产生，造成电池短路，引发安全问题。

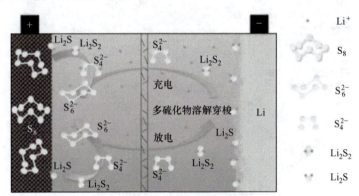

图 4-2　锂硫电池中多硫化物溶解穿梭示意图

4.2　锂硫电池正极材料

作为锂硫电池的重要组成部分，硫正极是实现高比容量的重要因素，但是由于其导电性低、充放电过程中的体积膨胀，以及多硫化锂的溶解穿梭，造成锂硫电池中硫活性物质利用率低、循环稳定性差等系列问题。因此，该类电极设计的关键在于：①改善正极低的离子和电子电导率；②加强循环过程中正极的机械稳定性；③缓解甚至抑制穿梭效应，同时充分利用多硫化锂的自身电化学活性。为此研究者提出了诸多策略，主要包括制备多种碳/硫复合材料、硫/金属化合物复合材料、硫/单原子载体复合材料、有机硫化物正极，以及硫化锂改性等，以下将分别进行详细介绍。

4.2.1　碳/硫复合材料

针对硫正极材料本身的固有问题，构建各种结构及形貌的硫/碳复合材料是最常见且有效的方法之一。碳材料作为一类重要的功能材料，其不仅具有超高的电子导电性，可有效解决单质硫导电性差等问题，同时碳材料具有良好的结构可调性，能够设计丰富的多孔结构，在储存单质硫的同时可发挥空间限域及物理吸附作用，有限缓解多硫化锂的溶出和穿梭。最常用的碳基载硫材料主要包括多孔碳、空心碳球、碳纳米管、碳纳米纤维、石墨烯及其复合物（图4-3）。研究发现，在充放电过程中，固相硫会转化为液相多硫化锂，随后随机迁移到热力学稳定的碳结构中优选位置，活性材料在初始阶段的形态、分布及物相对电池并无明显影响。因此，碳基载硫材料的性能将是影响硫/碳复合硫正极性能的主要因素。下面将对主要的硫/碳基复合材料的制备与结构予以详细介绍。

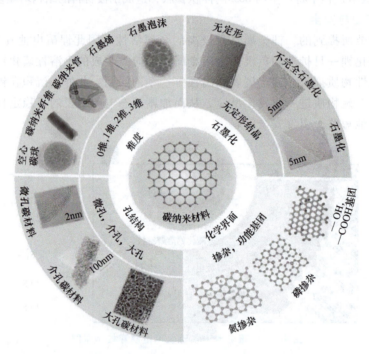

图 4-3 碳纳米材料在锂硫电池系统稳定正极中的应用总结

1. 碳/硫复合材料制备

目前，常通过物理或化学方法来制备硫/碳复合材料，不同的硫包覆方法对碳材料中硫的分布、粒径等有很大影响。其中，物理方法可分为球磨、熔融扩散、气相渗透、溶解结晶和涂覆（纯硫正极制备）等。球磨法通常将硫和载体材料加入封闭的罐中研磨，易于大规模生产。然而，该过程中硫和载体之间的弱接触易形成硫聚体，使得活性材料的利用率较低。但是，由于球磨过程中强烈机械混合的高能量可提高密封空间中的温度并产生类似熔融扩散的效果，球磨法仍为目前碳/硫复合材料制备的重要方法之一。此外，球磨的过程可引起新的化学反应，从而实现硫元素的特殊应用。如通过有效的球磨工艺，可制备出具有更强亲和力及高电导率的石墨烯-硫复合材料，促进硫正极离子/电子的快速传输。熔融扩散是目前将硫和碳载体进行复合最普遍的方法。该方法利用硫在155℃下的低黏度，通过毛细吸附效应，将硫元素渗透到碳材料的孔隙中，实现硫与载体材料间的紧密接触。对于Super P、乙炔黑等碳材料，碳/硫复合材料在熔融扩散后会形成硫颗粒间的"点对点"接触。因此，该方法适合用于多孔材料，如微孔碳、有序介孔碳（CMK-3）与层次孔碳材料。仅用熔融扩散法制备的复合材料，其在循环过程中负载于载体材料表面的硫易溶于醚类电解液中，为此在熔融扩散过程后，可通过200~300℃的快速热处理将载体表面的硫蒸气化而去除。由于硫的蒸发焓和升华焓低，在气相中加工硫会更加容易。此外，当温度升高至550℃以上时，S_8分子被分解为较小的S_2和S_4分子，这有利于硫向载体材料的渗透。因此，气相渗透法在诱导C—S键键合的同时也可促进硫向纳米孔隙中渗透。如将硫与氧化石墨烯粉末在真空600℃加热时，氧化石墨烯被还原成具有高电导率的还原氧化石墨烯网络，同时S_8分子被分解为S_2分子并插入到还原氧化石墨烯层间。基于相似相溶原理，硫在CS_2、四氢呋喃、甲苯等非极性溶剂中具有较高的溶解度。溶解结晶法通过将碳材料添加至溶解有硫的溶剂中，利用毛细效应，待溶剂蒸发后，实现硫在多孔材料中的负载。如通过超声辅助多次润湿浸渍和同步干燥技术，采用C-CS_2溶液可将硫渗透到微孔碳中。此外，通过简单的涂覆也可制得碳/硫复合正极。如将硫粉直接涂覆在铝箔上，并在硫层上覆盖一层碳纸，可得到高硫面负载正极。

与物理方法相比，化学合成倾向于更小的硫颗粒和更均匀的硫分布，使硫正极的结构更均匀、活性组分更高。目前，已开发多种化学方法来制备复合硫正极，如化学沉积、共聚、电化学沉积等。化学沉积常采用硫代硫酸钠和硫化钠作为硫源。硫溶解于硫化钠的水溶液中可形成多硫化钠溶液。通常，通过将硫酸或盐酸加入多硫化钠（硫代硫酸钠）溶液中可进行沉积反应，硫将在均匀分布的基体上成核。在沉积过程中引入表面活性剂和聚合物（如聚乙烯吡咯烷酮和聚乙二醇）可形成超细的硫颗粒，同时形成核壳型硫/碳结构。共聚法构建碳/硫复合材料涉及反硫化反应，液相S_8单体在159℃经开环聚合生成具有双自由基链段的线型聚硫烷，其中长链硫的双自由基可以与官能团反应，如巯基、乙烯基和乙炔基等。共聚获得的有机硫聚合物的主链由长链硫和短链聚合物交联而成，因此其具有与硫单质相似的电化学特性。共聚法构筑的C—S键可促进硫物质的均匀分布。由于成本低、速度快、制备纯度高和结构可控等优点，电化学沉积技术被用于碳/硫复合材料的制备中。如利用电化学沉积方法可将硫均匀地锚定在石墨烯层和垂直于基底排列的石墨烯阵列之间，使复合材料的离子/电子导率提高。此外，通过电解H_2S也可将硫沉积到微孔碳中。

硫的负载方法直接影响硫的分布、粒径和形态，其将对锂硫电池的电化学性能产生不同影响。每种硫正极制备方法均有其各自的特点和适用范围，然而，目前报道的多数碳/硫复合方法仍停留在实验室规模，难以扩大生产。因此，开发适用范围广、低成本、易于大规模生产的碳/硫复合材料制备方法对锂硫电池的发展具有重要意义。

2. 碳载体孔结构

多孔碳由于孔结构、孔体积以及比表面积可调等特点，可以在容纳活性物质硫的同时通过物理限域有效缓解穿梭效应，被广泛应用于锂硫电池中。多孔材料根据其孔径d的大小，其孔结构可以分为微孔（$d<2nm$）、介孔（$2nm \leq d < 50nm$），以及大孔（$d \geq 50nm$），这几种孔结构由于尺寸效应而发挥出不同的功能。

多孔碳在锂硫电池中的应用可追溯到1989年，通过硫在多孔碳中的负载以增加电导率和体积能量密度。此后，研究者通过设计孔径约为2.5nm的多孔碳载硫材料，显著提高了硫电极的循环性能。迄今，不同的多孔碳骨架被广泛应用于硫复合材料。

（1）微孔碳材料 微孔碳具有极高的比表面积（$>1000m^2/g$），当该类材料作为硫载体时，在提高硫的负载量及利用率的同时，由于微孔的物理吸附/限域作用，在循环过程中可有效阻碍多硫化锂的溶出。此外，理论计算表明，不同于大硫分子（S_{6-8}），小硫分子（S_{2-4}）的一维长度均小于 0.5nm。因此，硫在微孔（<0.5nm）中常以 S_{2-4} 的短链硫形式存在，在反应过程中呈现固-固转化，不仅避免了中间可溶性多硫化锂的生成，同时也可与碳酸酯类电解液相兼容。在多种合成方法中，以金属有机框架为模板和前驱体的方法由于制作工艺简单和生产率高等原因，被广泛应用于微孔碳材料的制备中。如以 ZIF-8 作为前驱体，可制备出具有丰富微孔的碳多面体材料，研究者曾以其作为模型研究不同参数如硫负载方式、硫含量及电解质等对硫正极电化学性能的影响。以生物质材料为前驱体是制备微孔碳的另一种广泛应用的方法。如通过对竹子进行 KOH/退火处理得到的微孔材料作为硫载体，展示出优异的电化学性能。进一步，研究者发现当调节微孔孔径低于 0.7nm 时，材料对多硫化锂的有效吸附是 0.7~2.0nm 孔径的 3 倍。

（2）介孔碳材料　尽管微孔结构可为多硫化锂提供有效的物理吸附作用，但受限于微孔孔体积，其硫载量极低。介孔碳具有可控的介孔孔道结构和高的孔体积，为高硫负载提供了有利条件。其中，具有高比表面积的有序介孔碳材料被认为是理想的载硫材料。其有序的孔道缩小了电荷的传输距离，同时为电解质和活性材料间提供了良好的接触界面，降低了电池的电阻，使得复合材料的电化学性能得到提高。如通过刻蚀自组装碳杂化纳米片和氧化铁纳米立方体可制备得到具有蜂窝结构的介孔碳纳米片。该二维碳纳米片均匀的立方介孔结构使得在与硫复合后，材料表现出优异的倍率性能和长期循环稳定性。除化学合成外，天然木材超细纤维由于其廉价、可再生及独特的分级介孔结构常被用作硫载体材料。利用这种分级介孔结构，硫的质量分数可提高至 76%，且表现出优异的循环稳定性。为进一步了解介孔碳载体的孔结构（如孔径和孔体积）对电池性能的影响，研究者进行了系统研究，并发现当单质硫完全填充介孔时，介孔大小对电池的循环性能无明显影响；然而，相比于完全填充，部分填充的碳/硫复合材料可使得硫和介孔碳间紧密接触，且孔中留有足够的空间用于 Li^+ 传输，表现出更佳的性能。值得注意的是，多硫化锂的尺寸更接近微孔，因此介孔对可溶性多硫化锂的捕获效率要低于微孔。

（3）层次孔碳材料　大孔结构可在改善电解液对电极润湿性的同时作为缓冲体积变化或载硫的容器，在多孔碳材料中具有独特的作用。然而，单一的孔结构对于改善碳/硫复合材料的性能作用有限，因此迫切需要设计开发新的载硫材料以实现高性能硫正极的构筑。分级多孔碳材料，也叫层次孔碳，是一种兼具多级孔隙结构的碳材料，包括微孔/介孔碳材料、介孔/大孔碳材料、微孔/介孔/大孔碳材料等，能充分结合各种孔隙结构的优点，对锂硫电池的性能和安全提升起到了重要作用。例如，通过合理设计的具有内层介孔或大孔、外层微孔的分层多孔结构可有效利用内层介孔或大孔提高载硫量，同时外层的微孔阻挡多硫化锂的溶出，进而有效提高活性物质的利用率和电化学性能。此外，研究者通过原位方法制备了一种具有多级孔结构的石墨碳载硫材料。在该材料中，单质硫可以很好地依据纳米尺寸分布在大孔壁上的微孔、介孔里，实现高硫（硫的质量分数高达 90%）正极的构筑。

（4）空心碳球材料　空心碳球是由完整的碳壳层和巨大的空腔组成的 0 维结构，其内部的空腔为充放电过程中的体积变化提供缓冲空间，同时也为高载硫量提供了保证；此外，连续的碳壳层可提供高效的导电骨架，同时也可发挥物理阻隔层的作用，抑制其内部多硫化锂的溶出。早期，基于硫/碳复合正极材料的启发，Archer 等人制备了高度石墨化的空心碳球作为硫载体材料，该电极材料极大地提高了硫的利用率和稳定性，提供了 1100mA·h/g

的高比容量，并可稳定循环多达100次。然而研究表明，在负载硫的过程中硫优先负载到壳层的孔隙中而不是空腔内部，空心碳球的结构优势不能被有效利用，因此如何实现最大化载硫量成为这类材料的研究热点。如通过调节碳壳层的孔隙率及孔径大小，促进硫进入空腔内壁及内部空腔；通过对空心碳结构的设计，发现核-壳相互连接的空心碳结构作为载硫材料时，不仅减小了空腔内部电荷转移阻力，而且可以促进硫向内部空腔扩散。然而，硫或硫溶液与碳的相容性较低且润湿性差，导致硫在碳的微孔或介孔中扩散困难，无法将硫完全渗透到空腔内。基于此，Moon等人通过改变溶解硫溶剂的种类，实现硫在空心碳球空间位置分布的调控。研究表明，采用低界面能的二元溶剂 CS_2 和 N-甲基-2-吡咯烷酮，可以更有效地改善硫溶液对空心碳球的渗透性，实现硫在空腔内部的包覆。此外，为更有效地限制多硫化锂的溶解，多壳层空心碳球载体材料也逐渐被设计研究。

（5）碳纳米管材料　具有高长径比的碳纳米管不仅可以提供高的比表面积，还可以提供连续的长程导电网络，从而加快硫正极的反应速率及硫的利用率。在早期的研究工作中，Han等人首次将多壁碳纳米管引入到硫正极将其作为添加剂，改善了锂硫电池的倍率性能和循环寿命。此后，诸多的硫/碳纳米管复合材料被用作正极，均表现出增强的电化学性能。然而，当碳纳米管与硫复合时，大部分硫仍暴露在载体材料的表面，易造成活性物质的损失。为此，通过在制备的硫/碳纳米管复合材料的表面再包覆一层包覆层（如聚吡咯、聚苯胺、聚乙二醇等），可进一步抑制多硫化锂的溶解穿梭。传统的电极制备除了使用活性材料外，还需要加入黏结剂和集流体等非活性材料，不可避免地降低了电池整体质量能量密度。碳纳米管良好的自组装行为，可为无黏结剂、柔性的自支撑硫正极创造条件。例如，2012年，研究者使用多壁碳纳米管自组装作为硫正极自支撑集流体，良好的电子和离子通道使硫正极取得了优异的倍率性能。

（6）石墨烯材料　石墨烯是一种碳原子 sp^2 杂化所形成的二维蜂窝状的晶格碳，其通过微机械剥离法从石墨中被提取并被发现。石墨烯由于优异的导电性（10^6 S/cm）、导热、光学特性和极高的比表面积（2600 m^2/g），在物理学、航空航天、材料学等领域得到了长足的应用和发展。作为目前发现的导电导热性最强、强度最大、最薄的一种新型材料，其被称为"黑金"，研究者甚至预言该材料将彻底改变21世纪，掀起一场新技术新产业的革命。在锂硫电池中，石墨烯优异的理化性能可为活性物质硫提供良好的结构支撑和电子传导作用。例如，将石墨烯和硫单质通过简单的机械混合并加热后，其放电容量可从 800mA·h/g 提升至 1100mA·h/g。然而，简单的球磨和热处理只能将硫附着在石墨烯片上，硫容易脱落并扩散到电解液中。为此，通过将活性颗粒硫填充到石墨烯层中或包裹在石墨烯片中可有效解决上述问题。此外，石墨具有与碳纳米管相似的自组装特点，如其可组装为多孔泡沫状、海绵状、气凝胶和纸状等结构，形成具有良好力学性能的自支撑集流体，提高电池的能量密度。

（7）其他碳材料　除上述材料外，其他碳材料如碳纳米纤维、炭黑等也被用作硫载体材料。与碳纳米管相似，碳纳米纤维具有中空的形貌，但缺乏石墨特征。碳纳米管较小的直径及较差的可渗透性，导致在多数情况下硫分布在碳纳米管外，从而产生严重的穿梭效应。通过调节固硫方式，如采用电纺丝、碳化和溶液化学沉积法可实现硫在多孔纳米纤维中的包封，其中化学沉积法能使硫和碳纳米纤维之间的接触更加紧密。然而，该类材料的循环稳定性较差，将碳纳米纤维与其他碳材料复合可赋予其新的功能，进一步提升电化学性能。例如，通过在碳纳米纤维上涂覆多层石墨烯纳米片，制备出具有优异循环稳定性的石墨烯-硫-

碳纳米纤维的复合载体材料；将聚苯胺与碳纳米纤维复合，经碳化处理得到中空碳纳米纤维复合氮掺杂多孔碳材料，这得益于多孔碳壳层的高比表面积和大孔体积，以及碳/纳米纤维的机械支撑和电子传输作用，该硫/碳复合电极展示出优异的循环性能。

由于导电性高、廉价易得等特点，炭黑常用作硫载体材料。目前常用的炭黑包括乙炔黑（AB）、科琴黑（KB）、BP-2000 和 Surper P 等。研究者利用不同种类的炭黑材料进行硫正极的构筑，发现硫正极的性能强烈依赖于炭黑的类型。对于高比表面积的炭黑，如 KB-600（1270m^2/g）、Cabot BP-2000（1487m^2/g）或 Printex XE-2（950m^2/g）均具有比 Super P（62m^2/g）更优异的放电比容量（>1200mA·h/g）。由于碳的非极性属性，其与极性含硫物种的作用力较弱，单质硫与单纯的炭黑复合无法有效解决多硫化锂的溶解穿梭，通过改性、聚合物包覆等方法可有效改善这一现象。如利用一步酸蒸气工艺合成方法，以乙炔黑为原料制备出空心球结构的碳材料，该材料表面丰富的羧基增加了对多硫化锂的锚定作用。利用其他材料对炭黑进行包覆，在限制多硫化锂溶解扩散的同时可提升硫正极的导电性。通过在硫/炭黑（Super P）的表面包裹氧化碳纳米片，制备得到具有核-双壳结构的复合电极材料，相比于未处理的硫载体，该材料在 1C 的电流密度下展现出优异的循环性能。此外，其他材料如石墨烯、聚苯胺、聚丙烯腈等也被用作硫/炭黑的包裹层，该类物质的引入加强了硫载体材料对多硫化锂的吸附与限域，使得电池的稳定性得到提高。

3. 碳载体表面功能基团

通过非极性碳材料如多孔碳、碳纳米管和石墨烯等作为载硫体的方法作用有限，简单的物理（空间）限域不足以缓解长期循环过程中多硫化锂的溶解穿梭。为加强碳基体与多硫化锂间的作用力，可对碳基体表面进行功能化。通过在碳基体表面引入极性官能团（如羧基、羟基和环氧基等），作为可溶性多硫化锂与碳基体之间紧密连接的媒介，增强载硫材料对多硫化锂的作用力，从而更好地抑制多硫化物的溶解穿梭，提高正极活性物质的利用率，改善电池的电化学性能。如通过在氧化石墨烯表面引入环氧基和羟基，增强了碳载体对多硫化锂的作用力，从而在循环过程中有效抑制多硫化锂的溶解扩散，改善了锂硫电池的电化学性能。此外，氨基功能化的氧化石墨烯材料被设计制备，该材料中较强的共价键稳定了活性物质硫及其放电产物，所得正极表现出优异的性能。

此外，通过在碳基体上引入杂原子，基于杂原子给电子能力或受电子能力，与多硫化锂中 Li^+ 或 S_n^{2-} 相互作用，使得非极性的碳基体上分布有极性活性位点，从而实现对硫物种的有效锚定。在众多原子掺杂中，氮原子掺杂最为普遍。研究发现，电负性氮原子引入碳晶格会诱导碳基体中电荷的不均匀分布，使周围碳原子呈正电性。根据氮原子与周围碳原子的成键方式不同，其可分为吡咯氮、吡啶氮和石墨氮掺杂。通过计算不同种类氮掺杂与多硫化锂之间的吸附能发现，吡啶氮与多硫化锂具有更强的作用力，其次为吡咯氮，石墨氮掺杂最差。然而，在氮掺杂碳材料中，氮掺杂的种类、含量等难以定向调控，导致活性位点数量有限。此外，氮原子的加入量应被控制在合理范围内（4%~8%），在保证电子导电性的同时提高对多硫化锂的亲和性。除氮原子外，其他掺杂原子如硼、氧、硫和磷等掺杂原子也可明显增强碳基体与多硫化锂间的相互作用。进一步，研究者通过对各种杂原子掺杂进行密度泛函理论计算，发现相比于硼、硫、氯等元素，氮或氧的引入显著增强了载体材料与多硫化锂的作用，并提出掺杂载体材料和多硫化锂的结合能与掺杂剂的电负性之间呈火山型关系，为应用于锂硫电池的掺杂碳材料设计提供了思路。

金属及其化合物如金属氧化物、金属硫化物、金属单原子等由于强极性相互作用（包括极性金属键和非金属键）和催化作用被广泛引入碳基体中，在保证结构稳定性的同时实现对多硫化锂的锚定，加速多硫化锂的氧化还原反应动力学，从而抑制穿梭效应，提高活性物质的利用率。然而，金属催化剂的价格较为昂贵，因此它们的大规模应用受到限制。其中，金属及其化合物与多硫化锂间的相互作用将在 4.2.2 节进行详细论述。

4.2.2 硫/金属化合物复合材料

与碳材料、掺杂碳材料相比，金属化合物如金属氧化物、金属硫化物等对多硫化锂具有更强的吸附作用及催化作用，能够有效减少长链多硫化锂在电解质中的浓度和停留时间，对多硫化锂起"疏导"作用，减少多硫化锂的扩散时间，减小硫化锂的扩散推动力，从而达到抑制多硫化锂的溶解与穿梭的目的（图 4-4）。

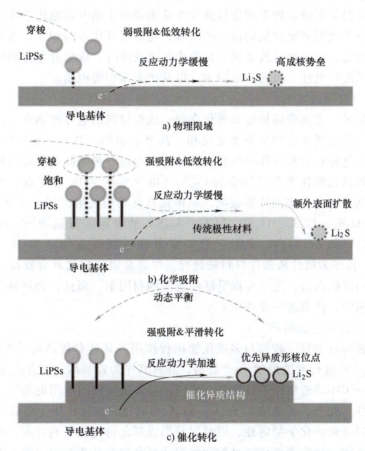

图 4-4　基于物理限域、化学吸附和催化转化的正极改性策略示意图

1. 金属氧化物载硫材料

金属氧化物由于其具有氧离子（O^{2-}），可为多硫化锂的锚定提供丰富的锚定位点。例如，研究者利用喷雾干燥法构筑了 S-TiO_2 蛋黄/蛋壳载硫体材料，并表现出优异的循环稳定性（循环 1000 次，平均每次衰减率为 0.33%）。尽管在该工作中研究者并未明确指出 TiO_2

与多硫化物之间的作用力，但研究者认为 TiO_2 中的 Ti—O 基团和表面羟基的存在，使得其与多硫化锂间产生强烈的相互作用。然而，该结构 TiO_2 的载硫量较低，为进一步增加载硫量以实现实际应用，随后多种结构如空心球、纳米棒、纳米管等形状的 TiO_2 被报道。

Nb_2O_5 作为一种过渡金属氧化物，其主要以正交、四方、单斜等晶型存在，具有独特的 Li^+ 插层行为、化学稳定性好等特点，其独特的 Nb—O 结构可为离子扩散提供快速的传输通道，可形成高导电性锂化合物。研究发现，与碳材料相比，Li_2S_6 与 Nb_2O_5 间 Li—O 键的距离远小于 Li—C 键，对多硫化锂具有更强的吸附能力。此外，许多其他金属氧化物如 Co_2O_4、Fe_3O_4、V_2O_5 等也被作为硫载体并显著提升了锂硫电池的电化学性能。对于不同过渡金属氧化物对于多硫化锂的作用机制，研究者通过比较和分析将其分为无氧化还原作用、氧化还原生成硫代硫酸盐、氧化还原生成硫代硫酸盐和硫酸盐三类。进一步，研究者通过对系列金属氧化物（MgO、CeO_2、Al_2O_3、CaO 和 La_2O_3）的锂硫电池性能进行比较发现，尽管多硫化锂的强吸附性有利于缓解穿梭效应，但却会影响表面扩散，导致活性物质硫的转化反应受阻。因此吸附的多硫化物必须迁移到导电基底表面才能发生电化学反应。这类氧化物在具有强极性、有效吸附多硫化物的特点的同时，还需要有比表面积大、表面多硫化物扩散性能好的特点。因此，在选择过渡金属氧化物作为硫载体时，应综合考虑该材料对多硫化锂的吸附能力、电子的导电性、表面扩散能力，以及比表面积等因素。

2. 金属硫化物载硫材料

金属硫化物是另一类典型的极性无机化合物，该类材料的电导率通常要比金属氧化物高得多，并且其中一些金属硫化物呈现半金属相，甚至金属相，具有一定的电催化活性。NiS 是首先发现与多硫化锂具有相互作用的金属硫化物。为进一步提高金属硫化物对多硫化锂的转化活性，通过将具有极性半金属性质的 Co_9S_8（电导率在 300K 时高达 $2.9×10^3$ S/cm）引入硫正极中，借助可视化和理论计算表明，晶体具有有效的吸附，如在其（202）晶面，对不同硫物种（如 Li_2S_8、Li_2S_6、Li_2S_4、Li_2S_2、Li_2S）的吸附能分别为 $-6.08eV$、$-4.03eV$、$-2.97eV$、$-4.52eV$ 和 $-5.51eV$。此外，近年来多种金属硫化物（如 MoS_2、TiS_2、CuS、FeS_2 和 SnS_2 等）被作为极性硫载体材料被研究。尽管金属硫化物具有较高的电导率，但其仍需引入碳基材料降低内阻，进一步提升活性物质的利用率。而且，金属硫化物与多硫化锂的作用机制尚不明晰，仍需进一步探索。

3. 其他金属化合物载硫材料

金属碳化物常通过金属—硫键与多硫化锂进行作用，其具有较高的导电性和化学活性。例如，通过对 Ti_2AlC 进行刻蚀得到 Ti_2C 材料，并将其作为硫载体。该方法处理后的 Ti_2C 表面的 Ti 原子可与—OH 或硫化锂进行结合，使得其与多硫化物的作用更加强烈，显著提高了材料的循环稳定性。此外，其他诸如 Fe_3C、Mo_2C 等碳化物也被应用于硫载体材料。金属氮化物具有优异的导电性、化学稳定性，以及容易形成氧化物钝化层的特点，因此被广泛应用于锂硫电池中。例如，研究者将硫通过熔融扩散法复合到介孔 TiN 中，得益于 TiN 良好的导电性及与多硫化锂之间强烈的相互作用，相比于 TiO_2，该材料展示出更好的稳定性及倍率性能。

除上述工作外，其他的金属化合物如金属磷化物、金属氢氧化物、不同金属复合物也被用作硫载体材料。相比之下，具有良好导电性及吸附活性的金属化合物是硫载体材料的更好选择，此外，金属化合物的微观结构参数如粒径、比表面积、孔径及孔体积等也是影响硫正极性能的重要因素。然而，金属化合物的团聚限制了活性位点的充分暴露，因此将其分散到碳基体中，在保证结构稳定的同时实现对多硫化锂的锚定与催化转化，提高活性物质的利用率。

4.2.3 硫/单原子载体复合材料

单原子催化剂（SACs）是指分散在固体基底上的单分散原子，其理论原子利用率为100%，具有非均相和均相催化的特点。在2011年，SACs的概念提出后引起了广泛的关注。通常而言，SACs最常见的载体为杂原子掺杂的碳材料。作为催化剂的活性中心，在锂硫电池中，金属原子对多硫化锂具有强亲和力，可通过吸附作用锚定多硫化锂，并催化加速硫物种之间的转化。研究者首次将Fe单原子引入到锂硫电池体系，作为电催化剂加速可溶性多硫化锂与不溶性的Li_2S纳米颗粒间的反应动力学。如表4-1所示，目前，用于锂硫电池的SACs均为第四周期的过渡金属（即Fe、Ni、Co、Mn、V）。这主要是因为这些金属原子的d轨道未满，具有更强的催化性能。SACs对多硫化物之间的转化反应动力学的影响不仅体现在多硫化锂上，还体现在对固相Li_2S的催化转化中。如通过理论计算研究发现，相比于其他单原子，V原子对Li_2S具有更低的沉积能垒。

表4-1 报道过的SACs在锂硫电池中的应用情况总结

金属中心	配位杂原子（配位数）	催化载体	协同官能团	循环次数	容量/(mA·h/g)
Mn	N,O(4)	金属有机框架衍生碳		300	800
V	N(—)	金属有机框架衍生碳		1000	757
V	N(—)	氮掺杂石墨烯		100	770
Co	N(—)	氮掺杂石墨烯		400	545
Co	N(—)	C_2N_4		200	1160
Co	N(4)	氮掺杂石墨烯		500	681
Co	N(4)	金属有机框架衍生碳		100	1059
Co	N(—)	聚合物衍生碳		1500	208
Co	N(4)	聚合物衍生碳		100	825
Co	N(4)	氮掺杂石墨烯		600	505
Co	N(4)	金属有机框架衍生碳		1000	735
Co	N,C(4)	金属有机框架衍生碳	ZnS	1000	700
Co	N(4)	CoPcCl		200	831
Co	N(—)	石墨烯		300	850
Co	O(4)	金属有机框架衍生碳		200	703
Co	N(4)	超分子有机框架衍生碳		300	837
Co	N(4)	碳纳米管和碳纳米纤维		100	787
Fe,Co	N(3)	聚合物衍生碳		100	1097
Fe	N(—)	金属有机框架衍生碳		200	796
Fe	N(4)	聚合物衍生碳		300	427

（续）

金属中心	配位杂原子(配位数)	催化载体	协同官能团	循环次数	容量/(mA·h/g)
Fe	N(4)	聚合物衍生碳		200	819
Fe	N(3)	聚合物衍生碳		1000	220
Fe	N(—)	C_2N_4		200	1241
Fe	N(5)	聚合物衍生碳		500	662
Fe	N,P(4)	聚合物衍生碳		100	853
Fe	N(—)	石墨烯		100	892
Fe	N,B(4)	聚合物衍生碳		1000	593
Fe	N(2)	聚合物衍生碳		300	788
Ni	N(4)	聚合物衍生碳		500	826
Ni	N(5)	金属有机框架衍生碳		500	798
Ni	S(—)	MoS_2	MoS_2	400	576
Zn	N(4)	金属有机框架衍生碳		100	1214
Zn	C(—)	二维过渡金属碳化物/氮化物	MXene	400	706
Zn	N(4)	金属有机框架衍生碳	Co 纳米颗粒	800	686
Mo	N,C(3)	聚合物衍生碳		1000	313
W	N,O(4)	石墨烯		1000	605
W	N(—)	异质结	TiN/TiC	250	815

SACs 通过与载体表面的杂原子化学键键合配位而分散在载体表面。诸多研究发现，通过调整杂原子配位数和配位杂原子的种类可以改变金属原子的电子状态，进而影响 SACs 的电催化性能。如通过对比 $Fe-N_4$ 和 $Fe-N_5$ 配位结构的 FeSA 与多硫化锂作用，发现 $Fe-N_5$ 材料表现出明显优于 $Fe-N_4$ 材料的吸附和催化性能，此外，过饱和的 $Fe-N_5$ 活性位点可以更有效地降低多硫化锂转化和 Li_2S 成核的能垒，从而加速电化学反应的动力学。通过改变金属配位原子，如采用 S、P、B、C、O 等原子替换 N 原子，可调节载体材料中金属原子的电荷分布，从而改变活性金属中心的电化学性质，进而影响催化性能。通过 P 原子替代 N 原子，所得 FeN_3P_1 的 d 波段中心将高于 FeN_4。较高的 d 波段中心提高了反键轨道能量，从而导致 FeN_3P_1 具有更强的多硫化锂亲和性和更高的催化活性。

除上述因素外，催化剂载体对多硫化物的氧化还原动力学也有着重要影响。一方面，由于 SACs 与载体中的杂原子通过键合分布于载体表面，因此催化剂载体的属性（如杂原子浓度及种类）会对金属的锚定和活性中心的电子特性产生影响；另一方面，在充放电过程中，催化剂载体无法避免地会与多硫化锂接触，故载体的属性（如与多硫化锂的亲和性）也会对"穿梭效应"产生影响。

尽管 SACs 具有优异的电催化活性，但受当前 SACs 合成技术的限制，载体材料上金属的含量较低（通常质量分数小于 10%），这无疑会对催化剂的活性产生影响。为了提高活性中心的数量，研究者们尝试通过多催化活性中心协同作用来提高 SACs 的催化性能。例如，Co 纳米颗粒和 Zn 单原子同时引入耦合，会诱导出最佳的电子结构，能显著加速多硫化锂的电化学转化，尤其是能有效提高 Li_2S 的形成和分解能力。此外，由于 Fe 单原子更有利于

Li$_2$S 成核,而 Co 单原子加速 Li$_2$S 分解,因此将 Fe 与 Co 单原子同时引入到载体材料中,Fe-Co 双单原子的协同效应可有效改善锂硫电池的双向氧化还原反应动力学。

目前,SACs 在锂硫电池中的研究大多处在起步阶段,SACs 与硫物种之间的催化作用机理仍然不清晰,同时 SACs 制备的复杂性也将增加其合成成本。

4.2.4 有机共价硫材料

与传统硫单质不同,有机硫化合物由碳、硫、氢等元素构成的碳链和硫链通过共价键组成,兼具硫元素的高比容量等特点,同时均匀分布的硫原子提高了活性物质的利用率,C—S 共价键的锚定作用可有效抑制或消除穿梭效应。因此,采用有机硫化合物代替硫单质作为锂硫电池正极材料极具研究前景。有机硫正极材料的发展可以分为有机硫聚合物正极材料和小分子有机硫正极材料。图 4-5 所示为目前报道过的小分子有机硫正极材料的结构。

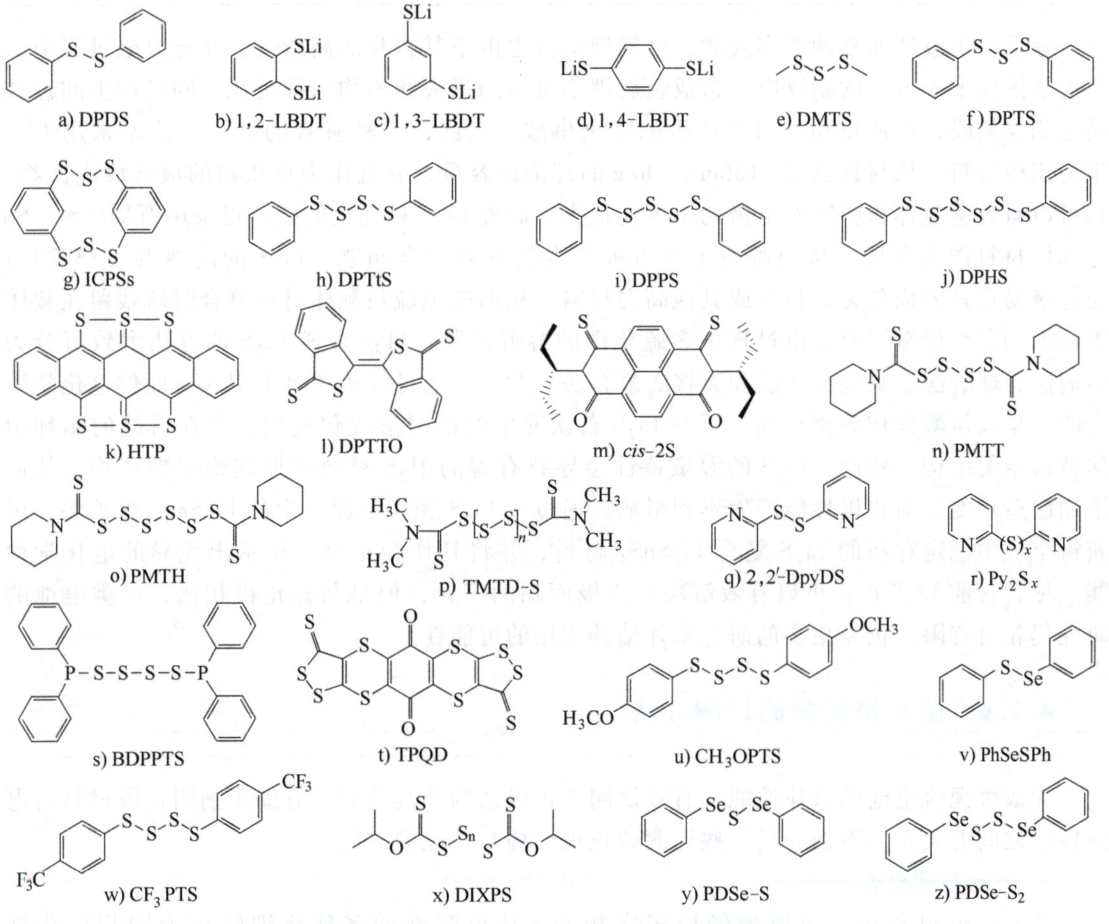

图 4-5 报道过的小分子有机硫正极材料的结构

对于有机硫聚合物正极,通过控制其合成条件,可有效控制材料的结构,从而实现不同的理化性质。硫化聚丙烯腈(SPAN)是一种极具吸引力的有机硫聚合物正极,其典型的"固-固"反应路径,使得其既不会受到"穿梭效应"的影响,也不会出现高自放电的容量损失，过高温时聚丙烯腈与硫共热，发生脱氢环化反应制备得到SPAN。同时，SPAN还与碳酸盐溶剂相容，并且不会因"固-固"转化而发生相变。尽管SPAN正极具有独特的优势，但其分子结构尚不明确，电化学反应机制尚不清晰。此外，由于SPAN的电子电导和分子结构的限制，其低的倍率性能和硫含量是阻碍该类材料实用化的主要瓶颈。

与有机硫聚合物相比，小分子有机硫化合物具有较低的分子量。由于有机基团和硫链长度的差异，该类材料的氧化还原电位、电化学动力学、比容量，以及在电解液中的溶解度均不同。目前研究中的小分子有机硫化物在室温下多为液态，其虽然可以降低离子扩散造成的极化，提高活性物质的反应动力学，但其绝缘的性质使得需通过额外引入导电基体（如氧化石墨烯等）来提高电化学性能。此外，由于小分子有机硫化物在电解液中的高溶解性，其可从正极扩散至负极，导致电池容量的衰减。

4.2.5 硫化锂正极材料

除了硫正极所面临的诸多问题，金属锂负极也由于其自身的高活性，在充放电过程中易与电解液发生不可逆的副反应，造成金属锂不可逆的损失和不均匀锂沉积；同时产生的锂枝晶会刺穿隔膜，造成短路，引发严重的安全事故。对此，一种有效的解决方法是采用Li_2S作为正极材料。该材料具有1166mA·h/g的理论比容量，并且作为单质硫的最终放电产物，其可以有效避免体积膨胀对电极的不可逆损害；此外Li_2S是锂化的硫，可采用石墨、Si、Sn等其他材料作为负极，从而避免了锂负极产生的系列安全问题。Li_2S的高熔点（1372℃）使得极易在其表面包裹碳材料或其他高温材料，从而避免硫与载体材料复合时硫残留在载体表面的问题，缓解了充放电过程中多硫化锂的溶解扩散。目前合成Li_2S的方法大致可分为溶剂法、球磨法、高温高压法和直接碳复合法。此外，通过在硫正极中引入可原位电化学聚合的三聚硫氰酸锂作为添加剂，可在Li_2S首次充电激活时形成包覆层，并在后续的循环中保持稳定的结构。然而，Li_2S的湿敏特性会导致有害的H_2S释放并形成绝缘副产物，从而增加制造难度并对正极性能产生不利影响。通过在Li_2S颗粒上原位生长Li_4SnS_4保护层，可获得空气中稳定存在的Li_2S复合Li_4SnS_4材料，并将其作为正极，显示出优异的电化学性能。尽管目前Li_2S正极可以有效解决硫正极面临的问题，但是与硫正极相比，该类电池的研究仍相对有限，仍需更多的研究来评估其实用的可能性。

4.2.6 硫正极材料的评测方法

为改善锂硫电池的整体性能，有效评测硫正极结构及其性能，有助于阐明正极材料与电池性能之间的关系。下面介绍一些评测硫正极结构与性能的方法。

1. 硫元素的分布

在充放电过程中，单质硫经历多次相变，从可溶性的多硫化锂转化为固相硫化锂（Li_2S_2和Li_2S），这种不断溶解沉积的过程将改变载体材料中硫的空间分布。正极骨架材料中硫的不均匀分布将显著影响锂硫电池的性能，尤其当硫元素发生聚集时，硫无法与导电物质进行充分接触，从而造成活性物质的失效。因此，监测硫元素在正极中的分布状态是十分必要的。

原位透射电子显微镜（TEM）、扫描电子显微镜（SEM）、X 射线造影技术等可对硫元素的二维分布状态进行监测。如利用 SEM 和 TEM 发现，在低倍率的活化循环期间，硫元素的分布会更加均匀。除二维元素分布外，评测整个电极内硫元素的空间分布演变过程也十分重要。研究者将 X 射线显微技术（XRM）首次应用到锂硫电池中监测硫分布的同时，定量分析了各部分硫的比例。

2. 多硫化锂与载体材料的相互作用

为增强多硫化锂与载体材料之间的相互作用，可以采用掺杂碳材料、无机化合物、极性聚合物等作为硫载体。目前这种相互作用的评测可通过宏观或显微方法进行。例如，通过将循环后的电极浸入到含有多硫化锂的电解液中，进行可视化静态的吸附实验，可直观验证载体材料对多硫化锂的吸附性能；也可对循环后的电极进行红外光谱、拉曼光谱和 X 射线光子能谱等显微方法的检测。由于多硫化物与硫载体之间的作用常发生在电极/电解液的界面处，因此通过 X 射线光子能谱表征电荷转移的发生，检测出材料表面的化学状态及其与多硫化锂之间的作用。如通过 S 2p 光谱发现电子从硫到碳骨架的迁移，证明硼掺杂的碳材料与多硫化锂的作用主要通过与硫元素而非锂元素的结合实现。

此外，其他检测技术如 X 射线吸收光谱、核磁共振等方法也可对载体材料与多硫化锂间的作用进行表征，但均有各自的特点。例如，X 射线光子能谱和 X 射线吸收光谱可提供材料的化学状态、电荷转移及成键等信息，其中 X 射线光子能谱仅适用于静态或非原位检测，X 射线吸收光谱可提供动态或原位信息，但却需要同步辐射源。红外光谱、拉曼光谱和核磁共振作为常规表征手段，只能用于定性表征。

3. 多硫化锂的氧化还原反应

活性物质硫在充放电过程中会产生可溶性多硫化锂，使得电池的阻抗增加。为对锂硫电池氧化还原过程进行监测，通过对对称电池的循环伏安（CV）曲线和电化学阻抗谱（EIS）进行测试，可分析相应载体材料的电化学动力学。此外，通过分析对称电池的 CV 可检测具有氧化还原活性的非活性物质（如黏结剂等）对多硫化锂的促进作用。

4. 硫化锂沉积

载体材料不仅决定着液-液转化的活性，而且在液-固转化中也起着十分重要的作用。硫载体材料与 Li_2S 之间的界面能变化使得 Li_2S 具有不一样的二维生长机制。通常而言，对于 Li_2S 的沉积实验，常采用含有载体材料的电极作为工作电极，锂片作为对电极，Li_2S_8 作为电解液组装电池并对其进行恒压形核实验。研究发现，相比于 TiO_2，TiC 更有利于 Li_2S 的沉积。此外，SEM 和 TEM 可直观检测到 Li_2S 在基体上的沉积形貌及厚度。如通过实验发现，与原始碳纸相比，修饰有导电极性纳米颗粒的碳纸上 Li_2S 的沉积更加均匀，可完全覆盖整个电极表面。此外，研究者发现，在相同电流密度下，修饰有氧化铟锡的碳纳米纤维上 Li_2S 的沉积比原始碳纤维上的更小更密集。

5. 载体材料对多硫穿梭的影响

穿梭效应对锂硫电池的性能具有极大的影响，因此检测载硫体对多硫穿梭的影响具有重要意义。通常而言，通过可视化实验可对穿梭效应进行半定量甚至是定量测量。但该方法过于复杂，因此需要更为简单直观的测评方法。如通过方波伏安法和 CV 等电化学测量方法对可视化实验中空白侧多硫化锂的浓度变化进行分析，但其不适用于实际工作的锂硫电池。为进一步对穿梭效应进行检测，研究者提出了一种"穿梭电流"的电化学方法，该方法可对电池进行直接测量。具体而言,为抵消穿梭效应所带来的电池电压降,利用外部电流将电池的电压保持在恒定值,该电流就被认为是"穿梭电流"。因此通过测量所施加的电流,可定量表征锂硫电池在该工作环境下的穿梭效应。

尽管目前研究者对锂硫电池正极进行了诸多研究,但仍有许多亟待解决的问题。只有综合考虑并进行改进,发展和组合多种互补的表征工具,同时深入了解其潜在的机制才有望实现锂硫电池的工业化。

4.3 锂硫电池隔膜

目前锂硫电池体系主要采用以多孔聚乙烯(PE)和聚丙烯(PP)为主的聚烯烃隔膜,如单层PP、PE隔膜及PP/PE/PP等隔膜。然而,由于穿梭效应的存在,采用该类隔膜往往使得锂硫电池具有极低的比容量和库仑效率,无法充分实现锂硫电池的优越性。因此,对传统的隔膜材料硫正极侧进行改性和功能化设计,有望改善电池性能,为高性能实用化电池的构筑提供途径。下面将进行详细介绍。

1. 具有电荷排斥效应的功能隔膜

鉴于多硫化锂的带电特性,可引入具有负电效应的功能基团以构筑选择透过性隔膜。如Nafion修饰层,其含有带负电的磺酸基团($-SO_3^-$),可通过静电作用在排斥多硫离子的同时保留离子的传输通道,将其作为隔膜修饰层,可实现锂硫电池的高稳定循环。此外,Nafion和其他材料复合构成的隔膜修饰层如Nafion-Super P、Nafion-Super P-PEO复合体系,也可起到静电排斥多硫化物的作用,均实现了对穿梭效应的有效抑制。其他具有负电特性的有机材料也被引入隔膜的修饰中。如利用全氟磺酰双氰胺锂(Li-PFSD)中的$-SO_2C(CN)_2Li$基团可实现锂离子的选择透过;修饰有聚苯乙烯磺酸基团的PP隔膜,由于其负电特性可显著抑制多硫化物的传输和扩散。此外,具有荷电特性的无机材料在这方面也展现出了良好的应用前景。如研究者将$-SO_3^-$基团接枝在乙炔黑上并修饰在传统聚合物隔膜一侧,该隔膜表现出与Nafion修饰的隔膜类似的选择性透过效果;具有铁电性质的钛酸钡在外加电场作用下,可诱导排列的永久偶极子对多硫化物产生极强的静电排斥作用。

2. 具有空间位阻效应的功能隔膜

基于多硫阴离子和锂离子特征离子半径的差异,通过在隔膜上引入具有尺寸筛分或阻挡作用的修饰材料,可利用物理限域作用对多硫化物的跨膜扩散进行有效改善。多种碳材料已被引入这一领域的研究中。例如,采用较大接触面积的介孔碳修饰隔膜,可对多硫化物扩散产生物理阻挡作用。研究发现,相比于0维材料,1维材料(如碳纤维及碳纳米管)和2维材料(如石墨烯及其衍生物)构建的隔膜功能层延长了多硫化锂的扩散路径,展现出更优异的阻挡能力。如采用碳纤维布作为中间层限制多硫化物扩散时,碳纤维中丰富的内部空间为锂离子提供传输通道,同时实现对多硫化物的限域及阻挡。

3. 用于活性硫材料再利用的功能隔膜

正极硫单质在放电过程中形成的可溶解的多硫化物易扩散至电解液及隔膜内,进一步还原形成固态Li_2S_2/Li_2S堆积在隔膜孔道中,导致"死硫"的产生。"死硫"的形成不仅阻碍了正极侧电子、离子的传输,而且也将造成不可逆的电池容量损失。因此,在隔膜上引入活化回收"死硫"的功能层可显著改善电池的电化学性能。如通过采用具有可控厚度的分级碳纸可实现多硫化锂的拦截和活化，从而保证了较高的电池容量及优异的循环稳定性。研究发现，在传统的锂硫电池中，多硫化锂常被多孔聚合物隔膜拦截并以失活相沉淀出来，使得电解液隔膜界面上的离子通道堵塞和正极/隔膜界面钝化。通过在隔膜表面修饰导电涂层，可有效消除正极/隔膜界面的钝化并重新活化多硫化物转化而来的非活性硫物质。

4. 具有化学效应的功能隔膜

除了静电排斥作用和空间限域作用外，通过化学吸附/催化功能层的引入可强化对多硫化物的化学作用，有效改善"穿梭效应"，从而提升电池性能。通过杂原子掺杂和功能化可以有效提升碳基体对多硫化锂的化学吸附性能。例如，氮、硼等异质原子掺杂碳材料均展现出对多硫化锂良好的化学锚定能力。相比于原子掺杂，金属类材料不仅在放电过程中对多硫化锂具有更强的捕获能力，而且其可在一定程度上促进多硫化锂的催化转化，因此其也被广泛引入多功能隔膜中，以强化隔膜多硫化锂的化学作用。例如，金属氧化物（如 TiO、MnO 等）特殊的电子结构易形成"极性"界面，产生能够吸附或捕获多硫化物的活性位点，阻止多硫化锂在电极之间移动。而且，将其修饰于隔膜上可增强隔膜的导电性，促进隔膜中多硫化锂的转化。此外，其他金属类材料如金属硫化物（如 MoS、CoS 等）和金属氮化物（如 Co_4N、TiN 等）等也被用于隔膜修饰，以实现高性能锂硫电池的构筑。

5. 其他功能隔膜

在锂硫电池中，由于单质硫及其放电产物（Li_2S_2/Li_2S）电导率低，电极表面结构在循环过程中不断变化，使得正极界面的阻抗呈现不断上升趋势，这严重限制了电池的功率密度。因此，通过在隔膜上引入功能层以降低正极界面的电阻，对提升电极的反应动力学具有重要作用。例如，将含有乙炔黑、碳纳米管及锂离子导体的浆料涂覆在隔膜上，该电子、离子的双道功能在改善硫正极电子传导能力的同时可实现快速的离子传输进而加速多硫化物的转化。此外，通过改变隔膜类型，如使用玻璃纤维隔膜、聚多巴胺修饰的隔膜、氧气等离子体处理的隔膜等，可以改善对电解液的浸润性，提升持液量，实现 Li^+ 的均匀分布和快速传输，进而降低正极界面阻抗，提升电池的倍率性能及循环稳定性。

除硫正极外，通过对隔膜的改性处理，也可对金属锂负极进行调控。如通过构建"亲锂性"隔膜，可有效地调节锂离子分布状态，从而抑制锂枝晶的生长。此外，也可通过在隔膜中引入 ZSM-5 分子筛、金属有机框架等材料，调节 Li^+ 在电解液中的体相输运，实现更高的 Li^+ 迁移数，以实现锂沉积过程的平整性及稳定性。另外，为进一步改善金属锂负极的安全性，石墨烯等可以与金属锂发生反应的材料也被负载在隔膜中作为枝晶吸收中间夹层，进而大大降低了枝晶穿透隔膜引发短路的风险。

尽管锂硫电池中隔膜已取得显著的进展，但其距离实用化仍有很大的距离。例如：①对于硫正极侧而言，修饰层应在保证对多硫化锂高效吸附催化的同时保证锂离子的快速传输通道；②锂负极侧修饰层应有效控制锂离子的扩散及均匀分布从而使得锂离子进行均匀沉积；③隔膜修饰层的成本及制备方法的简易性等方面仍需深入研究。

4.4 电解液

目前大多数的锂硫电池使用醚类或碳酸酯类电解液。锂硫电池的活性物质在不同种类电解质中的转化途径和机制存在显著差异，其最根本的区别在于不同类型的电解液对多硫化锂的溶解度不同，从而影响活性物质的转化途径和工作机制。

醚类电解液对多硫化锂具有较高的溶解度，因此在该类电解液中，通常发生"固-液-固"转化，该转化不仅实现了电池的高比能密度，而且在氧化还原动力学、电极材料的润湿性、Li^+的快速运输等方面具有更多的优势。然而由于长链多硫化锂在该电解液中的高溶解性，在放电/充电过程中可能产生"穿梭效应"，导致严重的自放电和活性物质的损失（图4-6a）。因此，采用"固-液-固"转化的锂硫电池可以实现较高的比能量密度，但循环稳定性差。研究发现，由4M双氟磺酰亚胺锂（LiFSI）和二丁基醚（DBE）组成的新型锂离子电池电解质，能有效抑制多硫化锂的溶解穿梭。此外，1，3-二氧戊环（DOL）/二甲醚（DME）因其协同作用成为经典组合，可以提高硫正极的比容量和容量保持率。己基甲基醚（HME）/DOL 混合溶剂，因其低溶解度，能够有效抑制 Li_2S_x 的溶解及穿梭。同时，氟醚基溶剂也被广泛用于锂硫电池电解液。氟原子具有强电负性和弱极性，并且氟化溶剂可以分解形成稳定的固体电解质界面（SEI）膜。因此，氟化溶剂能够赋予锂硫电池一些特殊的特性。然而，溶剂引起的 Li^+ 溶剂化结构的改变如何在分子尺度影响 Li_2S_x 的溶解与穿梭，一直未能深入研究。相比于上述的电解液添加剂，均相催化剂具有更长的活性周期，可在长循环过程中发挥重要作用。如镍基金属有机盐（$NiCl_2$-DME）添加在电解液中，在放电时 $NiCl_2$ 与 DME 解离同时捕获多硫化锂，在充电时又与 DME 重新结合，可实现催化剂的循环利用。

在锂硫电池"固-固"转化过程中，充放电曲线呈现单一放电平台的特征（图4-6b），对应于放电过程中 Li_2S 的形成，这在碳酸盐基电解质中已被广泛报道。"固-固"转化可以有效避免"穿梭效应"，从而具有优异的循环性能。但是长链多硫化物易通过亲核加成或取代作用与碳酸酯溶剂发生严重的副反应。如果多硫化物不能与碳酸酯类电解质接触，副反应将被抑制。因此，通常设计正极硫载体材料，将硫植入碳宿主的微孔中以阻止多硫化物与电

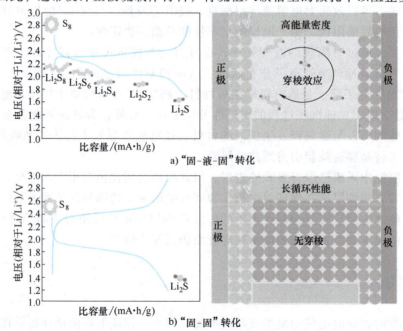

图4-6 基于"固-液-固"转化和"固-固"转化的锂硫电池的充放电曲线以及电化学转化过程示意图

解液接触。如将硫复合热解的聚丙烯腈与预锂化 SiO_x/C 分别作为正负极相匹配，在碳酸乙烯酯/碳酸二乙酯电解液中表现出稳定的循环性能。尽管采用小分子硫作为正极时，可使其直接转化为不溶性硫化锂，但其却无法完全避免多硫化锂的产生。因此，通过在酯类电解液质中引入具有锂金属保护的添加剂（如氟代碳酸乙烯酯），可使得在循环过程中在负极锂表面形成致密的 SEI 膜，增加其循环寿命。

此外，考虑到液态电解质存在易燃易挥发的缺点，锂硫电池的安全性仍有待提高，这极大地限制了其实际应用。采用固态电解质取代传统的液态电解质，有望实现高能量密度、高安全锂硫电池的构筑，固态电解质相关内容将在本书第 7 章进行详细介绍。

4.5 锂硫电池实用化进展

与现有锂离子电池相比，锂硫电池具有更轻、更耐低温、更高能量密度的特点，被认为是未来可能取代锂离子电池的候选技术。同时由于硫储量丰富，且价格低廉，因此相对于其他二次电池，锂硫电池的价格竞争力更强。

近年来，国内外各大高校、研究院所和电池类实验室、公司等都在开展锂硫电池的研发与应用。目前锂硫电池的代表企业包括 Oxis、SionPower、LG、Lyten 等，研发的锂硫电池主要涉及无人机、地面车辆、军用便携式电源和电动车等应用领域。据报道，将锂硫电池应用于无人机，实现了飞行高度达 2 万米以上、连续飞行时间达 14 天的记录。国内各大科研机构在锂硫电池的研究上也取得了一些进展，例如，中科院大连化学物理研究所研制的能量型锂硫电池的比能量达 609W·h/kg。此外，锂硫电池也展示出优异的环境适应性：在-20℃的环境中，其放电比能量达到 400W·h/kg；其在温度低至-60℃的极寒环境中仍可正常工作，表现出了显著优于锂离子电池的耐低温性能。因此，锂硫电池未来有望首先应用于无人机领域，尤其对未来超长续航无人机的发展会起到极大的促进作用。此外，锂硫电池有望满足电动垂直起降飞行器（eVTOL）对高能量密度的需求。尽管锂硫电池技术还存在诸多问题，但技术已有可期的成熟度。可以想象，未来锂硫电池有望在电动汽车、储能系统等领域实现广泛应用。

参 考 文 献

[1] 张强，黄佳琦. 低维材料与锂硫电池 [M]. 北京：科学出版社，2020.

[2] 张义永. 锂硫电池原理及正极的设计与构建 [M]. 北京：冶金工业出版社，2020.

[3] JI X L, LEE K T, NAZAR L F. A highly ordered nanostructured carbon-sulphur cathode for lithium-sulphur batteries [J]. Nature Materials, 2009, 8 (6)：500-506.

[4] SEH Z W, LI W Y, CHA J J, et al. Sulphur-TiO_2 yolk-shell nanoarchitecture with internal void space for long-cycle lithium-sulphur batteries [J]. Nature Communications, 2013, 4：1331.

[5] LIU R L, WEI Z Y, PENG L L, et al. Establishing reaction networks in the 16-electron sulfur reduction reaction [J]. Nature, 2024, 626 (7997)：98-104.

[6] ZHOU J B, CHANDRAPPA M L H, TAN S, et al. Healable and conductive sulfur iodide for solid-state Li-S batteries [J]. Nature, 2024, 627 (8003)：301-305.

[7] ZHOU S Y, SHI J, LIU S G, et al. Visualizing interfacial collective reaction behaviour of Li-S batteries [J]. Nature, 2023, 621 (7977)：75-81.

[8] WANG J L, YANG J, Xie J Y, et al. A novel conductive polymer-sulfur composite cathode material for rechargeable lithium batteries [J]. Advanced Materials, 2002, 14 (13-14): 963-965.

[9] KONG Y Y, WANG L, MAMOOR M, et al. Co/MoN invigorated bilateral kinetics modulation for advanced lithium-sulfur batteries [J]. Advanced Materials, 2023, 36 (13): e2310143.

[10] YANG K, XU X W, LI C, et al. Realizing dual regulation of polysulfides and lithium ions by a versatile separator [J]. Science China Materials, 2023 (67): 116-124.

[11] KIRCHHOFF S, FIEDLER M, DUPUY A, et al. A small electrolyte drop enables a disruptive semisolid high-energy sulfur battery cell design via an argyrodite-based sulfur cathode in combination with a metallic lithium anode [J]. Advanced Energy Materials, 2024: 2402204.

[12] RYOU M H, LEE Y M, PARK J K, et al. Mussel-inspired polydopamine-treated polyethylene separators for high-power Li-ion batteries [J]. Advanced Materials, 2011, 23 (27): 3066-3070.

第 5 章
全固态电池

5.1 概述

全固态电池是一种采用固态电解质代替传统液态电解质的新兴电池技术,具有无电解液泄漏、抑制锂枝晶生长、可匹配高容量负极(锂金属、钠金属和硅)、宽温域等优势,为能源存储领域带来革命性的潜力,有望解决电动汽车续驶里程的难题。目前,以锂金属为负极的固态锂电池研究最多。根据组成不同,固态电解质主要分为聚合物固态电解质、无机固态电解质和复合固态电解质。聚合物固态电解质以其优异的柔韧性和成型工艺简便等特点而备受关注,适用于可穿戴设备和柔性电子产品。无机固态电解质具有较高的离子电导率和优良的热稳定性,尤其适合用于要求更高能量密度和安全性的应用场景。复合固态电解质融合了聚合物和无机材料的优点,有助于提升界面稳定性与力学性能,同时保持良好的离子传导能力。然而,固态电解质的界面接触电阻、电导率、制备工艺、稳定性,以及电池整体的循环稳定性等问题依然面临诸多挑战,需要通过进一步的技术创新和突破来实现固态电池的商业化应用。

固态电解质的发展可以追溯到 19 世纪 30 年代,M. Faraday 发现了硫化银和氟化铅,为固态离子学奠定了基础。20 世纪 60 年代,研究人员发现了具有卓越离子导电性的银和铜离子导体,如 $RbAg_4I_5$ 和 $Rb_4Cu_{16}I_7Cl_{13}$,随即推动了具有更高能量密度的新型固态电化学器件的研究。1966 年,Takahashi 等人开发了基于固态电解质 Ag_3SI 的全固态电池,这标志着全固态电池从理论研究向实际应用转变的开始。随后,开发了高钠离子电导 β-氧化铝($Na_2O \cdot 11Al_2O_3$),进一步推动了基于此类材料的全固态电池开发。到 20 世纪 70 年代,研究重点转向了 β-氧化物,尤其是 β-氧化铝,其在高温钠硫电池中的应用引起了广泛关注。1973 年,Wright 等人发现了聚氧化乙烯(PEO)中的离子传导行为,为聚合物固态电解质的研究奠定了基础。此后,随着便携式电子设备需求的增长,极大地推动了锂离子导体的研究。1979 年,Armand 等人首次将聚合物电解质用作锂离子电池固态电解质,促进了研究者对全固态聚合物锂电池的广泛研究,包括离子传输机理的探索以及新型聚合物电解质体系的开发。在 20 世纪 80 年代至 20 世纪 90 年代,随着多种锂离子导体的发现,如锂超离子导体

(LISICON)和基于钙钛矿结构的材料，锂电池技术取得了重要进展。1983年，首次报道了 PEO-LiSO$_3$CF$_3$ 聚合物固态电解质的小型电池性能。与此同时，橡树岭国家实验室开发的锂磷氧氮化物（LiPON）固态电解质薄膜也在这一时期诞生。21世纪初，研究焦点转向硫化物和氧化物电解质。硫化物固态电解质［如 Li$_{10}$GeP$_2$S$_{12}$（LGPS）］和氧化物固态电解质［如锂镧锆氧化物（LLZO）］，因其极高的离子导电性和化学稳定性，成为固态锂电池技术发展的关键材料。在过去十年中，固态锂电池技术的商业化取得了显著的成就，相关公司2011年推出了搭载固态电池的纯电动汽车。同年，Kamaya 等报道了能够在室温下实现超过液体电解质离子电导率的固体电解质 Li$_{10}$GeP$_2$S$_{12}$（LGPS），其离子电导率达 1.2×10^{-2} S/cm。近年来报道的反钙钛矿型电解质，在室温下电导率也可以达到 10^{-2} S/cm。

各种固态电解质的电导率的对比见表5-1。全固态电池提供了以下特点和优势：
1）安全性：无液态组分，减少了燃烧和泄漏的风险。
2）高能量密度：固态电解质可以匹配高容量电极材料，有望提高电池的能量密度。
3）长循环寿命：固态电解质更稳定，可以减少界面反应，提高电池的循环寿命。
4）环境友好：没有液态有机化学品，更容易回收，减少对环境的影响。

表5-1　各种固态电解质的电导率的对比

固态电解质	类型	离子电导率/(S/cm)
Li$_{10}$GeP$_2$S$_{12}$	锂超离子载体（LISICON）	1.20×10^{-2}
Li$_{1.3}$Al$_{0.3}$Ti$_{1.7}$(PO$_4$)$_3$	钠超离子载体（NASICON）	$10^{-4}\sim10^{-3}$
Li$_{6.5}$La$_3$Zr$_{1.5}$Ta$_{0.5}$O$_{12}$	石榴石	7.19×10^{-4}
Li$_{0.33}$La$_{0.557}$TiO$_3$	钙钛矿	1.00×10^{-3}
Li$_3$OCl	反钙钛矿	2.00×10^{-3}
Li$_6$PS$_5$Cl	硫银锗矿	2.04×10^{-3}
PEO(60℃)	聚合物	2.20×10^{-4}
PEO/PVDF(60℃)	聚合物	5.56×10^{-4}
PEO/LLZTO	复合	1.10×10^{-4}
PVDF/LLZTO	复合	5.00×10^{-4}
PVDF/LLTO	复合	5.30×10^{-4}
PVDF-HFP/LLZO	复合	9.50×10^{-4}

尽管全固态电池有许多潜在的优势，但在商业化应用之前，它们也面临一些挑战：
1）界面阻抗：固态电解质与电极材料之间固-固接触存在较大的界面阻抗。
2）制造成本：在大规模生产中，固态电池特别固态电解质的制造工艺复杂，成本较高。
3）材料性能：需要进一步开发具有高离子导电性和机械稳定性的固态电解质材料。

研究人员持续解决固态电解质中的关键挑战，如离子导电性、电化学窗口、界面稳定性和大规模生产能力。目前，固态电解质技术正处在一个快速发展的阶段，研究人员不断探索新材料体系、改善现有材料性能、优化电池设计和制造工艺，以满足对安全性、能量密度和长周期性能不断增长的需求。固态电解质的发展伴随着材料科学、电化学和电池技术的发展而持续进步，在未来电池技术发展中发挥关键作用。

5.2 无机固态电解质

无机固态电解质主要是由陶瓷材料构成的，对锂、钠或其他碱金属离子具有高的离子传导性，因此可以为电池负极和正极之间的离子流提供稳定高效的传输介质，被认为是解决锂离子电池安全问题的有效方案之一。目前制备无机固态电解质材料的方法包括高温固相法、溶胶-凝胶法、化学共沉淀法、水热法、流延法、磁控溅射法，以及3D打印法等。按照化学成分划分，无机固态电解质主要包括氧化物、硫化物、卤化物等，各自具有独特的物理化学性能优势。同时，也可以根据其组成和结构的不同，划分为陶瓷离子导体和离子导体玻璃。其中，陶瓷离子导体主要由离子键结合的陶瓷材料构成，内部离子通道结构有序且稳定，有利于离子的快速迁移；离子导体玻璃的内部原子或离子排列呈现出长程无序、短程有序的特点，因此在特定条件下能够表现出较高的离子电导率。与陶瓷离子导体相比，离子导体玻璃的强度和稳定性稍逊一等。下面介绍几类典型的氧化物、硫化物和卤化物陶瓷电解质，随后简要介绍离子导体玻璃固态电解质。

5.2.1 氧化物固态电解质

氧化物固态电解质是一类通过氧元素与金属或其他阳离子形成的化合物，这些电解质材料具有良好的离子导电性，特别是在高温条件下表现出较高的氧离子或锂离子电导率，但是氧化物固态电解质的力学性能因结构不同（如晶态或玻璃态）而异。陶瓷氧化物固态电解质的化学稳定性和热稳定性较好，但兼具高离子电导率、宽电化学窗口、低成本特性的材料仍在开发之中。玻璃态氧化物具有无晶体结构、化学稳定性强、优异的光学性能、高强度、热稳定性好、可调电学性能和易成型等特点（详见5.2.4节）。常见的陶瓷氧化物基固态电解质包括锂镧钛氧化物（LLTO）、锂超离子导体（LISICON）和石榴石型（Garnet-type）等。这些材料通常具有优异的热稳定性、很高的体相 Li^+ 导电性（25℃时介于 $10^{-5} \sim 10^{-3}$ S/cm 之间）和高弹性模量（>150GPa）。然而，由于其固有的机械脆性，以及较低的总电子导电性（$10^{-8} \sim 10^{-7}$ S/cm），限制了其在固态电池中的性能，如界面上锂枝晶形成并沿着晶界生长和渗透。

LLTO 是一种典型的钙钛矿型结构，其具体的化学式为 $La_{\frac{2}{3}-x}Li_{3x}TiO_3$，其中 x 是代表锂离子在 La 位的替换程度的参数。钙钛矿型氧化物基固态电解质是一类具有 ABX_3 型结构的材料，其中"X"通常是氧原子，"A"和"B"位通常由不同的金属离子占据。如图5-1a所示，Ti 位于八面体的中心，被氧原子环绕，而 La 和 Li 则占据了立方体结构的角落位置，形成了 A 位。由于 LLTO 中的锂离子具有较小的半径，能够在氧八面体框架的空隙中迁移，从而实现锂离子传导。LLTO 在常温下的锂离子电导率相对较高，可以达到 10^{-3} S/cm 量级；而且，LLTO 由于化学稳定性高，可以和高电压正极材料兼容，成为全固态锂电池极具前景的材料之一。LLTO 离子导电性能受多种因素影响，包括不同的 La 和 Li 比例，可以调整 A 位的空位浓度，进而影响锂离子的迁移率。更小的粒子可以减少锂离子迁移的路径长度，合适的晶体取向可以提供更多的离子通道。晶格中的空位和其他缺陷可以提供额外的离子迁移路径，但过多的缺陷可能会阻碍离子迁移。同时，晶界优化也至关重要，$x=0.11$ 时，样品的室温体相电导率高达 $1\times10^{-3}\,\text{S/cm}$，但总电导率仅为 $1\times10^{-5}\,\text{S/cm}$，巨大的晶界阻抗降低了样品的总电导率。此时，晶格中的应力可以改变离子通道的大小和形状，从而影响离子的迁移能力。一般而言，温度的升高会增加离子的热振动，从而促进离子迁移。通过系统控制这些因素，可以优化 LLTO 材料的结构和性能，使其在固态电池中表现出更高的离子电导率和更好的电化学稳定性。

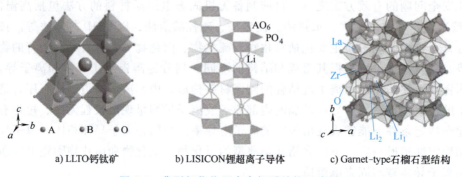

a) LLTO钙钛矿　　　b) LISICON锂超离子导体　　　c) Garnet-type石榴石型结构

图 5-1　典型氧化物固态电解质结构示意图

除 LLTO 外，锂超离子导体（LISICON）电解质是一系列具有三维共角多通体网络结构材料的统称，通常具有层状或立方结构，其中包含有利于锂离子迁移的通道。如图 5-1b 所示，在 LISICON 结构中，锂离子在层与层之间或立方体结构的空隙中进行迁移。这些通道为锂离子提供了较低的迁移势垒，有利于实现高的离子导电性。最初的 LISICON 材料为 $Li_{14}Zn(GeO_4)_4$，但离子电导率很低，室温下只有 $10^{-7}\,\text{S/cm}$，主要受限于晶体结构中的锂离子含量不足和结构的有序程度较低。高度有序的结构和优化的锂离子含量可以显著提高离子的导电性能。$Li_{14}Zn(GeO_4)_4$ 对金属锂和 CO_2 具有非常高的反应活性，且电导率随着时间下降，即"老化效应"。与锂超离子导体（LISICON）结构类似，钠超离子导体（NASICON）型电解质属于磷酸盐基材料，严格意义来说不属于氧化物电解质。其名称来源于钠超离子导体（NA Super Ionic Conductor），最著名的 NASICON 材料是 $LiTi_2(PO_4)_3$，由 $[TiO_6]$ 八面体和 $[PO_4]$ 四面体通过共角连接形成三维网络。对于 $Na_{1+x}Zr_2Si_xP_{3-x}O_{12}$ 材料，当 $x=2$ 时，具有最高的离子电导率，成为第一种被报道的 NASICON 结构的钠离子导体。通过掺杂可以优化 NASICON 型电解质的导电性。例如，当在 $LiTi_2(PO_4)_3$ 中掺入 B_2O_3 时，电导率显著提升，其机制是 B^{3+} 离子替代了 Ti^{4+} 离子，更多的 Li^+ 被迫占据间隙位置从而增加了锂离子的移动性。同时，B_2O_3 还充当助熔剂来减小晶粒尺寸，并优化晶粒间的接触。然而，过量的 B_2O_3 会积聚在晶界处，妨碍锂离子的传输。类似地，$LiGe_2(PO_4)_3$ 及 $Li_{1+x}Al_xGe_{2-x}(PO_4)_3$（LAGP）也可以通过掺杂来优化通道结构，从而提高离子的电导率。

传统石榴石的化学通式为 $A_3B_2(XO_4)_3$（A 为 Ca、Mg、Y、La 或者其他稀土元素；B 为 Al、Fe、Ga、Ge、Mn、Ni 或者 V）。Garnet-type 氧化物电解质，如锂镧锆氧化物（LLZO），其结构是一种特殊的石榴石框架结构。LLZO 具有复杂的三维网络结构，这使得它们在各个方向上都可能有良好的锂离子传导性，通常表示为 $Li_7La_3Zr_2O_{12}$，在 25℃ 的体相电导率为 $7.74\times10^{-4}\,\text{S/cm}$。如图 5-1c 所示，其结构由多面体连接形成的复杂 3D 网络组成，其中包括

La—O 八面体、Zr—O 八面体和 Li—O 多面体。锂离子通过三维网络中的空隙进行迁移，可以实现在电池充放电过程中快速移动。LLZO 的离子导电性能受到锂离子占据的特定晶格位点、晶体中的缺陷数量，以及晶粒间的界面等因素影响。通常，立方相的 LLZO 相较四方相具有更高的锂离子导电性，四方相 LLZO 可通过掺杂优化其性能，如用 Ta 或 Al 等掺杂可以提高其导电性和稳定性，用 Al^{3+} 替换部分 Li^+ 可以增加锂离子的有效浓度来提高导电性。研究表明，在合成过程中向 $Li_7La_3Zr_2O_{12}$ 四方相中加入 Si 和 Al，可以得到与 $Li_7La_3Zr_2O_{12}$ 立方相相同的电导率 $6.8×10^{-4}$ S/cm。同时 Si 和 Al 的引入在颗粒间形成了非晶态 Li-Al-Si-O 界面，这一界面提升了锂离子在颗粒间的迁移速率，有效消除了晶界的阻抗。此外，石榴石型电解质的高熔点和化学稳定性也使其成为一种前景广阔的高温固态电解质材料。

关于氧化物固态电解质的制备方法，通常包括固相合成、溶胶-凝胶法或机械化学合成等，以下以 LLZO 的固相合成为例。首先，确定所需起始原料与比例，包括碳酸锂（Li_2CO_3）、氧化镧（La_2O_3）和二氧化锆（ZrO_2），保证最终产品的化学计量准确无误。之后通过球磨混合研磨，以获得均匀混合的粉末。将混合好的粉末在高温（如 800~1000℃）下进行一定时间的预焙烧。通过焙烧可以去除起始材料中的有机杂质，促进材料的相变，形成所需的晶体结构。预焙烧后，可能需要将粉末进行二次研磨，以确保更高的反应活性和粒度分布的均匀性。最后，将研磨后的粉末压制成型或放置在模具中，然后在更高的温度（1100~1200℃）下进行烧结。烧结后的电解质可能需要后续处理，如切割、打磨或涂层，以满足电池组装的要求。对表面和界面的处理可以改善电解质与电极材料之间的接触，减少界面阻抗。需要注意的是，氧化物基固态电解质的制备条件（如温度、时间、烧结气氛）对材料的性能起着关键影响。通过改变合成条件、元素掺杂及后处理等手段，可以进一步提高这些材料的离子导电性。此外，为了实现更好的电化学性能和兼容性，可以在电解质表面引入涂层或进行多相复合材料的设计，从而更好地满足固态电池的要求。

5.2.2 硫化物固态电解质

硫化物固态电解质是一类由硫元素与其他金属或半导体元素结合形成的化合物，在固态下具备超高的离子导电性，通常具有较宽的电化学窗口，减少电池内部的副反应，从而提升电池的循环寿命和安全性。硫化物固态电解质的力学性能因结构不同（如晶态或玻璃态）而异，玻璃陶瓷硫化物材料展现出良好的柔韧性和界面接触性能，使其成为高性能电池的理想选择。这些材料在固态下能够高效传导锂离子或钠离子，其电导率在某些情况下可达到或接近液态电解质的水平。例如，2011 年发现的硫化物 $Li_{10}GeP_2S_{12}$ 在室温下的离子电导率可与液态电解质媲美。然而，硫化物电解质的化学稳定性和空气稳定性较差，且难以规模化生产。此外，它们与电极材料之间存在较大的界面阻抗，这在一定程度上限制了其广泛应用。根据结构不同，硫化物固态电解质可以分为晶态硫化物和玻璃态硫化物。晶态硫化物通常具有较高的离子导电性，但力学性能相对较差；玻璃态硫化物则具有更好的柔韧性和可加工性，适用于更广泛的应用场景，详见 5.2.4 节。晶态硫化物固态电解质可以根据其化学组成和晶体结构进行分类。

下面简介三种典型的晶态硫化物固态电解质：Li_3PS_4（LPS）具有 Thio-LISICON 结构，导电性较低，常用于基底材料或与其他材料复合以改进性能；$Li_{10}GeP_2S_{12}$（LGPS）同样为

Thio-LISICON 结构，但其结构更为复杂和优化，锂离子电导率极高，是固态电解质研究中的佼佼者；Li_6PS_5I 属于 Argyrodite 结构，具有良好的离子导电性匹配高压氧化物正极。

LPS 也属于锂超离子导体（LISICON）类材料的三元硫化物，它在室温下具有较高的锂离子电导率。Li_3PS_4 存在几种不同的晶体相，如图 5-2 所示，其中 β 相是最稳定且导电性最好的一种。$β-Li_3PS_4$ 的晶型结构属于四方晶系。它的晶体结构由 $[PS_4]^{3-}$ 四面体和锂离子组成，锂离子在四面体间的空隙中移动，提供电荷传输的通道。通过异价元素掺杂，如通过在晶格中引入间隙锂或创造空位，可以增强锂离子的迁移率。通过镓（Ga）掺杂，$Li_{4+x-s}Ge_{1-x+s}Ga_xS_4$ 的电导率可以提升，最高可达到 $6×10^{-5}S/cm$。其中，$Li_{3.25}Ge_{0.25}P_{0.75}S_4$ 展现了最优秀的离子电导性，其在室温下的电导率能够达到 $2.2×10^{-3}S/cm$。尽管如此，这种材料固态结构的稳定性存在问题。另外，$Li_{3.4}Si_{0.4}P_{0.6}S_4$ 在室温下的电导率也相当高，达到了 $6.4×10^{-4}S/cm$，比起氧化物基电解质系统，其电导率提高了两个数量级。同时，$Li_{2+2x}Zn_xZr_{1-x}S_3$ 的室温电导率也有显著的提升，能够达到 $1.2×10^{-4}S/cm$。

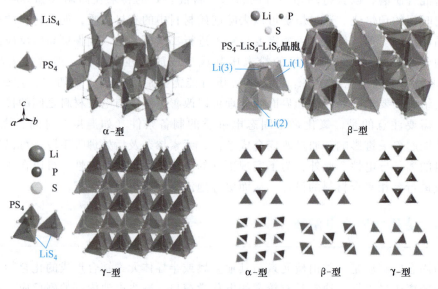

图 5-2 Li_3PS_4 的晶体结构

LGPS 属于锂超离子导体类型材料的四元硫化物，具有特殊的晶体结构，允许高速的锂离子传输。LGPS 的结构由四面体的 $[PS_4]$ 和 $[GeS_4]$ 单元组成，如图 5-3a 所示，这些四面体通过角共享连接在一起，形成了复杂的三维网络。在 LGPS 结构中，锂离子在三维网络中迁移，存在多条可能的路径。这些路径由于电解质结构的特殊几何排列而具有较低的迁移能垒，具有 24kJ/mol 的激活能。LGPS 类型电解质的锂离子导电性能非常高，其三维框架结构赋予了其室温下达到 $1.2×10^{-2}S/cm$ 的超高电导率。Ceder 团队利用密度泛函理论和分子动力学对 $Li_{10}GeP_2S_{12}$ 材料的结构以及锂离子的迁移机制进行了深入研究。这种材料作为一种亚稳态，其特有的 c 轴方向一维快速离子传输通道以及 ab 平面上的二维扩散路径，共同促成了其高效的离子电导率。然而，这种类型的电解质在高电压、水或空气中的稳定性方面可能存在一些限制，这需要通过材料改性或界面工程进行优化。

Li_6PS_5I 属于 Argyrodite 类型的晶体结构，如图 5-3b 所示，由 $[PS_4]$ 四面体和 I^- 阴离子

构成的三维网络，锂离子在这个网络中迁移。在 Li_6PS_5I 中，I^- 阴离子取代了晶体结构中的部分 S^{2-} 阴离子，这样的掺杂有助于扩大锂离子的传导通道，从而提高了材料的锂离子导电性。具体来说，Li_6PS_5I 的晶体通常呈现立方晶系结构，其中锂离子位于四面体和八面体配位的间隙中。这些间隙相互连接，形成了锂离子的传导通道。锂离子在这些通道内部的迁移是 Li_6PS_5I 高导电性的关键。Li_6PS_5I 的锂离子电导率通常在 $10^{-3} \sim 10^{-4} S/cm$ 范围内，随着温度升高，电导率也会提高。这种电解质具有与锂金属负极良好的兼容性，这是其在实际应用中相当重要的特性，因为它可以减少固态电池界面处的不稳定性，从而提高电池的循环稳定性和安全性。

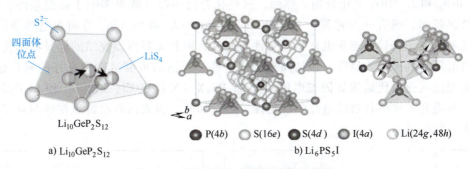

图 5-3　四元硫化物电解质的晶体结构

硫化物基固态电解质的合成通常涉及固相法、高温熔融法和液相法等技术。在这些方法中，固相法因其简便性而被广泛应用。合成过程的第一步是精确称量出锂硫化物（Li_2S）、五硫化二磷（P_2S_5）、锗（Ge）等前驱体材料，保证与目标电解质的组成一致。随后，这些前驱体在研磨机中细致混合。然后，这些均匀混合的粉末会被压制在模具中，形成圆盘状、片状或其他预定形状的坯料，通常在此过程中会施加压力以确保成型。随后，这些压制好的样品将放入炉中，在规定的温度下热处理，促进固相反应，形成所需的硫化物基电解质。根据最终应用的要求，对制得的硫化物基固态电解质进行机械加工，包括切割和抛光，以达到预定尺寸和表面品质。最后，通过电化学阻抗谱（EIS）、扫描电子显微镜（SEM）、X射线衍射（XRD）等技术对电解质的结构和性能进行全面分析。

与固相法相比，液相法在合成硫化物基固态电解质时，能更轻松地实现前驱体的均匀混合，并能更精确地控制产物的微观结构，这对提升材料的电化学性能至关重要。然而，这种方法可能伴随着溶剂选择和处理、化学反应速率控制，以及环境影响等挑战。高温熔融法特别适用于规模化生产，该技术能够处理大批量材料，生产率高，且易于实现工艺自动化。此外，该方法在硫化物基固态电解质的生产中展现出材料纯化和大规模生产的独特优势。尽管如此，高温熔融法在操作上对设备材料和工艺要求较高，能耗也相对较大。此外，高温环境可能给材料的稳定性带来挑战，也可能增加复杂成分控制的难度。

5.2.3　卤化物固态电解质

卤化物电解质是一类含有卤素元素（如氟、氯、溴或碘）并具有离子导电性的固态材料。这些电解质材料中的卤素元素通常与金属或其他阳离子结合，形成具有高离子导电性和较宽电化学窗口的化合物,广泛应用于能源存储、传感器和其他电化学设备中。卤化物电解质的室温离子电导率较高,与氧化物正极界面稳定性好,但存在与金属锂负极界面稳定性差和电化学窗口较窄等短板。目前,固态电解质材料普遍面临的挑战是内阻和与电极界面接触的电阻都较高。因此,开发具有高电导率、低界面电阻的固态电解质材料,推动电极/电解质界面修饰和改性研究是提高固态电池整体性能的关键。

近年来,卤化物固态电解质因其高锂离子传导能力而取得了显著进展,其研究历史如图5-4 所示。1923 年,$LiAlCl_4$ 的发现并未引起广泛关注,直到 1976 年其电导率才被深入研究。卤素在 20 世纪 30 年代被认知为能够增强固态电解质离子传导的元素,随后开发了含过渡金属的 Li_2MCl_4 和 Li_2MBr_4 类化合物。然而,这些化合物的提升效果多限于高温条件,室温下的导电性仍较弱,研究一度停滞。直到 2018 年,Li_3YCl_6 和 Li_3YBr_6 等固态电解质的开发,展示了优异的离子传导性能和电化学稳定性。此后,因其无需高温烧结的优异特性使得卤素的固态电解质得到了深入研究,包括高离子导电性、灵活的可变形性和良好的氧化稳定性。此外,新型卤素化硫代磷酸盐固态电解质如 Li_6PS_5X(X 代表 Cl、Br、I)和 $Li_7P_2S_8I$ 的合成,进一步提升了这些材料的电化学稳定性。尽管如此,卤素固态电解质在界面兼容性等方面仍存在一些挑战。

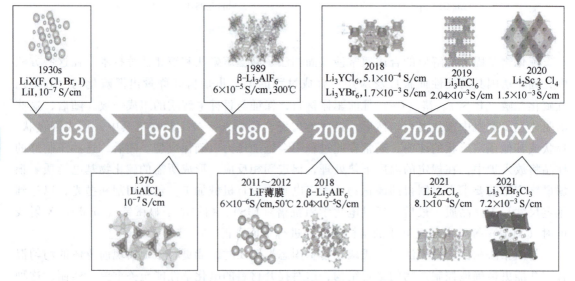

图 5-4 卤素固态电解质技术发展时间轴

下面将讨论几种典型卤素固态电解质的实例及其晶体结构、离子迁移通道和影响导电性能的因素。

岩盐型结构是一种典型的立方晶系结构,其晶胞中的每个正离子被 6 个负离子包围,每个负离子也被 6 个正离子包围,形成一个八面体配位环境。这种结构的典型代表是氯化钠(NaCl)。在岩盐型卤化物电解质(如 LiCl 和 NaCl)中,正负离子的大小相近,这有助于形成稳定的结构。岩盐型结构中,离子迁移主要通过在晶格缺陷处的跳跃进行。离子导电性能主要取决于离子的迁移率和离子的浓度。岩盐型结构的固态电解质通常需要在较高温度下才能展现较好的离子导电性,因为在低温下离子的迁移受限于其在晶格中的固定位置。此外,通过掺杂可以在晶格中引入缺陷,增加离子迁移的通道,从而增强材料的导电性。在温度升高或者有适当的掺杂之后，高温下空位浓度提升，协同增强离子的迁移率。

Li_3MX_6 型固态电解质是指由锂（Li）、过渡金属（M）和卤素（X）组成的化合物，其中 M 通常代表过渡金属（如 Ti、Fe、P 等），而 X 代表卤素元素（如 Cl、Br 或 I）。Li_3MX_6 的晶体结构特点是具有反钙钛矿结构。在反钙钛矿结构中，[MX_6] 八面体框架在三维网络中排列，而锂离子则位于 [MX_6] 八面体间的八面体空隙中。这种结构的特点是中心的锂离子被六个 [MX_6] 单元围绕，形成了一个三维的网络结构，这为锂离子的迁移提供了路径。Li_3MX_6 型电解质的锂离子电导率受多种因素影响，包括晶体结构、晶格缺陷、粒径及温度等。一般来说，这类材料在室温下的电导率可以从 10^{-6} S/cm 到 10^{-3} S/cm 不等，这取决于具体的合成方法和样品的纯度。为提升 Li_3MX_6 材料的电导性能和实用性，研究者们已经开发了多种改性策略。首先，通过在 [MX_6] 框架中引入不同的金属或在锂位置掺杂其他碱金属离子，可以有效改变电解质的结构，从而提高锂离子的迁移率。其次，调控化合物的粒度和形态有助于优化离子传导路径，同时减少晶界对传导的阻碍，进一步增强电导率。除此之外，还可以通过添加导电的二次相，如氧化物或硫化物，来形成连续的传导网络，这一策略能显著提高复合材料的整体电导率。另外，将 Li_3MX_6 与聚合物等其他类型的材料结合，形成复合电解质，不仅可以提升离子迁移率，还能改善电解质的力学性能，进一步扩大其在锂离子电池领域的应用前景。

Argyrodite 型结构的卤素电解质是一类具有六方或立方晶体结构的固态电解质，通常以硫或硒（而非传统的卤素）作为主要组成元素，如图 5-5 所示。Argyrodite 结构的化学式通常表示为 Li_6PS_5X（X 可以是 Cl、Br、I 等卤素元素），具有较高的离子导电性和良好的电化学稳定性。Argyrodite 型电解质（如 Li_6PS_5Cl 电解质）表现出优异的离子导电性，电导率可达 10^{-3} S/cm。电化学测试表明该电解质在 0~5V 的电压范围内具有良好的化学稳定性。Argyrodite 型电解质的性能受多种因素影响，包括材料的粒径、晶体结构完整性，以及锂离子在结构中的迁移路径。电解质与电极材料之间的界面兼容性也是影响电池性能的关键因素。

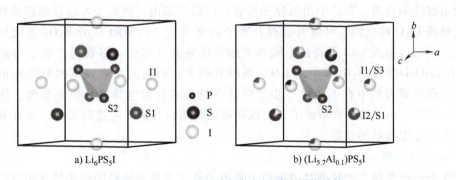

a) Li_6PS_5I b) $(Li_{5.7}Al_{0.1})PS_5I$

图 5-5　Argyrodite 型卤素电解质的晶体结构

高温固相法、溶胶-凝胶法和熔融法都是制备卤化物基固态电解质的重要技术手段，每种方法都有其独特的优点和适用领域。高温固相法适用于高熔点和热稳定性材料的合成，能够实现材料的高密度和良好的结晶性；溶胶-凝胶法适用于在较低温度下控制材料的微观结构和形貌，有助于精细调控材料性能；熔融法则适用于低熔点或易分解材料的快速制备，并能够通过调控冷却条件影响材料的结构性质。以上三种方法各有优势，选择合适的制备方法取决于目标卤化物基固态电解质的材料特性、预期应用，以及经济效益等因素。温度、时间、烧结气氛、原料纯度和处理工艺是影响最终电解质性能的关键因素。

5.2.4 离子导体玻璃

离子导体玻璃是一类非晶态固体材料，以其优异的离子导电性能和良好的可加工性而受到重视。这类材料通常由二氧化硅或其他网络形成剂与载流子源（如碱金属或碱土金属盐）复合而成。Li^+/Na^+在结晶型固态电解质中存在于特定的位置，且只能通过在特定的通道或平面移动实现离子传输。因此，Li^+/Na^+的传输速度通常受到可移动Li^+/Na^+浓度、离子传输通道瓶颈的尺寸，以及晶界的显著影响。相反，离子导体玻璃的原子结构具有短程有序而长程无序的特点，这使得Li^+/Na^+在结构中的传输不受固定通道或平面的限制。因此，非晶型固态电解质通常比其对应的结晶态具有更高的离子传导率和更小的弹性模量，使其更适用于下一代全固态电池。它们的主要特点如下：

1) 不规则的微观结构：离子导体玻璃的非晶态特性意味着其内部没有长程有序的晶体结构。这种不规则性创造出大量的微观通道，有利于离子的传输。

2) 较低的激活能：与结构化的晶体材料相比，离子在离子导体玻璃中的迁移通常需要较低的激活能，这有助于在较宽的温度范围内实现快速的离子传导。

3) 制造灵活性：由于玻璃可以在较低温度下加工成不同的形状和尺寸，使得离子导体玻璃在设备集成和设计中提供了更高的灵活性。

4) 较高的化学稳定性：多数离子导体玻璃对氧化还原反应不活跃，因此，在与电极材料接触时具有较好的化学稳定性。

以下是几种常见的玻璃态离子导体分类：

1. 氧化物基电解质

在离子导电玻璃中，氧化物基电解质主要由B_2O_3、SiO_2这样的氧化物网络结构和Li_2O这样的网络改性剂构成。在这个由氧原子桥联的网络框架内，锂离子可以移动以实现离子传导。通过提高Li_2O的比例，可以有效提升离子的流动性。初期的Li_2O-B_2O_3系统尽管导电能力不足，但通过引入LiCl等锂盐，能够大幅度增强其导电性。尽管对含有三种组分系统（如$2B_2O_3$-Li_2O-LiCl和B_2O_3-P_2O_5-Li_2O）的研究较多，但它们在常温下的导电性仍有待提高。目前的研究努力集中在如何进一步增强这些材料的常温电导率，研究发现，通过引入V^{5+}、Se^{4+}、Ti^{4+}、Ge^{4+}等高价阳离子，可以调整网络结构和离子通道的尺寸，从而有效提升氧化物基离子导电玻璃的性能。

2. 锂磷氧氮化物（LiPON）

LiPON是一种非晶态的磷酸盐电解质，通常由氮气等离子体辅助的化学气相沉积技术制备。其无定形结构中包含了Li、P、O和N元素。LiPON典型的组成为$Li_{2.88}PO_{3.73}N_{0.14}$，25℃下电导率可达$3.3\times10^{-6}$S/cm，激活能$E_a=0.54$eV。LiPON的非晶态结构由无规则排列的磷氧四面体[PO_4]和磷氮四面体[PN_4]组成。这些四面体之间通过氧桥和氮桥连接，形成一个类似于连续网络的结构。由于它是非晶态的，LiPON中不存在固定的晶格或周期性的离子通道，与晶态材料（如NASICON型电解质）形成鲜明对比。在LiPON中，锂离子通过材料内部的空隙和隧道移动，这些空隙是由不规则排列的四面体形成的。锂离子必须跳跃这些空隙来传导电流。LiPON 中的锂含量决定了可用于传导的锂离子数量，从而影响电导率。增加锂含量能提升电导率，但太多锂可能会使结构变得不稳定。LiPON 与电极之间的接触界面也对其导电性能至关重要，良好的接触可以减少界面阻抗，提升锂离子的传输效率。温度的升高会加快锂离子的移动速度，提高电导率。LiPON 的制备工艺参数，如溅射功率、基板温度和溅射气氛等，同样会影响其结构和性能。通过调整这些参数，可以提高电解质的导电性。总之，LiPON 的导电性能受非晶结构和锂离子移动通道的显著影响。尽管非晶材料的电导率通常低于晶态材料，但 LiPON 的化学稳定性和出色的电化学性能使其成为固态电池的关键电解质材料。通过改进材料设计和生产工艺，可以进一步增强 LiPON 的导电性能。

3. 非晶硫化物 $Li_2S-P_2S_5$ 系统

非晶硫化物电解质主要由硫、锂和可能的其他元素如硒、磷或锗组成。这种材料没有规则的晶体结构，却在小尺度上展现出一定的有序性。它们是由杂乱无章的硫原子网络构建的，其中掺杂了其他元素和锂离子。在这些电解质中，离子主要通过材料内部的小孔和通道移动。锂离子的含量越高，导电性越好。这些硫化物的柔软网络结构有助于锂离子的移动，进而提升其迁移率。玻璃态硫化物的合成通常有两种方法，一种为高温火法，另一种为高能球磨法。通常，高能球磨法可能得到组成范围更宽的玻璃态硫化物，如二元玻璃态电解质 $Li_2S-M_xS_y$（M 代表 Al、B、Si、Ge、P）。例如，$Li_2S-P_2S_5$ 系统的电解质可由硫化锂（Li_2S）和五硫化二磷（P_2S_5）通过球磨、熔盐、溶剂辅助磨碎、CVD、热压和等离子体喷涂等方法制备。$Li_2S-P_2S_5$ 电解质的离子导电性受合成工艺、成分比例、添加剂等因素的影响。通过优化合成条件和组分比例，可以提高电解质的离子电导率，制得高性能的固态电池。锂离子迁移的途径会受到微观尺度上短程有序区域的尺寸及分布模式的影响。当材料的玻璃化转变温度（T_g）较低时，其结构网络便显得更为柔软，从而使锂离子在室温下的迁移效率得以提升。此外，通过添加特定元素作为掺杂剂，无论是硫化物、硒化物还是磷硫化物，都会对其导电特性产生显著影响，改变结构网络的刚性，以及锂离子的流动性。例如，在 GeSe-LiS 体系中引入 Al_2S_3 和 Ga_2S_3，可以有效提升离子电导率，增强热稳定性和化学稳定性，同时减少硫化氢气体的释放。进一步地，向 Li_2S-SiS_2、Li_2S-GeS_2 和 $Li_2S-P_2S_5$ 体系加入 La_2S_3 这种耐高温材料，同样能显著增强化学稳定性。掺入 Li 有益于提升玻璃的形成倾向。尽管加入 LiI 会导致玻璃化转变温度下降，但其结晶温度与玻璃化转变温度的间隔扩大，这一改变有利于提升材料的热稳定性。四组分玻璃态硫化物 $LiI-Li_2S-GeSe-Ga_2S_3$ 展现出高达 10^{-3} S/cm 级别的电导率。在实际应用中，非晶态硫化物电解质需要能够与电极材料良好匹配，低界面阻抗能够显著提升电池的整体性能。其他影响因素还包括温度，温度的升高一般会促进离子的扩散，从而提高电导率。同时，在制备过程中引入的杂质或缺陷可能会形成新的离子传导通道，或是影响现有的迁移路径，进而对电导率产生影响。例如，在二元玻璃态电解质基础上添加第三种玻璃形成剂，能显著降低非桥硫含量，这一改变有助于放松对载流子的束缚，进而增强玻璃的化学和电化学稳定性，以及提高其电导性。

相比于晶体固体电解质，玻璃态电解质没有晶界阻抗，可使锂离子电导率提升至 10^{-3} S/cm。此外，玻璃态固体电解质还具有易于合成、组成范围宽和各向同性电导等优点。迄今为止，已报道多种基于氧化物或硫化物的钠离子电解质（GNSSEs），显然，之前报道的大多数 GNSSEs 即使在高温下（100~300℃）也表现出较低的离子电导率，这不仅大大降低了它们的应用潜力，也延缓了全固态电池的开发进度。另外，可以注意到这些 GNSSEs 的结构都是基于单一阴离子，这可能会影响 GNSSEs 的局部结构，进而限制钠离子的迁移速率。因此，迫切需要在 GNSSEs 的离子传导方面取得突破，这就需要合理设计新的玻璃态电解质结构及成分空间。

5.3 聚合物固态电解质

聚合物固态电解质（Solid Polymer Electrolyte，SPE），又称为离子导电聚合物，是由极性高分子和金属盐络合形成的，具有良好的成膜性、可弯曲性和较高的安全性等优点。它结合了聚合物的柔韧性和无机固态电解质良好的机械稳定性优势。聚合物固态电解质早在 20 世纪 70 年代已经被发现，研究发现聚环氧乙烷（PEO）在掺杂碱金属盐后可以形成络合物，并具有高离子电导率，随后应用于固态锂金属电池。

聚合物固态电解质极大简化了电池的构造。随着人们对电池安全性、环保性及更高能量密度的需求不断增加，SPE 受到了越来越多的关注。尽管聚合物固态电解质在许多方面具有优点，但也存在一些局限性，例如，在室温下离子电导率相对较低，同时仍然存在锂枝晶的问题，并且循环寿命还不够长等，这些因素都限制了其在实际应用中的发展。基于上述挑战，通过不断的研究和技术进步，有望推动聚合物固态电解质在电池领域的进一步应用和发展。

5.3.1 典型的聚合物电解质

目前，聚合物电解质常用的基体材料包括聚氧化乙烯（PEO）、聚丙烯腈（PAN）、聚甲基丙烯酸甲酯（PMMA）、聚偏氟乙烯（PVDF）等。用来评估聚合物结晶性及其与导电离子之间相互作用能力的指标包括玻璃化转变温度（T_g）、熔点（T_m），以及常见的官能团。与小分子化合物相比，高聚物的结构要复杂得多，因此其分子运动也相应复杂。除了整体分子的运动（即布朗运动）外，还包括链段、链节、侧基、支链等部分的运动（称为微布朗运动）。这些运动对温度的依赖性各不相同，因此聚合物在温度变化时，并不会直接从固态变为液态，而是经历一些过渡阶段（通常称为"三态两转变"），如图 5-6 所示。

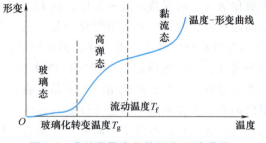

图 5-6 非结晶聚合物的温度-形变曲线

1) 在非结晶聚合物中，当温度较低时，分子运动能量很低，不足以克服主链内旋转位垒，导致链段的运动被冻结。在这种情况下，只有较小的运动单元能够发生运动，同时键长和键角会发生相应的变化，此时非结晶聚合物表现出类似于玻璃的状态，受力后形变很小，且遵循胡克定律，即外力除去后会立即恢复原状，这种状态称为玻璃态。

2) 随着温度进一步提升，分子热运动的能量足以克服内旋转的位垒，导致链段被激发并开始运动，但整个分子链并未发生移动。在这种情况下，即使受到较小的力，也能引起很大的形变,而且一旦外力被移除,形变将完全恢复原状。这个转变温度被称为玻璃化转变温度,表示为 T_g。这种状态也被称为高弹态。

3) 随着温度的持续升高,链段沿着作用力方向协同运动,导致大分子的重心发生相对位移,从而使聚合物表现出流动性,产生不可逆的变形。这个转变温度被称为流动温度,通常表示为 T_f。在这种状态下,聚合物处于黏流态,表现出类似流体的性质。

晶态聚合物只有一个转变,即结晶的熔融,转变温度为熔点 T_m。通常在选择固态聚合物电解质时,可选择低 T_g 或者低 T_m 的材料,这样聚合物本征分子链活性较强,有利于离子传导。表 5-2 列出了几种常用聚合物电解质基体的分子式、玻璃化转变温度、熔点和电导率。

表 5-2 常用聚合物电解质基体的分子式、玻璃化转变温度、熔点和电导率

聚合物基体	重复单元	玻璃化转变温度 $T_g/℃$	熔点 $T_m/℃$	电导率/(S/cm)
聚氧化乙烯	$(CH_2CH_2O)_n$	-64	65	$10^{-8} \sim 10^{-6}$
聚丙烯腈	$[CH_2CH(-CN)]_n$	125	317	10^{-7}
聚甲基丙烯酸甲酯	$[CH_2C(-CH_3)(-COOCH_3)]_n$	105	无(无定形态)	1×10^{-3}
聚偏二氟乙烯	$(CH_2CF_2)_n$	-40	171	10^{-5}
聚偏二氟乙烯-六氟丙烯	$(CH_2CF_2)_n-[CF_2CF(CF_3)]_m$	-65	135	—

可以看出,这些聚合物基体通常含有 C—N、C=O 和 C≡N 等官能团(由 N、O、F、Cl 等带有孤对电子的元素构成)。这些官能团与金属阳离子(Li^+、Na^+ 等)之间发生相互作用(称为络合或者配位),促使形成聚合物-盐络合物,在促进盐溶解的同时提供离子传输活性位点。

聚氧化乙烯(PEO)是最早发现并研究广泛的聚合物电解质基体,其基本化学结构单元为 CH_2CH_2O。大多数锂盐能够溶解在 PEO 基体中形成络合物,锂离子可以通过 PEO 的链段运动实现离子传导。然而,PEO 本身是一种半结晶聚合物,离子主要在其非晶区内运动,依赖于聚合物链段运动,而结晶区的聚合物链段运动性较差,不利于离子的传导。因此,PEO 基聚合物电解质在常温下的离子电导率通常较低($10^{-8} \sim 10^{-6}$ S/cm)。为提高此类聚合物电解质的离子电导率,常见的方法是降低聚合物基体的结晶度,最为简单有效的策略是将其与无机粒子复合,这些无机粒子的加入可以扰乱基体中聚合物链段的有序排列,降低结晶度;此外,聚合物、锂盐与无机粒子之间形成的新界面也有助于锂离子的传输,从而提高了离子迁移率和电导率,具体在 5.4 节中介绍。由于 PEO 具有优异的电化学稳定性、易加工、低成本和高能量密度,以及良好的锂盐相容性等优势,PEO 基材料被广泛视为固态锂电池中理想的电解质之一。

聚丙烯腈(PAN)是另一种常见的有机聚合物固态电解质材料,其分子链中含有强极性官能团氰基(C≡N),使其拥有较强的导电盐解离能力及电化学稳定性。PAN 还具有较高的离子迁移数和电导率,并且电化学稳定窗口也较宽。但锂离子在 PAN 链段中的络合能力不及 PEO 链段,这使得其室温离子电导率约为 10^{-7} S/cm,迁移数为 0.6。由于 PAN 分子链上含有强极性基团,导致其分子链发生内旋转困难,使得该材料具有较高的刚性和优异的

力学性能，因此常将 PAN 制备成纳米纤维，作为电解质结构的支撑与骨架。然而，PAN 基聚合物的成膜性差，不利于电解质膜材料成型，并且由于硬度高，导致电解质与电极不能紧密接触。通过共混或者共聚引入其他聚合物，如 PEO、PVA 和 PVDF 等，从而降低其刚性。当锂金属电极与 PAN 基聚合物电解质接触时，会发生严重钝化，随着充放电循环，电池的内阻逐渐增大，从而影响其循环性能和安全性。由于这些挑战尚未完全克服，因此 PAN 基聚合物电解质在锂金属电池中的应用仍相对较少。

聚偏二氟乙烯（PVDF）是除 PEO 外研究较多的一类聚合物固态电解质基体。PVDF 是一种氟部分取代碳链烷基氢的半结晶性聚合物，结晶度为 60%~80%。根据温度和加工条件的不同，PVDF 在结晶时会形成不同的晶相，其中最重要的两种晶相是 α 相和 β 相。α 相是 PVDF 的热力学最稳定态，可以通过熔融聚合物后冷却结晶得到。β 相的 PVDF 则具有多种独特的性质，如铁电性、压电性和热电性等。PVDF 聚合物链中大量的吸电子基团［CF］和高介电常数（$\varepsilon=8.4$）能够促进锂盐的解离，有助于提高电解质中电荷载体的实际浓度，从而提升聚合物固态电解质的电导率。得益于 F 原子较强的电负性，PVDF 还能与锂盐形成稳定的 LiF，这不仅支持了优异的固态电解质间相，同时也赋予电解质较好的电化学稳定性。此外，PVDF 能溶解于强极性溶剂，如 N-甲基吡咯烷酮（NMP）、二甲基乙酰胺（DMAC）和二甲基亚砜（DMSO）等，形成胶状液，因此成膜性好，易于实现批量生产。然而，PVDF 的高结晶性不利于离子传输，其室温离子电导率仅为 10^{-5}S/cm。为降低 PVDF 的结晶度并提升离子电导率，通过在 PVDF 主链引入六氟丙烯（HFP）分子，合成了 PVDF-HFP 共聚物，显著提高了 PVDF 的离子电导率，并被广泛用作聚合物电解质的基体。此外，聚偏氟乙烯-三氟乙烯（PVDF-TrFE）和聚偏氟乙烯-三氟氯乙烯（PVDF-CTFE）也被相继开发出来，进一步增加聚合物中氟的含量，降低结晶性，提高聚合物电解质的离子传输和电化学性能。尽管 PVDF 具有良好的离子传输性能和化学稳定性，但其力学性能相对较差，制备工艺复杂且成本较高，这些因素限制了 PVDF 及其共聚物在锂金属电池中的广泛应用。

聚甲基丙烯酸甲酯（PMMA）因其优异的透明性和多用途特性而备受青睐。PMMA 为非晶高分子，由于其原料丰富、制备简单、价格低廉，以及界面稳定性高，也常被应用于固态电解质。1985 年，Iijima 首次报道了 PMMA 体系的室温电导率达到了 1×10^{-3}S/cm。MMA 单元中的羰基能够与碳酸酯增塑剂中的氧发生作用，因此能够容纳大量液体电解质，常被用来制备凝胶电解质。然而，PMMA 的机械韧性较差，这在一定程度上限制了其作为聚合物电解质基质的应用。除了以上介绍的这些聚合物，还有很多聚合物可以用作聚合物电解质基质，如聚氧丙烯和聚氯乙烯等。在选择聚合物电解质基质时，聚合物基体本征的高离子电导率和适当的力学性能至关重要，其和聚合物本身的晶型，以及与盐离子的配位结构有很大关系。

5.3.2 盐类的选择

在制备固态电解质时，对盐的选择实际上就是对阴离子的选择。所选择的盐需要满足以下要求：

1）阴离子和阳离子构成的盐易溶解在聚合物中。

2)阴离子与阳离子易于解离,从而为体系提供更多可用导电离子。

3)阴离子的迁移性应该较低,因为在实际应用中主要是阳离子进行迁移,阴离子的大量迁移会导致性能恶化,而当阴离子的迁移受限时,阳离子的迁移率会增加,从而提高电池的整体性能,如快速充电和循环寿命。

基于上述三个要求,研究人员已经从微观角度提出了很多解释和预测。总体来说,阳离子、阴离子和聚合物间的相互作用要适当。实验表明,PEO易与体积大、电荷离域程度高且与聚合物作用较弱的阴离子锂盐形成聚合物电解质。因此,适合的阴离子能够保证盐的晶格相对较低。同时,考虑到聚合物与阳离子的配位关系,聚合物电解质的导电能力主要取决于两方面,即聚合物对阳离子的配位作用和盐晶格能的相对大小。过大的晶格能将会导致盐无法溶解在聚合物中,与聚合物形成聚合物电解质的能力就越弱。不同锂盐的晶格能大小顺序如下:

$$F^->Cl^->Br^->I^->SCN^->ClO_4^- \approx CF_3SO_3^->BF_4^- \approx AsF_6^-$$

除此以外,晶格能与阴离子的电荷密度及得失电子难易程度等性质有很大关系。为了合成具有高导电性能的聚合物电解质,锂盐的选择一方面需要考虑锂盐的晶格能,另一方面还需要考虑锂盐的离解常数。一般而言,高离解常数的锂盐在聚合物电解质中形成离子对和离子聚集体的倾向就越小,电解质的导电性能就越好。常见的一些锂盐的离解常数具有如下顺序:

$$LiAsF_6>LiPF_6>LiClO_4>LiBF_4>LiCF_3SO_3$$

解离常数不仅与盐的本身特性有关,还与聚合物的性质有关,如介电常数和聚合物中特殊官能团的含量。在实际中,除了需要平衡聚合物对阳离子的配位作用和盐晶格能之间的关系,还需要考虑不同离子的氧化还原稳定性与经济效益。

5.3.3 制备方法

聚合物固态电解质的制备方法和凝胶制备方法非常类似,主要区别在于前者不含有机溶剂或者残余水分。因此,这就要求在制备过程的最后阶段,需要通过真空、高温环境或者热压等方式去除制备过程中的液相成分。制备聚合物固态电解质最常用的方法是将聚合物和盐溶解在合适的溶剂(如乙腈或甲醇)中,然后将溶液浇注到如PTFE表面,并在真空和高温环境下去除溶剂。对于锂金属电池,浇注前必须去除聚合物、盐和溶剂中的水分,随后通过干燥去除膜中的残余水分。

此外,还可以在不使用溶剂的情况下通过热压法将聚合物和盐的混合物制备成固态电解质。热压法是一种相对较新的技术,其优势在于快速成膜、低成本、无需使用溶剂,以及能够制备高密度材料等。具体而言,先将预先混合均匀的聚合物、盐和填料(塑化剂)等用玛瑙研钵研磨均匀,然后将混合物在加热腔内缓慢加热到聚合物的熔点附近,熔融的混合物夹在两片PTFE膜之间,通过压力柱施加一定的压力,随后剥离下来得到固态电解质薄膜。热压法的一个很大的缺点在于热压过程会对锂盐产生复杂的影响,并且由于锂盐在空气中的化学活性,热压过程往往需要特殊的加工条件。此外,其他诸如相转换法、静电纺丝、原位聚合等技术也可以用来制备聚合物固态电解质。

5.4 复合固态电解质

复合固态电解质通常由无机固态电解质和聚合物固态电解质复合而成,其结合了无机固态电解质的高离子电导率和强度与聚合物固态电解质良好的电化学稳定性和界面兼容性优势。因此,复合固态电解质具有较高的离子电导率、高的电化学和热力学稳定性、良好的界面相容性,以及抑制锂枝晶生长的能力,是目前固态电解质研究的热点之一。典型的复合固态电解质由聚合物溶剂化锂盐和不同结构的无机陶瓷组成。通常,聚合物包括前面5.3.1节提到的PVDF、PEO和PAN等,最常用的为PEO;无机陶瓷既可以是Li^+绝缘体,如TiO_2、Al_2O_3、SiO_2等,也可以是Li^+导体,如$Li_{1.3}Al_{0.3}Ti_{1.7}(PO_4)_3$(LATP)、$Li_{10}GeP_2S_{12}$(LGPS)、$Li_7La_3Zr_2O_{12}$(LLZO)、$LiTa_2PO_8$(LTPO)等。

通常,根据聚合物与陶瓷的相对含量,复合固态电解质可分为"聚合物中的陶瓷"和"陶瓷中的聚合物"两类。在前一种体系中,陶瓷在PEO-Li盐基体中作为填料增加离子电导率;在后一种体系中,在陶瓷基体中加入PEO-Li盐可以改善界面相容性。由于陶瓷的性质不同,合理设计两相结构、空间分布和含量,是提高离子电导率和解决复合固态电解质内部和电解质与电极之间界面相容性的关键。

5.4.1 "聚合物中的陶瓷"结构

在"聚合物中的陶瓷"结构中,聚合物结晶度越好,平行聚合物链的排列越紧凑,自由体积越小,不利于Li^+的输运。陶瓷填料的掺入有助于促进链段的运动,抑制PEO链的结晶,有利于Li^+的输运。陶瓷填料如纳米颗粒通常不连续地分散在PEO基体中。在这种情况下,无论填料对锂离子是惰性的还是导电的,Li^+的传导途径主要受PEO相内的链段运动控制。通过增加复合固态电解质中陶瓷的含量,锂离子的传导途径从PEO转移到PEO/陶瓷界面,这对PEO基复合固态电解质中Li^+的传导起着至关重要的作用(图5-7)。除了典型的纳米颗粒填料外,还有不同形态的陶瓷填料,如纳米线和纳米片填料。纳米线填料不仅有利于非晶态区域的产生,而且与纳米颗粒相比,还提供了沿界面连续的活性途径,以实现快速的Li^+传输和高的离子电导率。此外,有研究表明,有序排列的无机Li^+导电纳米线比无序排列的纳米线更有利于Li^+的传导。纳米片填料,如C_3N_4、BN、二维过渡金属碳化物/氮化物(MXenes)和蛭石等,可以提供更高的表面积,并在填料和聚合物基体之间提供连续的二维界面,从而确保锂离子的快速扩散。在电子绝缘、化学和热稳定性方面,仍需要探索更广泛的纳米片填料。

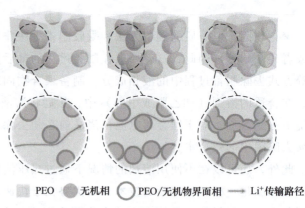

图5-7 几种复合固态电解质的Li^+传导路径示意图

Li$^+$的传导路径影响离子电导率。一般来说，随着陶瓷含量的增加，离子的电导率增加。离子电导率在渗透阈值处达到最大值，但是进一步增加陶瓷含量会阻碍离子传输，导致离子电导率下降。陶瓷填料的尺寸也会影响渗透阈值。与相应的块状填料相比，纳米填料可以提供更高的表面积，与聚合物有更多的界面接触位点，从而具有更低的渗透效应和平滑的离子传导途径。例如，使用200nm的LLZTO纳米颗粒的渗透阈值为20%（质量分数），此时的离子电导率最佳。同样，100nm LLZTO纳米颗粒作为填料，其值为11.53%（质量分数）。此外，目前报道的较小的8.3nm的LLZTO纳米颗粒，其渗透阈值可降至2%（质量分数）。除上述陶瓷含量和尺寸外，锂盐含量和陶瓷种类也会影响Li$^+$的传导机制。例如，LiTFSI含量（EO/Li=18:1、9:1和6:1）对LGPS/PEO界面形成的影响表明，低LiTFSI含量对LGPS/PEO界面形成的影响不大。高LiTFSI含量限制了LGPS/PEO界面的形成。这是因为过量的LiTFSI部分聚集，PEO与LiTFSI之间的相互作用改变了PEO的力学性能，与LGPS的界面相容性较差。与Li$^+$绝缘陶瓷相比，Li$^+$导电陶瓷提高了离子电导率，因为Li$^+$能够穿过陶瓷及界面。同时，Li$^+$导电填料如LiZr$_2$(PO$_4$)$_3$可以使更多的Li$^+$在PEO无序的局部环境中重新分配，有利于Li$^+$迁移，提高离子电导率，优于惰性填料Al$_2$O$_3$复合固态电解质。

5.4.2 "陶瓷中的聚合物"结构

在"陶瓷中的聚合物"结构中，PEO-Li盐络合物被嵌入或限制在连续的、紧密填充的陶瓷基体中。在这种结构中，陶瓷基体通常具有Li$^+$传导性，陶瓷除了作为填料抑制PEO相的结晶外，还在陶瓷基体内和界面上提供了连续的Li$^+$传导通路（图5-7）。只有在少数情况下，采用的陶瓷（如SiO$_2$）是Li$^+$绝缘的，因此Li$^+$主要沿着连续界面传输。在这些"陶瓷中的聚合物"结构中，连续的三维陶瓷骨架可以避免颗粒的团聚，并提供了连续的导电界面，相比聚合物基质中孤立的陶瓷颗粒，在各自的渗透阈值下提高了离子电导率。例如，Guo等人报道了具有3D石榴石骨架的复合固态电解质在30℃时的离子电导率为$1.2×10^{-4}$ S/cm，约为石榴石颗粒/聚合物复合固态电解质的两倍。

5.4.3 陶瓷/聚合物界面调控

在复合固态电解质中，陶瓷与聚合物结合不可避免地产生了内部界面，这会阻碍离子的传输。在陶瓷与聚合物之间构建化学键或者对陶瓷的表面进行改性，可以促进离子在陶瓷/聚合物界面上平稳传输，从而解决了陶瓷与聚合物的界面兼容性问题。

通常，PEO通过静电吸附或化学键合与陶瓷相互作用，使用的涂层有聚乙二醇（PEG）、聚多巴胺（PDA）、离子液体和聚丙烯酸锂等。涂层的选择需要遵循以下原则：

1）与PEO具有相似的表面能，增加陶瓷和PEO之间的表面亲和力，提供良好的兼容性，促进Li$^+$在陶瓷/聚合物界面上传输。

2）涂层量合适，PEG或离子液等含量过多对力学性能不利。

3）对于一些具有高导电性的陶瓷填料，如MXenes，涂层（通常为电绝缘）的选择不仅要有助于分散，而且要降低复合固态电解质的电子电导率，因为复合固态电解质的高导电性可能会导致锂枝晶的形成。陶瓷的表面改性可以改变离子从PEO到陶瓷表面的扩散路径。

例如，MB-LLZTO 的 ^{6}Li NMR 光谱中峰位移的变化表明，分子刷（MB）改变了石榴石中 Li$^+$ 的环境。此外，改性的陶瓷还可以减少 PEO 结晶，削弱 PEO 与 Li$^+$ 之间的相互作用，以及相关离子之间的相互影响。引入的 MB-LLZTO 降低了聚合物结晶度，并进一步提高了离子电导率，从而高于原始 LLZTO 复合固态电解质的电导率。此外，表面功能化的陶瓷颗粒可以扩大 PEO 链中的 Li$^+$ 传输路径，引入的阴离子可以减少聚合物和 Li$^+$ 之间的相互作用，从而加速离子迁移。陶瓷的表面改性也可以增加电解质/电极的界面兼容性，使结合更牢固，接触更好。

除了表面修饰，从理论上讲，构建化学键不仅可以确保陶瓷在复合固态电解质中均匀分散，提高离子电导率，还可以将陶瓷作为交联剂来提高复合固态电解质的强度。原位化学接枝［包括原位水解、开环反应、硅烷偶联和气相渗透化学掺入（VPI）等］经常被用于在陶瓷填料和聚合物基体之间构建化学键合，形成互穿聚合物陶瓷网络，从而提供致密均匀的 Li$^+$ 传输通道界面。陶瓷颗粒通过陶瓷前驱体的原位水解均匀分散在复合固态电解质中，可以进一步降低 PEO 的结晶度。此外，改性的 PEO/陶瓷界面确保了 Li$^+$ 的快速传导，并减少了电极/电解质界面上的 Li$^+$ 积累，从而调节了锂的沉积。不仅如此，电化学稳定性也显著提高。更为重要的是，由于形成了相互连接的网络，复合固态电解质的强度大幅提高，可以有效地抑制锂枝晶的生长。

5.4.4 制备方法

复合固态电解质的制备方法通常包括机械混合、模板策略、静电纺丝和凝胶形成方法。机械混合主要用于设计"聚合物中的陶瓷"结构，结合溶液铸造和热压，可以得到厚度低至 30μm 的复合膜。模板策略有利于"陶瓷中的聚合物"体系的制备，静电纺丝方法可以同时制备"聚合物中的陶瓷"和"陶瓷中的聚合物"体系。凝胶形成方法可用于设计"陶瓷中的聚合物"的聚合物基凝胶或用于"陶瓷中的聚合物"的陶瓷基凝胶，凝胶形成方法制备的电解质通常具有更大的厚度（≤120μm）。

机械混合由于其操作方便和成本低廉，是制备复合固态电解质最普遍的方法之一。在该策略中，通过球磨、超声处理或搅拌将 PEO、锂盐或其预溶解溶液与陶瓷填料混合，制成分散良好的悬浮液，然后进行浆料浇注和干燥。模板策略是制备具有连续陶瓷骨架的复合固态电解质（CSE）的有效方法，包括两个主要步骤：①在模板的辅助下形成多孔陶瓷骨架；②渗透 PEO-Li 盐溶液，以丝绸织物为模板。常用的模板包括丝绸、棉花、木材、纺织纤维素、聚苯乙烯微球、抹布等。目前，大多数模板都是天然获得的，虽然具有成本效益，但是模板结构的精确设计受到限制。因此，有必要设计和合成相对精确定制的模板。静电纺丝制备 PEO 基陶瓷填料 CSE 的过程包括：使用聚合物溶液（如 PAN 和 PI）通过静电纺丝形成自支撑多孔基底，然后将 PEO-Li 盐浇注到上述纤维膜上/中，其中陶瓷填料的引入可以通过在电纺溶液（如 PVDF）或 PEO-Li 盐溶液中加入来实现。对于聚合物在陶瓷结构中，制备过程类似于以电纺聚合物（如 PVP 和 PVA）作为模板的模板策略，通过煅烧形成独立的多孔陶瓷框架，然后渗透 PEO-Li 盐溶液。根据凝胶化过程，凝胶法分为陶瓷凝胶和聚合物凝胶，分别获得陶瓷中的聚合物和聚合物中的陶瓷结构。对于陶瓷凝胶衍生的电解质，首先制备陶瓷前驱体的水凝胶，然后煅烧以形成独立的多孔陶瓷框架，最后进行 PEO-Li 盐溶液渗透。聚合物凝胶基电解质可以在陶瓷填料存在下通过单体的一锅聚合制备。

除了上述策略外，还有其他有用且重要的策略用于制备 PEO/陶瓷 CSE。例如，通过使用成孔剂（如 SeS_2 和石墨）来制备 3D 多孔 Li_6PS_5Cl 和 $Li_{1.3}Al_{0.3}Ti_{1.7}(PO_4)_3$ 陶瓷骨架。此外，高温快速反应烧结也可以制备所需的多孔结构。通过在 Li 负极上与陶瓷填料原位聚合，可以制备超薄 CSE 膜。同样，其他聚合物也可以在填料存在下原位聚合，如 1,3-二氧戊环的开环反应、碳酸亚乙酯（EC）的聚合、聚乙二醇甲基丙烯酸酯（PEGMEA）的聚合等。

5.5 全固态电池的界面挑战

固态电解质的应用引入了固-固界面，即电极与电解质界面。目前，最大的挑战来自电极/电解质的不完全接触界面，仅来自点对点的紧密接触位点将阻碍 Li^+ 的界面传输，从而导致高界面阻抗，进一步导致 Li^+ 传输速率慢和电流分布不均匀。此外，在电池运行过程中，活性材料的体积变化和电解质/电极不相容引起的副反应也严重限制了其性能。良好的界面可以实现低界面阻抗和 Li^+ 高效传输，从而显著提高电池性能。

5.5.1 固态电解质/正极界面

固态电解质面临的电解质/正极之间的界面挑战及其潜在影响如下：

1）界面接触质量：固态电解质与正极之间需要有良好的接触，以确保离子能够高效传输，而不良的接触可能导致高阻抗，影响整个电池的性能。实际上，由于固态材料的刚性，这种良好的接触很难实现，尤其是在电池循环过程中，由于体积的微小变化和可能的界面剥离，接触质量可能会进一步恶化。

2）化学稳定性：电解质与正极材料在界面处的化学兼容性是关键因素，如有化学不稳定性，可能会发生界面反应，导致界面阻抗增长，引起电池容量和寿命下降。例如，固态电解质可能会与正极发生反应，形成不导电的界面层，从而阻碍离子传输。

3）界面传输性能：即使界面在化学上稳定，离子在界面处的传输性能也可能因为界面结构差异而受限。离子在从一种材料转移至另一种材料时，可能会遇到能量障碍，导致界面阻抗的增加。界面设计需要确保离子的传输路径畅通无阻，减少传输过程中的能量损耗。

4）热稳定性与机械应力：温度变化及由此产生的热膨胀可能加剧界面的失稳。固态电解质与正极之间的热膨胀系数差异可能导致界面产生裂纹或剥离。此外，电化学循环中正极体积的变化也会对界面产生机械应力，影响长期稳定性。

5）制造工艺：固态电解质的界面问题还受到制造工艺的限制。高质量界面的制造要求复杂精细的工艺，这可能会提高生产成本并影响电池的可扩展性。

为了克服固态电池界面问题，研究人员提出了相应的策略：

1）表面修饰技术：通过应用涂层或自组装单层来增强界面的化学稳定性和离子传输性能。硫化物固态电解质虽然不需要预烧结，但电池制备时的高压可能会促进界面元素互相扩散。为了抑制这些界面反应，常用的方法包括正极材料的包覆和电解质表面的修饰，诸如 $LiNbO_3$、$Li_3Ti_5O_{12}$、Li_3PO_4、$LiAlO_2$、Al_2O_3、$LiTaO_3$、Li_2SiO_3、Li_3BO_3 和 Li_2ZrO_3 等材料被用作包覆层。Ceder 团队通过高通量计算筛选出了一系列优质的正极包覆材料，包括

LiH_2PO_4、$LiTi_2(PO_4)_3$ 和 $LiPO_3$，这些材料具备宽电化学窗口、化学性能稳定、高离子电导率和低电子电导率等特性。

2）界面结构设计：通过优化电解质和电极的微观结构，改善它们的机械稳定性和热失控问题。硬质的无机电解质材料，特别是氧化物，往往与电极材料接触不紧密，电池循环中的体积变化导致界面接触恶化，从而增加阻抗。解决这一问题的方法有在正极活性物质中混入电解质。通过加入助溶剂 $Li_{2.3}C_{0.7}B_{0.3}O_3$，促进其在高温下与 Li_2CO_3 和 LLZO（无机固体电解质）表面反应，形成紧密接触的新界面，降低阻抗。此外，还可以通过制备三维电解质来增加接触面积，或者在正极与无机电解质之间加入柔软的聚合物缓冲层，或使用有机-无机复合固态电解质。

3）寻找新型电解质和电极材料，这些材料需具有更好的界面兼容性和传输特性。

4）先进制造技术：利用 3D 打印或原位合成等技术，为界面提供更好的接触和结构一致性。

通过以上策略，可以有效降低界面阻抗，提高固态电池的性能和寿命，通过材料科学、表面化学、电化学和制造技术等领域的协同工作，有望实现技术的突破。

5.5.2 固态电解质/负极界面

对于全固态电池，为了获得更高的能量密度，负极往往采用高容量的锂箔，因此本小节关于固态电解质/负极界面的阐述便围绕锂金属负极展开。值得注意的是，当使用碳和硅碳等颗粒材料时，界面问题的基本原理和正极一侧一致，具体可以参考 5.5.1 节的研究。

对于固态电解质/锂界面的研究围绕着三个重要问题展开：①两相接触问题；②界面反应；③锂枝晶生长。在第 3 章中介绍了锂金属负极枝晶相关的研究内容，但其和固态电解质及界面息息相关，且一旦产生枝晶，势必对两相接触产生损害，从而使电荷转移电阻（R_{ct}）变大、整体性能恶化。因此，本小节将进一步对这个问题进行一些简要介绍。

1. 两相接触问题

对于两相界面及电荷传递而言，其微观结构和离子输运可以参考材料科学基础和缺陷化学领域中关于晶界和缺陷的描述。不难理解，一个良好的接触首先需要两相物理相接，其次需要具有亲和性，甚至形成化学键。在理想状态下，最具优势的连接应当是原子级接触，而且是在大面积范围内实现的。

对于界面接触情况的判断，一方面可以用高分辨率检测手段进行观察，另一方面可以用电学方式直接考察其带电粒子输运性能。电学方法常用的参量为电荷转移电阻（R_{ct}），和一般意义上的电阻不同的是，电荷转移电阻（R_{ct}）描述了界面处离子得失电子的情况，其中既包含离子传输，又包含电子传输。

电荷转移电阻（R_{ct}）的公式表示如下：

$$R_{ct} = \frac{RT}{nFI_0 S} \tag{5-1}$$

式中，R 为摩尔气体常量；T 为热力学温度；n 为反应的电子数；F 为法拉第常量；I_0 为交换电流密度；S 为电极面积（电化学活性位点）。

另外，I_0 定义如下：

$$I_0 = nFk^{\ominus}(c_{ED}^*)^{1-\partial}(c_{EL}^*)^{\partial} \tag{5-2}$$

式中，$k^{\ominus}$ 为标准速率常数；∂ 为传递系数；c_{ED}^* 和 c_{EL}^* 分别为电极和电解质中的金属阳离子浓度。根据绝对速率理论，$k^{\ominus}$ 是关于频率因子（B）和激活能（E_a）的函数：

$$k^{\ominus} = B \exp\left(\frac{E_a}{RT}\right) \tag{5-3}$$

通过归纳式（5-1）~式（5-3），并将指前部分替换为 A，公式简化为

$$\frac{T}{R_{ct}} = A \exp\left(\frac{E_a}{RT}\right) \tag{5-4}$$

式（5-4）和阿伦尼乌斯方程一致，通过电化学阻抗测试得到 R_{ct} 后，即可进行拟合获得电荷转移反应的激活能（E_a）。研究发现，不考虑电荷物质（Li$^+$或 e$^-$）的差别，电荷转移反应的 E_a 几乎与固体电解质 Li$^+$ 传导的激活能 E_a 值相同，也就是说，固体电解质中 Li$^+$ 传导的 E_a 越小，电荷转移反应的 E_a 也越小。从理论上来讲，电荷转移电阻（R_{ct}）和激活能（E_a）越小，越有利于界面电荷转移和电极反应的进行。知道了这两个参数，就可以从宏观上大致判断界面电子转移的难易程度，进而知道改性的效果。

此外，由于电解质/锂界面受到离子和电子的双重影响，新相状态或者说锂沉积/剥离形貌由于化学反应的进行和物理接触的改变不断发生着变化，界面情况也随之变化。提升界面性能的原则是尽量减小界面变化对电荷传输及器件性能的影响。为了减小界面的影响，可以采用薄膜金属锂作为负极，因为锂金属负极如果不在界面处发生形貌变化或副反应，一般具有稳定的界面电阻，而薄膜锂金属电极由于只有少量锂沉积或脱离，形貌变化的影响会降到最小。

2. 界面反应

上文已经从物理接触及电学的角度介绍了界面的基本情况，但是在电荷传输过程中，因为界面的非理想状态，界面往往会出现一定程度的杂质、缺陷或不均匀性，总是会在一定程度上影响电荷的顺利转移，电压升高，产生各种化学反应。随着充放电的进行，锂不断得失电子的反应是需要的，而其他的反应则需要考察其对性能提升是否有作用，在液态电解质中对于那些可以生成固态电解质间相的反应有时是有利的，因此其他的反应就可归结于副反应，也可以将锂得失电子之外的其他反应统称为副反应。但是，在全固态电池中是否有类似的固态电解质间相尚需进一步研究。因此，这里仅仅将除锂得失电子之外的反应简单称为界面反应。

为了更好地理解界面反应对界面稳定性造成的影响，相关研究人员将固态锂电池中的界面分为以下三类：①热力学稳定的界面，界面处未发生反应；②界面处发生反应，生成离子-电子导电的混合导体界面层；③界面处发生反应，但生成离子导电、电子绝缘的稳定界面层。在固态电池中，期望第一种和第三种类型的界面存在，第三种类型界面层的离子电导对电池性能有很大影响。除锂镧锆氧化物（LLZO）外，常见的无机固态电解质均会与金属锂发生反应。LiPON 与金属锂反应后，界面生成 Li$_3$PO$_4$、Li$_3$P、Li$_3$N 及 Li$_2$O，它们均是离子导电、电子绝缘的，即第三种类型的界面。由于钝化层的存在反应将会很快停止，形成稳定的界面。含有金属元素的固态电解质（如 LGPS、LATP 和 LAGP）与金属锂接触后，还原产物中含有金属 Ge 和 Ti，形成第二种界面，导致界面层不断增厚、界面阻抗持续增加。

3. 锂枝晶生长

目前，固态电解质中锂枝晶的生长机理仍有一定争议。在这里简单列举一些，如依据液态锂电池中锂枝晶的生长机理，认为固态电解质具有高的强度，可以有效抑制锂枝晶的生长，但在实验中依然可以观察到锂枝晶在 LLZO、$Li_2S-P_2S_5$ 和 $\beta-Li_3PS_4$ 中的生长。研究人员认为枝晶沿着固态电解质的晶界或孔洞生长，那么枝晶的生长与电解质的致密度有关，但是在致密度大于97%的 LLZO 陶瓷片中仍然可以观察到锂枝晶。随着研究的深入，发现当电流密度达到临界值，枝晶就会在电解质表面预先存在的缺陷（如裂缝）中开始生长，锂枝晶在缺陷中生长带来的应力使裂缝延伸，从而更有利于锂枝晶的生长。此外，在 LiPON 中没有观察到明显的锂枝晶存在，因此认为形成锂枝晶的原因是固态电解质不可忽略的电子电导，这一观点有可能和固体电解质界面复杂的电子-离子混合输运有关。

为了获得更优质的界面，研究人员已经进行了很多尝试，大致可以分为两种类型：界面修饰和原位生长。

（1）界面修饰　界面修饰的目的在于通过中间层连接聚合物电解质和电极，为了达到好的效果，中间层必须和两者均有极大的亲和性。这种修饰层往往起到人造固态电解质间相的效果，对电极材料有一定的保护作用，减缓甚至消除枝晶和副反应，防止性能劣化现象的出现。例如，当固体电解质使锂金属不稳定时，可以使用 Li-In 合金代替 Li 金属，或者在该界面处嵌入另外一个可与锂金属保持稳定接触的固体电解质（一般为 LiI 或其他可稳定界面的材料）。然而，在锂与固体电解质之间嵌入可与锂金属保持稳定接触的另一固体电解质有可能大大增加电池的整体阻抗。此外，还可以在界面引入离子导电电子绝缘缓冲层，防止枝晶产生。

一般认为，界面阻抗和界面稳定性问题总是同时存在，对电极或者电解质的修饰往往能同时解决两者的问题。因此，可以结合上文提到的 R_{ct} 知识，就可大致判断界面稳定性状况。

（2）原位生长　原位生长是一种通过与固体电解质或电极活性材料反应或者以其为基底而形成电池组件（电极、固体电解质和中间层）的方法。例如，原位生长锂金属可以获得和电解质接触良好的负极材料，既避免了对锂片的消耗，又简化了电池组装工序，对全固态锂电池的实际应用很有意义。然而，原位形成的锂金属与手套箱中存在的极少量杂质气体发生了反应，降低了电池充放电性能，仍需要科研工作者的继续攻关。

5.6　全固态电池的发展方向

通过寻找新的固态电解质，以提高离子导电性并降低制造成本。高离子导电性的固态电解质（如硫化物、氧化物、聚合物和混合材料）是研究的热点。全固态电池需要与固态电解质兼容的电极材料，这些材料需要具有高的电化学稳定性和良好的界面接触特性。寻找或开发新型负极材料，如锂金属，可以显著提升能量密度。界面问题是全固态电池的主要挑战之一，如电化学界面不稳定、接触电阻高等。通过表面涂层、界面改性和纳米结构设计等方法优化界面特性是未来的研究方向。尽管固态电池相对更安全，但仍需研究确保其在极端条件下的稳定性和安全性，如高温、过充/过放、物理损伤等情形。通过材料和设计的创新，未来的全固态电池需要在维持或提高当前水平的前提下，进一步提升其能量密度和充放电速率。此外，全固态电池的发展需要材料科学、化学、物理学、电子工程等多个领域的紧密合作，以及计算机模拟和人工智能的支持来加速材料和技术的发展。目前全固态电池尚未实现大规模商业生产。未来研究将集中在如何实现规模化、高效、低成本的生产技术，以及如何将固态电池与现有的电池生产线进行兼容。

近十年来，以硫化物固态电解质为代表的新型固态电解质技术取得了迅猛发展，其离子电导率已赶上甚至超越了传统液态电解质。然而，这种高性能的固态电解质中含有昂贵元素如锗等，导致成本较高。因此，研究人员也在积极开发成本更低的硫化物固态电解质，其中锂磷硫氯化合物目前应用最为广泛。在全固态电池的商业化进程中，丰田、本田、日产等公司正全力致力于全固态电池的研发。未来，固态电池技术将在安全性、能量密度、充放电速率、成本和环境可持续性方面迎来多方面的突破。这些突破将推动全固态电池在电动汽车、可穿戴设备、大型储能系统等高科技领域的广泛应用。

参 考 文 献

［1］ LU Y, CHEN J. Prospects of organic electrode materials for practical lithium batteries［J］. Nature Reviews Chemistry, 2020, 4（3）: 127-142.

［2］ 宋洁尘, 夏青, 徐宇兴, 等. 全固态锂离子电池的研究进展与挑战［J］. 化工进展, 2021, 40（9）: 5045-5059.

［3］ Scrosati B. Electrochemical properties of $RbAg_4I_5$ solid electrolyte: Ⅲ. chargeable cells［J］. Journal of the Electrochemical Society, 1973, 120（1）: 78-79.

［4］ WRIGHT P V. Electrical conductivity in ionic complexes of poly（ethylene oxide）［J］. British Polymer Journal, 1975, 7（5）: 319-327.

［5］ 姚忠冉, 孙强, 顾骁勇, 等. 锂离子电池氧化物固态电解质研究进展［J］. 新能源进展, 2023, 11（1）: 77-84.

［6］ ABRAHAM K M, JIANG Z, CARROLL B. Highly conductive PEO-like polymer electrolytes［J］. Chemistry of Materials, 1997, 9（9）: 1978-1988.

［7］ WAN Z J, CHEN X Z, ZHOU Z Q, et al. Atom substitution of the solid-state electrolyte $Li_{10}GeP_2S_{12}$ for stabilized all-solid-state lithium metal batteries［J］. Journal of Energy Chemistry, 2024, 88（1）: 28-38.

［8］ MOTOYAMA M, MIYOSHI K, YAMAMOTO S, et al. Charge/discharge reactions via LiPON/multilayer-graphene interfaces without Li^+ desolvation/solvation processes［J］. ACS Applied Energy Materials, 2021, 4（10）: 10442-10450.

［9］ ZHANG J H, GAO C W, HE C M, et al. Effects of different glass formers on $Li_2S-P_2S_5-MS_2$ (M = Si、Ge、Sn) chalcogenide solid-state electrolytes［J］. Journal of the American Ceramic Society, 2022, 106（1）: 354-364.

［10］ 李翊宁, 魏涛. $Li_{14}Zn(GeO_4)_4$ 基 Li^+/H^+ 共传导中低温电解质［J］. 中国材料进展, 2017, 36（9）: 654-658.

［11］ ZHAO Y C, FANL, XIAO B, et al. Preparing 3D perovskite $Li_{0.33}La_{0.557}TiO_3$ nanotubes framework via facile coaxial electro-spinning towards reinforced solid polymer electrolyte［J］. Energy & Environmental Materials, 2023, 6（4）: 273-279.

［12］ YU Q J, JIANG K C, YU C L, et al. Recent progress of composite solid polymer electrolytes for all-solid-state lithium metal batteries［J］. Chinese Chemical Letters, 2021, 32（9）: 2659-2678.

［13］ IL'INA E. Recent strategies for lithium-ion conductivity improvement in $Li_7La_3Zr_2O_{12}$ solid electrolytes

[J]. International Journal of Molecular Sciences, 2023, 24 (16): 12905.

[14] 许卓, 郑莉莉, 陈兵, 等. 固态电池复合电解质研究综述 [J]. 储能科学与技术, 2021, 10 (6): 2095-4239.

[15] CHEN L J, ZHAO Y J, LUO J Y, et al. Oxygen vacancy in $LiTiPO_5$ and $LiTi_2(PO_4)_3$: a first-principles study [J]. Physics Letters A, 2011, 375 (5): 934-938.

[16] WU Y C, MENG X H, YAN L J, et al. Vanadium-free NASICON-type electrode materials for sodium-ion batteries [J]. Journal of Materials Chemistry A, 2022, 10 (41): 21816-21837.

[17] 魏超超, 余创, 吴仲楷, 等. Li_3PS_4 固态电解质的研究进展 [J]. 储能科学与技术, 2022, 11 (5): 2095-4239.

[18] WANG S, FU J M, LIU Y S, et al. Design principles for sodium superionic conductors [J]. Nature Communications, 2023, 14 (1): 7615.

[19] 李泓. 锂电池基础科学 [M]. 北京: 化学工业出版社, 2021.

[20] 杨绍斌, 梁正. 锂离子电池制造工艺原理和应用 [M]. 北京: 化学工业出版社, 2020.

[21] 杨勇. 固态电化学 [M]. 北京: 化学工业出版社, 2017.

第 6 章

钠离子电池

6.1 概述

锂离子电池作为成熟的高比能电池体系,已经在便携式电子产品、电动汽车和航空航天等领域得到了广泛应用。然而,锂矿资源在全球的总体储量非常有限,同时地理矿脉分布极不均匀,这不仅难以降低电池成本,限制其在大规模储能领域的应用,而且使其容易成为国际性的战略性资源,影响国家安全。近年来,为了寻找锂离子电池的替代技术,钠离子电池再一次得到了科研和产业界的重点关注,这是因为它具有与锂离子电池相似的工作原理和电池构造,并且具有钠盐资源丰富、成本低廉等优势。

钠作为电池材料,最早可追溯至钠金属电池。美国福特公司在 20 世纪 60 年代发明了以钠金属为负极、硫为正极的高温钠硫电池。随后南非 Zebra Power Systems 公司开发了 Zebra 电池,其结构与钠硫电池相似,但正极使用的是熔融过渡金属氯化物,如 $NiCl_2$、$FeCl_2$ 等材料。这两种电池都具有较高的能量密度,自问世以来就获得了广泛关注,并且在实际应用中也展现了巨大的潜力。尽管钠金属电池取得了积极的发展,但由于钠金属的化学活泼性高,同时这类电池必须在高温条件下工作,因此非常容易诱发爆炸等意外危险,带来安全、腐蚀和能效低的问题,严重限制了这类电池的规模化应用。值得注意的是,β-氧化铝作为钠离子导体被开发出来,尽管造价昂贵且技术复杂,但却为室温全固态钠离子电池的开发应用提供了强有力的支持。

20 世纪 70 年代末期,对钠离子电池和锂离子电池的研究几乎同步开展。早在 20 世纪 80 年代,研究人员就发明了以钠铅合金为负极和以 P2 型 Na_xCoO_2 为正极的室温钠离子电池,这种电池可以稳定循环 300 次以上,但平均放电电压不到 3.0V。在此期间,使用 $LiCoO_2$ 和碳材料的锂离子电池取得了重大进展并获得了巨大的商业成功,其放电电压达到 3.7V,能量密度优势明显,且性能稳定,导致钠离子电池并未引起太大关注,对其研究的步伐也停滞不前。

虽然钠离子电池和锂离子电池的工作原理、材料体系和电池构造都很相似,但由于电荷载体(Na^+ 和 Li^+)存在显著差异,导致人们无法完全借鉴锂离子电池的研究经验,因此,寻找适合的正负极材料是构建高性能钠离子电池体系的关键，也是其走向商业化的必要环节。直至20世纪90年代末，用于室温可逆储钠的层状过渡金属氧化物正极材料的成功开发才使钠离子电池重新回到人们的视野。钠离子电池的第一个转折点发生在2000年，Stevens和Dahn通过热解葡萄糖制备了一种硬碳负极材料，其储钠比容量可稳定在300mA·h/g。第二个转折点来自Okada课题组所报道的$NaFeO_2$正极，这种材料具有可逆转变的Fe^{3+}/Fe^{4+}氧化还原电对。基于上述重要发现，钠离子电池又一次得到了复兴。

近十年来，钠离子电池迎来了新一轮的研究高潮。研究人员相继报道了各种各样且性能优异的钠离子电池正极材料、负极材料和电解质体系。其中，正极材料主要有层状和隧道结构的氧化物、聚阴离子化合物、普鲁士蓝及其类似物和有机化合物等；负极材料主要有碳材料、钛基材料、转化型材料和合金型材料等。除了通过对新材料体系的基础研究来提升综合性能外，钠离子电池的商业化进程也在国家政策的大力支持下努力推进，有望实现规模化和低成本化。2017年，中国首家从事钠离子电池研发与生产的公司——中科海钠科技有限责任公司成立，该公司相继于2018年和2019年推出了全球首辆钠离子电池低速电动车和首座100kW·h钠离子储能电站，带动了一大批钠离子电池相关企业的发展。

6.2 钠离子电池的工作原理与特点

与锂离子电池相似，钠离子电池主要由正极、负极、隔膜、电解液和集流体等部件构成。正极和负极之间通过隔膜分开以防止短路，电解液通过浸润电极以确保钠离子传输，集流体则用于收集和传输电子。钠离子电池是一类"摇椅式"电池体系，本质上是一种浓差电池，其构造如图6-1所示。

钠离子电池的工作原理如下：在充电过程中，钠离子从钠含量较高的正极材料中脱出，经电解液穿过隔膜嵌入到钠含量较低的负极材料中，同时电子通过外部电路到达负极，以保持正负极的电荷平衡。在放电过程中，钠离子从负极脱出，经由电解液穿过隔膜嵌入到正极材料中，从而使正极恢复至原始的富钠态，同时电子通过外电路传递到正

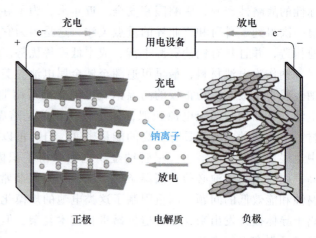

图6-1 钠离子电池的基本构造与工作原理

极。可见，这是一个钠离子在正极和负极之间来回可逆穿梭的过程。若以过渡金属氧化物Na_xMO_2为正极，硬碳为负极，则电极和电池的反应可分别表示为

正极反应：
$$Na_xMO_2 \rightleftharpoons Na_{x-y}MO_2 + yNa^+ + ye^-$$

负极反应：
$$nC + yNa^+ + ye^- \rightleftharpoons Na_yC_n$$

电池反应：

第6章 钠离子电池

$$\text{Na}_x\text{MO}_2 + n\text{C} \rightleftharpoons \text{Na}_{x-y}\text{MO}_2 + \text{Na}_y\text{C}_n$$

其中，正反应为充电过程，逆反应为放电过程。在理想的情况下，充放电过程中钠离子在正/负极材料中的脱/嵌不会破坏材料的晶体结构，氧化还原反应是高度可逆的。

虽然钠离子电池和锂离子电池具有相似的工作原理，但由于钠元素和锂元素的基本性质有明显差异，因此这两类电池存在不同的特性。表 6-1 对比了钠和锂的基本物化性质，可以看出，与锂离子相比，钠离子的半径更大，在电极材料中的迁移阻力会更大，因而会表现出迟缓的反应动力学。此外，钠的相对原子质量高出锂的 3 倍，使得电极的理论比容量更低。一般地，钠离子电池的能量密度保持在 100~200W·h/kg 之间，循环寿命可达 3000 次以上。除此之外，钠离子电池还具有以下技术特点：

表 6-1 钠和锂的基本物化性质

元素	原子量/(g/mol)	离子半径/nm	密度/(g/cm³)	标准电位/V	理论比容量		地壳丰度
					质量比容量/(mA·h/g)	体积比容量/(mA·h/L)	
钠	22.99	0.102	0.968	-3.045	1166	1.128	2.74%
锂	6.94	0.076	0.534	-2.714	3861	2.062	0.0065%

1. 成本低廉

首先，在原材料方面，钠盐原料的地壳储量丰富且资源分布广泛，正极材料可使用铁、锰、铜等非战略性金属原料，负极材料可使用煤、生物质等廉价原料；其次，在电解液方面，相同浓度的电解液，钠盐的电导率比锂盐的电导率要高出 20% 左右，因此可以使用低浓度的钠盐电解液可达到与锂盐电解液相同的功效；最后，在集流体方面，由于钠离子和铝在低电位下不会产生合金反应，正负极均可采用铝箔作为集流体，甚至可以制成双极性电极，进一步降重降本，形成明显的综合成本优势。

2. 倍率性能优异

钠离子比锂离子具有更小的 Stokes 半径，在极性溶剂中的溶剂化能更低，使得钠离子在电解液中更容易去溶剂化，电导率更高，界面反应动力学更优异，电池的倍率性能更加出色。例如，宁德时代推出的第一代钠离子电池在常温下充电 15min 即可达到 80% 的电量，中科海钠制造的钠离子电池只需要 12min 就可充电至 90% 的电量，充电速度远高于锂离子电池和铅酸电池，适应响应型储能和规模供电领域。

3. 宽温域特性

钠离子电池具备良好的宽温域特性，在 -40~80℃ 之间都能正常工作，其中高温（55℃和 80℃）放电容量可超过额定容量，低温（-40℃）放电容量仍能保持 70% 的额定容量，同时可实现低温（-20℃）充电，其充电效率接近 100%。

4. 安全性能卓越

钠离子电池无过放电特性，允许其放电到 0V。钠离子电池的内阻比锂离子电池高，在短路的情况下瞬时发热量少，温升较低，且热失控温度高于锂电池，在高温环境下容易因为钝化、氧化而不自燃。因此，钠离子电池在过充放电、外部短路、高温老化等安全测试，以及挤压、针刺、火烧等滥用测试中，均未发现起火、爆炸等热失控现象，在极端条件下表现出良好的安全稳定性，可以有效降低存储和运输成本。

5. 产线兼容

由于钠离子电池和锂离子电池的工作原理和材料结构相似，隔膜基本可复用锂电隔膜，因此生产设备和生产线有一定的兼容性。借助锂离子电池成熟的产业能力，将进一步降低生产成本并加快产业化进程。在实际生产过程中，针对有所不同的电极材料，只需要对部分工艺进行适应性调整。

6.3 钠离子电池正极材料

20 世纪 70 年代末，研究人员发现 Na^+ 在层状金属氧化物中能够进行可逆地嵌入和脱出。1980 年，Paul Hagenmuller 课题组首次报道了层状氧化物 Na_xCoO_2 在 Na^+ 嵌入/脱出过程中的复杂相变反应，为钠离子电池正极材料的开发打开了大门。迄今为止，可用于钠离子电池的正极材料主要有过渡金属氧化物、聚阴离子化合物、普鲁士蓝及其类似物和有机化合物等。

6.3.1 过渡金属氧化物

过渡金属氧化物可以用 Na_xMO_2 表示，其中过渡金属 M 位置可以由不同过渡金属（如 Mn、Fe、Ni、Cu、V、Cr 等）离子占据，x 为钠的化学计量数，范围为 0~1。常见的含钠过渡金属氧化物包括层状结构和隧道结构两种。当钠浓度较低（$0.22<x<0.44$）时，可形成隧道型晶体结构（Pbam），该类氧化物具有稳定的结构，空气中可以稳定存在，但首次充电容量较低；当钠浓度适中（$0.44 \leqslant x<0.66$）时，容易形成隧道和层状结构的混合体；当钠浓度较高（$0.66 \leqslant x<1$）时，则倾向于生成层状结构（P60/mmc），表现为过渡金属位的离子与周围六个氧形成 $[MO_6]$ 的八面体结构，通过共棱连接组成过渡金属层，钠离子占据过渡金属层之间的多面体，形成 $[MO_6]$ 八面体层与 $[NaO_6]$ 碱金属层交替排布的层状结构。根据钠离子的配位类型和氧的堆垛方式差异，可以进一步将层状过渡金属氧化物分为 O3、P3、O2 和 P2 四种结构，如图 6-2 所示。其中大写字母代表钠离子所处的配位多面体类别（O 为八面体，P 为三棱柱），数字代表氧的最小重复单元的堆垛层数，2 和 3 分别代表着氧原子的堆叠方式为 ABBAABBA 和 ABCABC 的排列形式。O3 和 P2 是最为常见的两种晶体结构，P2 型氧化物通常具有更高的钠离子电导率和更好的结构完整性，因而能够表现出高功率密度和良好的循环稳定性。然而，与高 Na 含量的 O3 型材料相比，P2 型电极较低的初始钠含量限制了首次充电时的存储容量。此外，通常在字母后面用符号"'"表示材料在原有结构基础上晶体对称性降低后的结构，此时的晶体与原始空间群相同，但是

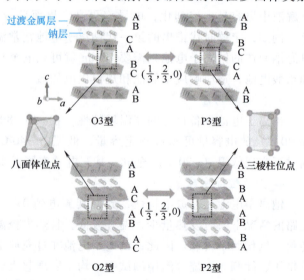

图 6-2　层状过渡金属氧化物的晶体结构类型

晶胞参数有较大差别。例如，O′3 相结构是 O3 相结构中过渡金属位置上的八面体发生畸变，形成不同键长的 M—O 键时形成的相，代表性材料有 $NaMnO_2$ 和 $NaNiO_2$。

钠离子层状氧化物结构繁多，组成丰富，在为基础科学研究和规模化应用提供了丰富的探索空间和应用潜力的同时，也为结构设计带来了不确定性。因此，探寻层状氧化物两种常见构型形成的影响因素是一个重要的研究方向。Delmas 等提出用 Rouxel 图区分 Ma_xMO_2 的堆叠结构，说明钠含量和阴阳离子间键的性质（离子性与共价性）都是决定层状堆叠结构的重要因素。然而，该方法只考虑了鲍林电负性的差异，对于具有相同过渡金属元素但不同价态的层状结构（如 $Na_{0.7}MnO_2$ 中同时含有 Mn^{4+} 和 Mn^{3+}）或含有多种过渡金属元素和掺杂元素的层状结构则难以准确预测。胡勇胜等提出了利用阳离子势来揭示材料内部的关键相互作用：大的阳离子势表明层状结构中过渡金属片层有较大的电子云分布，使相邻过渡金属层之间的静电排斥力增加，形成一个扩大的钠离子层层间距，即形成 P2 相结构。当增加钠离子层中钠离子含量时，将会增加钠离子和氧离子间的静电吸引力，降低过渡金属层的排斥力，更容易形成 O3 相，该理论为研究人员提供了一种提前预测不同组成的层状堆叠结构的可靠方法。

1. P2 型层状氧化物

P2 型层状氧化物结构稳定性高，离子通道宽，具有比 O3 型材料更好的循环稳定性。此外，P2 型氧化物的三棱柱配位构型使钠离子以滑移的方式在体相中扩散，因而具有较好的倍率性能。然而，过多的钠离子会增大钠离子间的排斥力，使得材料在实际中无法合成。因此，为了维持结构的稳定性，晶格内的钠离子位置通常只被部分占据，导致该类材料初始处于缺钠的状态。目前发现一元层状氧化物中只有 Co、Mn 和 V 元素可以合成 P2 结构。其中，P2-$NaMnO_2$ 在 2.0~3.8V 的电压窗口内比容量可达 150mA·h/g，远高于 P2-Na_xCoO_2 和 P2-Na_xVO_2（约 110mA·h/g）。然而，由于 Mn^{3+} 较强的姜-泰勒效应会引发材料局域结构的严重畸变，因此该类材料的循环稳定性较差。

研究发现，具有协同作用的二元过渡金属层状氧化物可以抑制充放电过程中的不利相变，提高材料的稳定性和容量。如铁离子的存在可以有效抑制 $NaMnO_2$ 的连续相变。例如，P2-$Na_{\frac{2}{3}}[Fe_{\frac{1}{2}}Mn_{\frac{1}{2}}]O_2$ 材料在 1.5~4.3V 的电压范围内可提供 190mA·h/g 的比容量，其能量密度与磷酸铁锂相当（图 6-3a）。然而，铁离子在充电过程中容易发生不可逆迁移，导致明显的电压滞后和容量衰减。基于 Cu^{3+}/Cu^{2+} 氧化还原对的 P2-$Na_{\frac{2}{3}}[Cu_{\frac{1}{3}}Mn_{\frac{2}{3}}]O_2$ 层状氧化物正极材料在 2.0~4.2V 具有 74.5mA·h/g 的可逆比容量，平均工作电压高达约 3.7V。进一步通过 Fe^{3+} 取代提高比容量，P2-$Na_{\frac{7}{9}}[Cu_{\frac{2}{9}}Fe_{\frac{1}{9}}Mn_{\frac{2}{3}}]O_2$ 在 2.5~4.2V 的可逆比容量约为 90mA·h/g，平均电压为 3.6V，且 Fe 含量很低，有效避免了 Fe 的迁移，也避免了电压滞后的问题。

Ni 部分取代 Mn 得到的 P2-$Na_{\frac{2}{3}}[Ni_{\frac{1}{3}}Mn_{\frac{2}{3}}]O_2$ 也是一种受到广泛关注的 P2 型材料。过渡金属层中 Ni 和 Mn 呈现蜂窝状有序排布，每个 Ni^{2+} 被 6 个 Mn^{4+} 包围，或者每个 Mn^{4+} 被 3 个 Ni^{2+} 和 3 个 Mn^{4+} 包围，其在充电过程中可以脱出几乎所有的 Na^+，首次充电比容量达到 160mA·h/g，仅略低于理论比容量（173mA·h/g）。P2-$Na_{\frac{2}{3}}[Ni_{\frac{1}{3}}Mn_{\frac{2}{3}}]O_2$ 在 2.0~4.5V 有三个显著的电压平台，如图 6-3b 所示，每个台阶的起点对应的钠含量分别为 0.67、0.5

和 0.33。放电至 2.0V 以下，在 1.5~2.0V 存在另外一个放电平台，对应 Na^+ 的额外嵌入。

在充电过程中，P2-$Na_{\frac{2}{3}}$[$Ni_{\frac{1}{3}}Mn_{\frac{2}{3}}$]$O_2$ 晶体的 c 轴随着 Na^+ 的脱出而膨胀，而 a 轴收缩，但在 3.9V 之前，其结构仍然可以保持 P2 型。当电压达到 4.1V 之后，将会发生 P2→O2 的结构转变。而在放电过程中，当 Na^+ 脱出量足够大时，氧原子之间的静电斥力将会促使相邻层发生随机滑移，进而导致显著的堆垛层错，这也是其在 2.0~4.5V 循环稳定性差的原因之一。通过元素掺杂（如 Cu^{2+}、Al^{3+}、Mg^{2+} 等）可以显著提高其循环稳定性，其中以 Al^{3+} 和 Mg^{2+} 的掺杂效果最佳。除此之外，Li^+ 在充放电过程中可以在过渡金属层和 Na 层之间可逆迁移，因此通过 Li^+ 掺杂可以抑制相变，提高材料的循环稳定性。此外，还可以通过在其表面包覆惰性保护层来有效降低高电压时电极材料与电解液界面处的副反应，从而形成稳定的界面，降低电池内阻，使电池的循环稳定性提高。

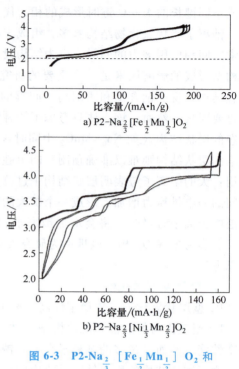

图 6-3　P2-$Na_{\frac{2}{3}}$[$Fe_{\frac{1}{2}}Mn_{\frac{1}{2}}$]$O_2$ 和 P2-$Na_{\frac{2}{3}}$[$Ni_{\frac{1}{3}}Mn_{\frac{2}{3}}$]$O_2$ 的充放电曲线

2. O3 型层状氧化物

尽管 P2 型材料表现出较好的循环稳定性，但其可逆容量较低，同时在全电池开发过程中还面临着正极缺钠的问题，需要引入 Na_2S、$NaCrO_2$ 等正极补钠剂。额外的补钠过程无疑增加了材料的制备成本。相比之下，O3 型材料的制备工艺简单，且拥有更多的插层钠位，因此通常具有更高的理论容量。然而，在这类材料中，Na^+ 通常需要经过 2 个相邻八面体间的四面体空位进行扩散，因此动力学性能较差。此外，从 O3 相材料中脱出一定量的钠离子后，在不破坏 M—O 键的情况下，过渡金属氧化物层会发生滑移，从而在碱金属层形成三棱柱空位，钠离子占据三棱柱位置时能量更加稳定。O3 相的相变过程非常复杂。

与 P2 层状结构一元正极材料不同，具有 O3 层状结构的一元材料较多。其中，锰基材料具有较高的比容量和低成本的特点，是一种重要的钠离子电池正极材料。该材料在 2.0~3.8V 具有 185mA·h/g 的可逆比容量，对应约 0.8 个 Na^+ 的可逆脱出/嵌入，但是伴随着复杂的相变，导致循环稳定性较差。O3-$NaFeO_2$ 是一种低成本正极材料，其在 2.5~3.4V 可以实现约 80mA·h/g 的可逆比容量。如果进一步提高充电电压，会发生 Fe 的不可逆迁移（从过渡金属层迁移到 Na 层）。

一元材料的电化学性能普遍存在弊端，包括相变复杂或者在高电压下存在过渡金属离子迁移，这会导致电池循环性能衰减。为维持层状氧化物的稳定性和循环性能，通常引入活性或惰性元素进行掺杂或取代，并对元素的比例进行调节，从而改善钠离子脱嵌过程中的相转变，进而获得稳定的晶体结构。目前主流的掺杂元素包括 Mn、Fe、Cu、Ni 等电化学活性元素。例如，O3-$Na[Fe_{0.5}Mn_{0.5}]O_2$ 在 1.5~4.0V 可以提供约 170mA·h/g 的比容量。部分 Mn

的取代有助于稳定结构,但 Fe 迁移引发的比容量衰减问题尚未得到解决。通过调整元素比例,可在 Cu 基 P2 氧化物的基础上设计合成 O3-$Na_{0.9}[Cu_{0.22}Fe_{0.3}Mn_{0.48}]O_2$,在 2.5~4.05V 可以实现 100mA·h/g 的可逆比容量,并且具有优异的循环稳定性。此外,Cu^{2+} 还可以有效提高材料的空气稳定性,是目前为数不多的具有空气和水稳定性的钠离子层状正极材料之一。

O3-$Na[Ni_{0.5}Mn_{0.5}]O_2$ 也是一种典型的 O3 结构层状氧化物。与 P2-$Na_{\frac{2}{3}}[Ni_{\frac{1}{3}}Mn_{\frac{2}{3}}]O_2$ 不同的是,其过渡金属层内没有 Ni^{2+} 和 Mn^{4+} 的有序排布,是一个非常标准的 O3 结构层状氧化物,在首次充电至 4.5V 时可以实现几乎所有的 Na^+ 脱出,放电至 2.2V 也可以实现高达 185mA·h/g 的放电比容量,如图 6-4 所示。在充放电过程中可以观察到多个电压平台,表明钠离子的脱出和嵌入过程经历了复杂的结构变化。除了 4V 左右平台的可逆性差之外,其他平台的可逆性相对较好。通过限制截止电压可以有效提高其可逆性,当将截止电压限制在 3.8V 时可以实现 125mA·h/g 的放电比容量,同时还有效减少放电电压滞后。O3-$Na[Ni_{\frac{1}{2}}Mn_{\frac{1}{2}}]O_2$ 在脱出 0.1~0.2 个 Na^+ 时便发生了相分离,此时原始的 O3 相和新的 O′3 相同时并存。当 Na^+ 脱出量达到 0.3 后,材料由 O′3 相转变为六方晶系的 P3 相。当脱钠量达到 0.5 之后,P3 向单斜相的 P′3 转变。当脱钠量达到 0.6~0.7 后,结构再次转变为六方晶系的 O3 结构,但晶胞参数与最初相比已经发生了较大的变化,这个 O3 结构可以保持到所有 Na^+ 都脱出。

元素掺杂或取代是提升 $Na_{\frac{2}{3}}[Ni_{\frac{1}{3}}Mn_{\frac{2}{3}}]O_2$ 电化学性能的有效手段。研究表明,使用适量的 Ti^{4+} 取代 Mn^{4+} 可以起到抑制放电过程中 O′3 相产生的作用,从而有效提升材料的循环稳定性。此外,Li^+、Fe^{3+}、Mg^{2+}、Al^{3+}、Cu^{2+}、Zn^{2+} 和 Co^{3+} 等元素的掺杂或取代,以及包覆等方法,均是提升 $Na_{\frac{2}{3}}[Ni_{\frac{1}{3}}Mn_{\frac{2}{3}}]O_2$ 性能的有效手段。

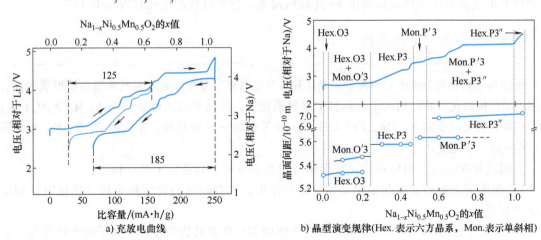

a) 充放电曲线 b) 晶型演变规律(Hex.表示六方晶系,Mon.表示单斜相)

图 6-4 O3-$Na[Ni_{0.5}Mn_{0.5}]O_2$ 的充放电曲线和晶型演变规律

大部分 O3 相正极材料在充放电过程中会发生 O3⟶P3 的相转变,P3 型材料往往对应钠含量较少的相。P3 层状氧化物正极为亚稳相,可以通过简单的低温法(450~780℃)直接烧结而成。研究人员发现 P3-$Na_{0.5}NiMn_{0.75}O_2$ 层状氧化物在充放电过程中表现出可逆的阳离子和阴离子共嵌入/脱出的电化学行为：除了常规的阳离子可逆氧化还原外，阴离子也部分发生了氧化还原（$O^{2-} \longleftrightarrow O^-$），并伴随着 ClO_4^- 的嵌入/脱出。因此，这一发现有望推动能量存储超出当前电池的限制。此外，阴离子参与的电化学是一个快速动力学过程，并且具有长期可持续的特点。目前，P3 层状氧化物材料的报道相对较少，更多材料和性质还在陆续研究中。

总的来说，O3 型层状正极材料具有较高的理论容量，但在循环过程中存在多次相变，结构不稳定；P2 型层状正极材料具有较好的倍率性能和结构稳定性，但能量密度低，首次库仑效率有待提升；P3 型层状氧化物作为能源节约型材料表现出较高的倍率性能，但循环稳定性较差。因此，研究人员试图合成含有混合相结构的杂化层状正极材料，通过相互补偿结构来提高材料的电化学性能。例如，混合 P3/P2/O3 型 $Na_{0.76}Mn_{0.5}Ni_{0.3}Fe_{0.1}Mg_{0.1}O_2$ 中，O3 相能够提供更大的初始钠存储层，P2 相和 P3 相具有出色的倍率能力和高电压稳定性。因此，该混合相材料能够在 2.0~4.3V 的电压范围内提供高达 155mA·h/g 的可逆放电容量，并具有出色的循环稳定性（601 次循环后保持 90.2%）。

3. 三维隧道型氧化物

当氧化物中钠含量较低时，过渡金属氧化物倾向于表现为三维隧道结构。隧道型氧化物具有独特的 S 形和六边形隧道，具有稳定的结构，在空气中可以稳定存在，充放电过程中性能稳定，且循环和倍率性能优异。然而，这类材料的首次充电容量较低，在制作全电池中有着钠含量不足的劣势。以 $Na_{0.44}MnO_2$ 为例，初始状态仅有 0.44 个 Na^+，且在首次充电过程中仅有 0.22 个 Na^+ 可以脱出，对应的理论比容量仅为 60mA·h/g。Ti^{4+} 的取代可以通过影响反应路径平滑充放电曲线。在此基础上，将具有高电位的 Fe^{4+}/Fe^{3+} 氧化还原对引入材料中，可获得空气稳定、高钠含量的隧道型氧化物正极材料 $Na_{0.61}[Mn_{0.27}Fe_{0.34}Ti_{0.39}]O_2$。该材料在 2.6~4.2V 首次充电比容量为 119mA·h/g，放电比容量为 98mA·h/g。除此之外，该材料并没有出现类似于层状氧化物中 Fe 迁移的现象，放电过程的电压仅滞后 0.18V。

6.3.2 聚阴离子化合物

聚阴离子化合物是指由聚阴离子多面体和过渡金属离子多面体通过强共价键连接形成的具有三维骨架结构的化合物。钠离子占据其中的通道位置，其化学通式可表示为 $Na_xM_y(X_aO_b)_zZ_w$。其中，M 代表过渡金属 V、Mn、Fe、Cr、Ti、Ni 等中的一种或几种；X 代表 P、S、Si、B 等元素；Z 一般为 F 元素。

与层状过渡金属正极材料相比，聚阴离子类正极材料具备以下几个特点：

1）聚阴离子起到支撑和稳定晶体结构的作用，具有较高的化学稳定性、热稳定性和电化学稳定性。

2）X 离子通过 M—O—X 的诱导效应来削弱 M—O 的共价特性，X 离子电负性越高，正极材料的充放电电压平台越高。

3）形成聚阴离子类化合物的聚阴离子和过渡金属离子种类较多，材料的工作电压容易调节。

按照阴离子种类，聚阴离子化合物主要包括磷酸盐、焦磷酸盐、硫酸盐、硅酸盐、硼酸盐和混合聚阴离子等。一般地，聚阴离子化合物的摩尔质量较大，其理论比容量不到

120mA·h/g。此外，由于阴离子的绝缘性，此类材料均存在导电性较差的问题，一般需要通过降低颗粒尺寸、元素掺杂或者表面碳包覆修饰等方法来提高电化学性能。

1. 磷酸钒钠

磷酸盐类化合物是目前研究最广泛的一种，含有可变价过渡金属元素（如 V、Fe、Cr、Mn、Ni、Cu 等）的 NASICON 型 $Na_3M_2(PO_4)_3$ 材料是一种典型的磷酸盐材料，具有开放的三维离子传输通道。$Na_3V_2(PO_4)_3$ 是其中典型的代表，其晶体结构如图 6-5a 所示。阴离子骨架由共用氧原子的 $[VO_6]$ 八面体和 $[PO_4]$ 四面体连接而成，形成聚阴离子体 $V_2(PO_4)_3$，并在 c 轴方向上通过 $[PO_4]$ 与相同的聚阴离子体相连。每个单元中包含两种不同配位环境的 Na^+ 位点，一类是位于 $[VO_6]$ 八面体中心的六配位环境容钠位（6b），定义为 Na1 位，每个单元包含一个 Na1 位；另一类是位于 $[PO_4]$ 四面体中心的四配位环境容钠位（18e），定义为 Na2 位，每个单元包含 3 个 Na2 位。

$Na_3V_2(PO_4)_3$ 通过 V^{4+}/V^{5+} 和 V^{3+}/V^{4+} 两个氧化还原电对进行储钠，分别在 3.4V 和 1.6V （相对于 Na^+/Na）处产生两个工作平台，当 Na 全部脱出时理论容量可达 176mA·h/g。但由于部分 Na1 位承担支撑晶体结构的作用，频繁嵌入和脱出，极易引起晶体结构的破坏。因此，$Na_3V_2(PO_4)_3$ 的可逆容量主要由 Na2 位贡献，其充放电曲线如图 6-5b 所示，理论容量为 118mA·h/g，放电平台为 3.4V。这是一个传统的两相储钠反应机理，对应着从 $Na_3V_2(PO_4)_3$ 向 $NaV_2(PO_4)_3$ 的相转变，该过程引起的体积变化较小，循环可逆性较高。

目前 $Na_3V_2(PO_4)_3$ 材料面临的主要问题是聚阴离子骨架的电负性较大，电子转移通道受阻，导致电导率较低。目前主要的改性手段有碳包覆、金属离子掺杂和纳米晶体调控等。例如，结合表面碳包覆和 Mn、Fe 双阳离子共掺杂方法所制备的 $Na_4VMn_{0.5}Fe_{0.5}(PO_4)_3/C$，在 20C 的放电倍率下仍具有 96mA·h/g 的可逆比容量，20C 下循环 3000 次后仍具有 94% 的容量保持率。此外，采用 Mn、Ti 共掺制备的 $Na_{3.2}V_{0.2}MnTi_{0.8}(PO_4)_3$ 具有多电子反应的动力学特征，在 0.5C 下表现出 172.5mA·h/g 的可逆容量。

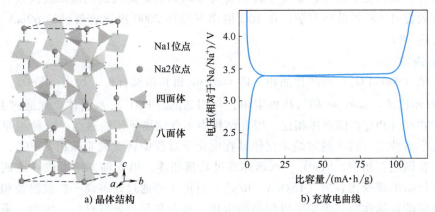

a) 晶体结构　　b) 充放电曲线

图 6-5　$Na_3V_2(PO_4)_3$ 的晶体结构和充放电曲线

2. 氟磷酸钒钠

为了提高磷酸盐材料的电压，可以将 PO_4^{3-} 中的 O 用电负性更强的 F 元素进行替代，从而通过增强诱导效应来提高电压。目前研究最多的材料是氟磷酸钒钠 $Na_3(VO_{1-x}PO_4)_2F_{1+2x}$ （$0 \leq x \leq 1$），属于四方晶系，空间群为 P42/mnm。其晶体结构如图 6-6a 所示，由 $[V_2O_8F_3]$

双八面体和[PO$_4$]四面体通过氧原子连接而成的三维框架组成。其中双八面体单元由氟原子连接,四面体单元由氧原子连接,Na$^+$占据两种空间位点:完全占据位点为Na1,部分占据位点为Na2,二者的占据率为2:1。在此结构中,钠离子位于沿[110]和[1$\bar{1}$0]方向开放的隧道位点,因而具有优异的离子电导率。

Na$_3$V$_2$(PO$_4$)$_2$F$_3$的充放电曲线如图6-6b所示,由于氟原子的诱导作用,平均电压提高至3.7V,分别在3.7V/3.6V和4.2V/4.1V出现两个高电压平台,对应于Na$^+$从不同位点的脱出/嵌入,提供约128mA·h/g的理论比容量,理论能量密度高达480W·h/kg。

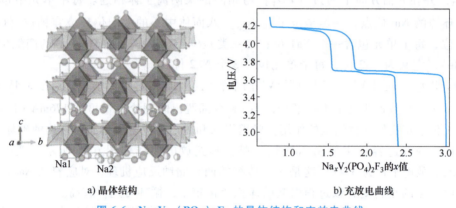

a) 晶体结构   b) 充放电曲线

图6-6 Na$_3$V$_2$(PO$_4$)$_2$F$_3$的晶体结构和充放电曲线

由于Na$_3$V$_2$(PO$_4$)$_2$F$_3$晶格中存在的绝缘[PO$_4$]四面体将V原子隔开,导致其本征电子电导率很低(约为10^{-12}S/cm),容易降低活性材料利用率,从而严重影响其电化学性能的发挥。此外,该材料在钠离子反复嵌入/脱出过程中,会遭受较大的结构应力和体积变化的影响,结构稳定性较差,循环稳定性有待提高。针对上述问题,目前主要的改性策略包括微纳结构设计、碳包覆、元素掺杂等手段。将尺寸均匀的氟磷酸钒钠微米块嵌入石墨烯网络中,可以有效提升Na$^+$扩散动力学,在20C倍率下循环2000次比容量可达69mA·h/g,容量保持率高达98%。

3. 磷酸铁钠

磷酸铁钠(NaFePO$_4$)有两种晶相,即maricite相和橄榄石相,均由[FeO$_6$]八面体和[PO$_4$]四面体构成。maricite相为热稳定相,与相邻的[FeO$_6$]八面体单元通过共边相连,再以共角方式与[PO$_4$]四面体相连,因此结构中不含钠离子传输通道,这种相早期被认为是没有电化学活性的,后来通过纳米化使其在电化学过程中转变成非晶相FePO$_4$,从而激活储钠活性。在橄榄石相中,[FeO$_6$]八面体通过共顶相连,沿b轴方向形成一维钠离子迁移隧道,具有较高的理论比容量(154mA·h/g)。目前主要通过改善离子扩散路径和电荷转移电阻来提高磷酸铁钠性能,主要手段包括纳米化、掺杂和复合导电材料。例如,采用静电纺丝法制备了NaFePO$_4$@C纳米纤维,其中NaFePO$_4$粒径尺寸约为3nm,该材料在0.2C下表现出145mA·h/g的高可逆容量,在50C下循环6000次后仍保持89%的容量保持率。

4. 焦磷酸盐

焦磷酸盐类型较多,主要包括NaMP$_2$O$_7$(M=Ti、V、Fe)、Na$_2$MP$_2$O$_7$(M=Fe、Mn、Co)和Na$_4$M$_3$(PO$_4$)$_2$P$_2$O$_7$(M=Fe、Co、Mn),一般具有良好的结构稳定性、热稳定性以及较快

的钠离子流动性。每一类材料都结构多样,例如 $Na_2MP_2O_7$ 有三斜相、四方相和单斜相等不同的晶体结构,其中 $Na_2FeP_2O_7$ 和 $Na_2MnP_2O_7$ 的热稳定相为三斜相,前者的电压平台在 3.0V 左右,可逆容量约为 90mA·h/g,而后者的电压平台约为 3.7V,可逆容量为 80~90mA·h/g。$Na_2CoP_2O_7$ 的热稳定相为正交相,平均电压为 3.0V,而三斜相的 $Na_2CoP_2O_7$ 工作电压较高(约为 4V)。此外,焦磷酸钒钠(包括 $NaVP_2O_7$、$Na_2(VO)P_2O_7$、$Na_7V_3(P_2O_7)_4$ 等化合物)也是关注较多的一类材料,其中 $NaVP_2O_7$ 由一个 [VO_6] 八面体链接 5 个 [P_2O_7] 阴离子基团构成,形成了 Na^+ 传输通道。该材料的放电平台在 3.4V 处,通过两相反应进行钠离子存储,理论容量为 108mA·h/g。目前焦磷酸盐类正极材料主要问题在于能量密度较低,难以实际应用。

5. 聚阴离子硫酸盐

聚阴离子硫酸盐的化学通式可写成 $Na_2M(SO_4)_2·nH_2O$(M 为过渡金属 Fe、Co、Ni、Cu、Cr、Mn 等,$n = 0$、2、4),具有骨架稳定、结构可调、操作安全性高等一系列优点。与磷酸盐材料相比,硫酸盐可通过低温固相法、共沉淀法、球磨法、喷雾干燥法等多种可持续且廉价的技术路线合成,可以降低能耗及成本。电负性更大的 SO_4^{2-} 赋予硫酸盐材料更高的工作电位,使之成为一种极具应用前景的钠离子电池正极材料。需要注意的是,硫酸根基团的热力学稳定性较差,在 400℃ 以上会分解生成 SO_2 气体,因而其合成温度必须控制在 400℃ 以内。此外,硫酸盐材料对水分敏感性高,必须在湿度极低的环境中保存。

下面主要介绍两类典型的铁基硫酸盐材料。

(1) $Na_2Fe(SO_4)_2·2H_2O$ Kröhnkite 型 $Na_2Fe(SO_4)_2·2H_2O$ 是最早被合成的硫酸盐正极材料,属于单斜晶系,空间群为 $P2_1/c$。其晶体结构如图 6-7a 所示,由 $Fe(SO_4)_2·(H_2O)_2$ 组成,其中 [FeO_6] 八面体与 [SO_4] 四面体交替桥接,形成平行于 c 轴的连续链。对于每个 [FeO_6] 八面体,四个配位 O 原子与邻近的 [SO_4] 单元共享,而另外两个 O 原子(位于顺位)则是结构 H_2O 分子的一部分。这些连接足以完善 H_2O 的取向,从而得到一个化学上合理的结构,与邻近 [SO_4] 单元通过氢键结合而稳定。Na 原子占据链之间的间隙位置,形成沿 a 轴交替的 $Fe(SO_4)_2·(H_2O)_2$ 和 Na 原子调制层。这些 [$Fe(SO_4)_2·(H_2O)_2$] 链又通过 Na^+(Na—O 键)和 H^+(氢键)连接起来形成框架,[SO_4] 四面体单元和 [FeO_6] 八面体单元高度对称,[SO_4] 单元充当连接配体。沿 b 轴的波浪状通道为 Na 脱嵌反应提供了扩散途径。Yamada 等首次合成了这类低成本低能耗的材料,其氧化还原电势较高(约为 3.25V),如图 6-7b 所示,但容量较低,还需进一步改性提升。

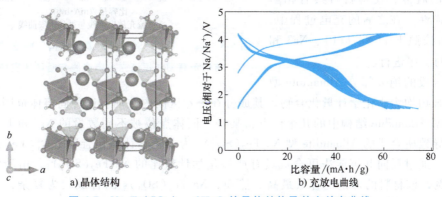

a) 晶体结构 b) 充放电曲线

图 6-7 $Na_2Fe(SO_4)_2·2H_2O$ 的晶体结构及其充放电曲线

（2）$Na_{2+2x}Fe_{2-x}(SO_4)_3$ 与大多数 NASICON 结构的 $A_xM_2(XO_4)_3$ 型化合物不同，$Na_{2+2x}Fe_{2-x}(SO_4)_3$ 不含灯笼单元 $[M_2(XO_4)_3]$，形成了独特的 Alluaudite 型框架结构。Oyama 等在 2014 年使用经典的固态合成法首次制备了非化学计量比的 $Na_{2+2x}Fe_{2-x}(SO_4)_3$，其成分在一定固溶体范围内波动。该 Alluaudite 型框架硫酸盐化合物的晶体结构如图 6-8a 所示，属于单斜晶系，空间群为 $P2_1/c$，其中铁离子占据八面体位点，与晶体学上等效的八面体共享边缘，形成 $[Fe_2O_{10}]$ 二聚单元。这些铁离子被分配到两个不同的晶体学位点，即 Fe1 和 Fe2，如图 6-8b 所示。尽管 Fe1 和 Fe2 的局部结构彼此相似，但它们在晶体学上是不同的。这些孤立的共享边缘的 $[Fe_2O_{10}]$ 二聚体又被 $[SO_4]$ 单元以严格的共享角模式桥接在一起，从而形成了一个沿 c 轴有大隧道的三维框架。Na 占据了三个不同的晶体学位点：一个完全占据，两个部分占据，丰富的 Na/Fe 位点及各个位点离子占有率的不同正是此类材料充放电过程中发生较为复杂的相变反应的原因。

Alluaudite 型 $Na_{2+2x}Fe_{2-x}(SO_4)_3$ 的制备成本低且工作电位更高（约为 3.8V），其放电比容量接近理论值，可达 100mA·h/g，如图 6-8c 所示。电化学反应机制研究表明，在初始充电过程中，Na^+ 的脱出主要发生在 Na3 位点，其次是 Na2 和 Na1 位点。在初始放电过程中，Na2 位点占有率先增加，而 Na1、Na3 和 Fe1 位点几乎不发生变化。在进一步放电过程中，Na3 占有率开始增加。放电过程的最后一步中，Fe1 位点的钠含量增加，而其他 Na 位点保持不变。在整个放电过程中，Fe1 点位的 Fe^{3+} 占有率变化极低。因此，在第一次充电过程中 Fe1 位点的 Fe^{3+} 迁移至 Na1 位点后，在放电过程中保持不动，而脱出的 Na^+ 在 Fe1 位点可以进行可逆的脱嵌，使得材料具有相当稳定的可逆性，在之后的充电过程中，Na^+ 的脱出按照 Fe1(Na/Fe1)、Na3 和 Na2 点位的次序进行。

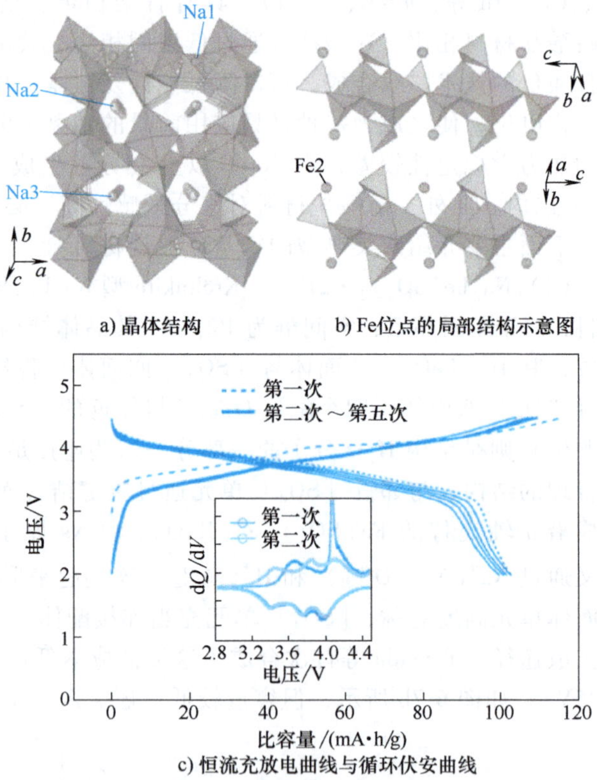

a) 晶体结构   b) Fe 位点的局部结构示意图

c) 恒流充放电曲线与循环伏安曲线

图 6-8 $Na_{2+2x}Fe_{2-x}(SO_4)_3$ 的晶体结构、Fe 位点的局部结构示意图和恒流充放电曲线与循环伏安曲线

目前合成的绝大部分 Alluaudite 型硫酸盐化合物均为非化学计量化合物，其成分在一定区间内波动。这种固溶体范围的存在源于部分占据 Alluaudite 结构中的几个位点，某些八面体点位被不同数量的 Na^+ 和 Fe^{2+} 分别占据，从而导致所合成的 Alluaudite 型 $Na_2Fe_2(SO_4)_3$ 为非化学计量化合物 $Na_{2+2x}Fe_{2-x}(SO_4)_3$。研究表明，通过反向共沉淀法可合成具有严格化学计量比的 $Na_2Fe_2(SO_4)_3$，由于其最佳的 Na/Fe 比例，该材料的理论比容量最高。然而，$Na_2Fe_2(SO_4)_3$ 的合成较为复杂，且实际容量与理论容量还存在较大差距。此外，$Na_2Fe_2(SO_4)_3$ 处于亚稳态，在一定条件下容易分解

为富钠第二相和 $FeSO_4$。因此,在合成过程中,为了减少 $FeSO_4$ 杂质,需要加入过量的 Na_2SO_4,从而不可避免地形成非化学计量的 $Na_{2+2x}Fe_{2-x}(SO_4)_3(x=0\sim0.4)$,当 $x=0.2$ 时杂质相含量最低。

铁基硫酸盐对水/氧敏感、在高温下容易分解并释放 SO_2 以及电子电导率低,严重限制了其合成、储存和应用。为了解决这些缺点,大多数研究将其与氧化石墨烯复合,通过低温烧结获得复合材料。还原氧化石墨烯作为导电网络支撑框架,可以有效提升硫酸盐的导电性和稳定性。例如,采用冷冻干燥方法制备的 $Na_2Fe_2(SO_4)_3@C@GO$ 具有 $107.9mA·h/g$ 的可逆容量,平均工作电压达到 3.8V。

6. 其他聚阴离子正极

与上述聚阴离子正极相比,原硅酸盐 Na_2MSiO_4(M=Mn、Fe、Co 和 Ni)通常具有更高的比容量,每个分子式单元能够转移两个电子。与原硅酸锂类似,Na_2MSiO_4 晶胞的主要成分分别是 [NaO_4]、[MO_4] 和 [SiO_4] 四面体,其稳定性顺序为 [NaO_4]<[MO_4]<[SiO_4]。以 Na_2FeSiO_4 化合物为例,其优化几何结构如图 6-9 所示,属于单斜晶系,空间群为 Pn_1,结构中孤立的 [MO_4] 四面体通过 [SiO_4] 四面体共角连接在一起,Na^+ 沿着 c 轴占据其中的间隙位置。强 Si—O 键使 Na_2MSiO_4 在超过 1000℃ 时仍具有良好的热力学稳定性,并且 Si—O 的平均键长在脱钠过程中几乎没有变化,即使完全脱钠时体积变化也低于 5%。退火时间是影响 Na_2FeSiO_4 结晶性的重要因素,时间过短会降低产量,时间过长则容易使样品分解生成 Fe_3O_4 和 Na_2SiO_3 杂质相。

Na_2FeSiO_4 通过双电子反应可提供 $276mA·h/g$ 的高理论容量。然而,由于 Na_2FeSiO_4 的本征电导率较低,难以完全检测到双电子转移过程。非原位 XRD 表明,Na_2FeSiO_4 在充放电过程中没有发生相变,有利于提高循环寿命。首次脱钠后材料的晶体结构发生结构坍塌,形成无定形结构,但非晶相依然可以实现钠离子的可逆脱嵌。此类材料的电化学性能常常通过复合石墨烯/碳纳米管、添加电解液添加剂等手段来提高。例如,Na_2FeSiO_4/CNT 复合电极具有更高的电子电导率,在 (0.5~20)C 的电流密度下表现出高于 $130mA·h/g$ 的比容量。

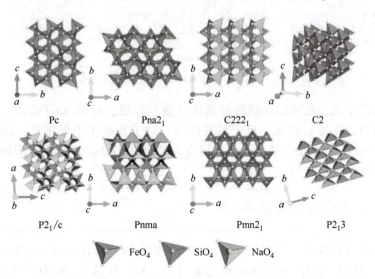

图 6-9 Na_2FeSiO_4 化合物的优化几何结构

硼酸根（BO_3^{3-}）具有最小的摩尔质量，是最轻的聚阴离子，因而硼酸盐材料可提供更高的理论比容量。一般地，硼可以通过不同的氧配位（BO_3^{3-}、BO_4^{5-}、$B_2O_4^{4-}$、$B_3O_6^{3-}$和$B_5O_{10}^{5-}$）形成各式各样的多硼酸盐阴离子网络结构。建立在这种多硼酸盐网络基础上的材料可提供开放式结构，并且具有阳离子迁移通道，使之成为可充电钠离子电池电极的潜在候选材料。

五硼酸盐$Na_3MB_5O_{10}$（M = Fe、Co）是最早被研究用于钠离子电池的硼酸盐正极材料。$Na_3FeB_5O_{10}$和$Na_3CoB_5O_{10}$属于不同的空间群，分别是正交晶系空间群 Pbca 和单斜晶系空间群 $P2_1/n$。对于$Na_3FeB_5O_{10}$（图 6-10a），FeO_4四面体的所有四个氧配体也是不同五硼酸阴离子$B_5O_{10}^{5-}$的末端氧原子。不同五硼酸阴离子建立在一个[BO_4]四面体上，通过氧顶点连接到四个三叉平面的[BO_3]基团，形成[$B_5O_{10}^{5-}$]单元。这些阴离子连接着[FeO_4]四面体，沿 ab 平面形成二维层。这些层沿 c 轴堆叠，钠原子位于层间以及沿 a 轴的通道中。$Na_3CoB_5O_{10}$的结构如图 6-10b 所示，尽管空间群不同，但其结构也是由[CoO_4]四面体和[$B_5O_{10}^{5-}$]单元构成的。

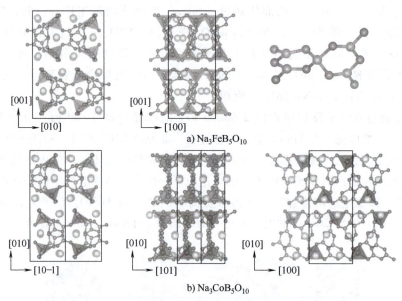

图 6-10 $Na_3FeB_5O_{10}$和$Na_3CoB_5O_{10}$的晶体结构示意图

与其他聚阴离子化合物相比，硼酸根的诱导效应较弱，导致$Na_3FeB_5O_{10}$的工作电压较低。此外，该材料电压滞后较大，反应可逆性差，离子和电子电导率低，动力学性能也较差。而$Na_3CoB_5O_{10}$没有电化学活性，因而研究人员仍在积极探索其他类型的硼酸盐材料用作潜在的钠离子电池电极材料。

6.3.3 普鲁士蓝及其类似物

普鲁士蓝及其类似物是一类有机金属框架配位化合物，其化学通式一般可写成$A_xM[Fe(CN)_6]_y\square_{1-y}\cdot zH_2O$，其中 A 为碱金属元素（Li、Na、K 等），M 为过渡金属元素（Fe、Mn、Co、Ni、Cu、Zn 等），□代表亚铁氰根（[$Fe(CN)_6$]$^{4-}$）缺陷，H_2O为结晶水（包括间隙位水分子与配位点水分子）。普鲁士蓝类材料也可以称作六亚铁氰化物，其中过渡金属元素与亚铁氰根配位，即氰根（—C≡N—）基团两端分别与 Fe 和过渡金属元素 M 相连，形成具有大间隙位点的三维开放金属有机框架结构，一般呈现出面心立方结构，如图 6-11a 所示。Fe 离子和 M 离子按立方体排列位于顶点，—C≡N— 位于立方体棱上，碱金属离子和晶格水分子位于立方结构间隙中。

普鲁士蓝类材料具有以下特点：

1) 由于 Fe—CN 配位稳定系数很大，其所构成的框架结构十分稳定，且存在内在抵抗间隙离子（如 Na^+ 等）完全插入的作用，因而此类材料的结构和电化学稳定性都非常出众。

2) 每个结构单元中最多可包含两个氧化还原中心：$Fe^{2+/3+}$ 和 $M^{2+/3+}$，基于两电子氧化还原反应可以实现两个 Na^+ 在开放三维框架中快速有序的脱出/嵌入，对应 170mA·h/g 的最高理论比容量。

3) 制备普鲁士蓝类材料的方法主要是液相化学共沉淀法，该方法不涉及高温过程，加之原材料便宜，因而此类材料的制备成本相对低廉。

总之，普鲁士蓝类材料具有开放且稳定的框架结构、丰富的氧化还原活性位点和低成本等优点，这使之成为比容量高且循环稳定性优异的钠离子电池正极材料，应用前景广阔。

尽管普鲁士蓝类材料具有上述优点，但在实际中仍普遍存在比容量利用率不高、效率低、倍率较差和循环不稳定等问题，这主要是因为材料的形核和生长速率过快，导致在晶体中引入了大量的 $Fe(CN)_6$ 空位和晶格水，如图 6-11b 所示。这些缺陷导致材料的储钠位点减少、钠离子扩散通道受阻、循环过程中结构遭到破坏且充放电过程发生副反应。此外，普鲁士蓝类材料在脱嵌 Na^+ 过程中会出现晶格参数与晶型转变导致的相变与体积变化、存在部分不可逆相变等问题，导致其结构失稳，储钠容量进一步下降。因此，尽可能减少 $Fe(CN)_6$ 空位和晶格水含量是提高普鲁士蓝类材料储钠性能的关键。

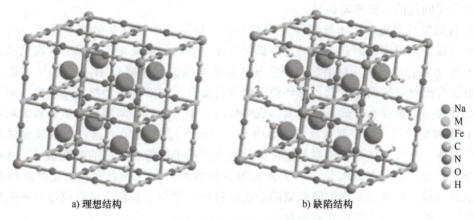

a) 理想结构　　　　　　　　　　　b) 缺陷结构

图 6-11　普鲁士蓝类材料的晶体结构示意图

铁基和锰基普鲁士蓝类材料是两类最为常见的普鲁士蓝材料，具有资源丰富、成本低廉、制备简单、比容量高、循环稳定性好等优点。

图 6-12a 所示为铁基普鲁士蓝类材料（$Na_xFe[Fe(CN)_6]$）在钠离子嵌入/脱出过程中典型的充放电曲线，结构中两种配位环境不同的高自旋态与低自旋态 Fe 离子均能参与氧化还原反应，分别产生低电位（约为 3.0V）和高电位（约为 3.3V）两个平台，理论容量为

170mA·h/g。根据合成方式不同，$Na_xFe[Fe(CN)_6]$ 存在贫钠与富钠材料之分，贫钠材料的钠含量一般小于1，呈立方晶体结构；富钠类材料不需要额外提供钠源，一般为斜方六面体晶体结构。

对于锰基普鲁士蓝类材料（$Na_xMn[Fe(CN)_6]$），采用 Mn^{2+}/Mn^{3+} 取代高自旋态 Fe^{2+}/Fe^{3+} 氧化还原电对。图6-12b 为其充放电曲线，可以看出 $Na_xMn[Fe(CN)_6]$ 能够提供更高的工作电位，有利于提高电池的能量密度。然而，由于 Mn^{3+} 存在严重的姜-泰勒效应，导致锰基普鲁士蓝类材料的循环稳定性还有待提高。

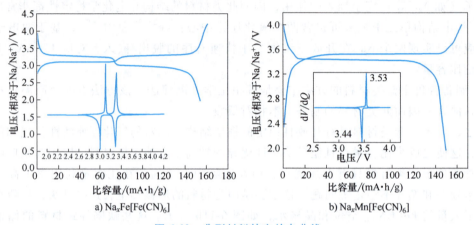

图 6-12 典型材料的充放电曲线

目前，普鲁士蓝类材料亟须解决的问题包括：①结晶度程度低，框架体系中的结构缺陷与 H_2O 含量高；②放电电压平台低，高工作电压时容量贡献少；③存在不可逆相变，多次循环后结构完整性、稳定性被破坏；④钠离子体相扩散的深度受限，倍率性能受限。

解决上述问题的主要策略包括：

(1) 降低反应温度　由于低温环境下离子在反应体系中迁移扩散速率降低，动力学上结晶形核过程受到阻碍，因此可以通过降低反应体系温度，减缓配位结晶，提高结晶度。

(2) 非水系合成　采用球磨法与醇溶剂法等非水系方式来降低 H_2O 含量。需要注意的是，球磨法合成材料的结晶度低，循环稳定性有待提升。醇溶剂法形核速率较低，制备所得材料结晶度较高，但存在合成条件苛刻、成本较高且生产率低等问题，不适合放大制备。

(3) 添加配位剂　配位剂在反应体系中与 $[Fe(CN)_6]^{4-}$ 竞争，通过与过渡金属离子形成络合中间体，将反应体系中可参与配位的过渡金属离子维持在较低的浓度水平，减缓结晶形核速率；此外，带负电的配位剂离子会吸附在初始形核位点的表面，防止严重的晶粒聚集，从而达到提升材料结晶度、降低缺陷浓度的目的。常用于普鲁士蓝合成过程的配位剂包括柠檬酸钠、乙二胺四乙酸、焦磷酸盐等。

(4) 过渡金属元素掺杂　受制于 Fe^{2+}/Fe^{3+} 本征的氧化还原电位，铁基材料的放电电压平台不甚理想，可以通过 Mn、V、Co 等元素替换 Fe 来提高电压平台。为了缓解大离子半径的 Na^+ 嵌入和脱出造成的体积变化、晶格畸变及不可逆相变，采用电化学惰性元素（Ni、Zn）取代部分活性金属元素可以提升结构稳定性。

(5) 复合导电材料　通过普鲁士蓝与高导电性的碳材料原位复合，其中导电碳材料为钠离子的快速迁移提供导电网络，增加离子扩散深度。此外，导电材料还可以激活低自旋铁位点，从而提升电压平台。

（6）构造核-壳型结构　使用高结构稳定镍基普鲁士蓝材料包覆铁基/锰基材料，可以抑制活性材料溶解并维持材料结构，从而提高其循环稳定性。此外，导电聚合物包覆不仅能够缓解 Na^+ 嵌入脱出产生的晶格应变，还可以增强材料的表面电导率，提升材料的稳定性与倍率表现。

（7）控制形貌　相比于立方状普鲁士蓝，阶梯状普鲁士蓝具有更大的比表面积。电极材料比表面积的提高能够增加其与电解液之间的接触面积，缩短钠离子的扩散距离，因此晶体内的储钠活性位点能够得到充分利用。

6.3.4　有机化合物

有机化合物具有原料丰富、环境友好、可循环利用等优点，主要包括导电聚合物和共轭羰基化合物，图 6-13 所示为典型有机正极材料的比容量、电压和结构示意图。

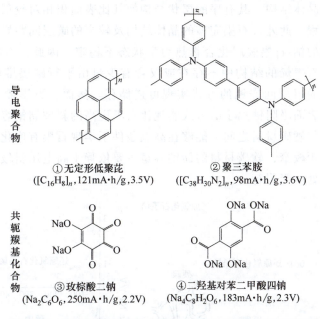

图 6-13　典型有机正极材料的比容量、电压和结构示意图

$Na_2C_6O_6$ 是一种层状结构、具有 n 型共轭羰基性质的有机化合物。用作钠离子电池正极材料时，其比容量可以达到 270mA·h/g（1.0～2.9V），对应于 2 个 Na^+ 的可逆脱嵌过程。但由于 $Na_2C_6O_6$ 在循环过程中会发生分解，从而造成循环性能比较差。为了增加初始的钠含量，研究者合成了具有两组活性官能团的 2,5-二羟基对苯二甲酸（$Na_4C_8H_2O_6$）材料。该材料分别在 1.6～2.8 和 0.1～1.8V 有两个活性区域，表现出 180mA·h/g 的可逆比容量。组装的有机对称全电池的工作电压为 1.8V，能量密度可达 65W·h/kg，并且可以稳定循环 100 次。

虽然有机化合物作为钠离子电池的正极材料具有一定的优势，但仍然存在电子电导率低、动力学过程缓慢以及在电解液中容易发生溶解等问题，从而限制了它的电化学性能。

6.4 钠离子电池负极材料

负极材料是钠离子电池的重要组成部分,金属钠负极存在安全问题,不宜直接使用。对钠离子电池负极材料的基本要求与锂离子电池负极相似。近年来,相关研究相继取得了重要进展,材料体系主要包括碳基材料、合金型材料和转化型材料等。

6.4.1 碳基负极材料

1. 碳基负极材料的储钠机理模型

钠离子电池碳基负极材料主要包括石墨烯、石墨、软碳和硬碳等类型,这些碳基材料具有不同的微观结构,表现出迥异的储钠性能和充放电曲线,如图 6-14 所示。石墨、石墨烯和软碳三者均呈现斜坡型特征的储钠曲线,但它们在可逆比容量与首次库仑效率方面存在差异。石墨具有规整的晶体结构,其有序的层状结构使其比表面积相对较低,从而限制了钠离子在碳表面的吸附过程。此外,石墨完整的晶体结构及较窄的碳层间距导致大尺寸的钠离子难以嵌入,并且形成的钠-石墨嵌层化合物热力学状态不稳定。因此,石墨的储钠容量相对较低。与石墨相比,石墨烯的结构中不存在或仅含有少量由平行碳层堆垛而成的碳微晶区域,因此钠离子无法通过层间嵌钠的方式实现可逆储存。然而,石墨烯具有较高的比表面积,因此,可以通过表面吸附钠离子的方式实现比石墨更高的斜坡储钠容量。软碳材料的微结构规整度介于石墨与硬碳材料之间,能够在高温条件下实现石墨有序化,因此被称为易石墨化碳。由于碳层间距较窄,软碳材料的储钠容量主要依赖于高电压斜坡区域,源于钠离子在碳微晶边缘或缺陷处的吸附行为。

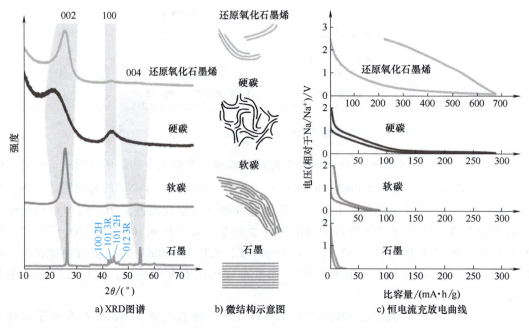

a) XRD 图谱 b) 微结构示意图 c) 恒电流充放电曲线

图 6-14 石墨、软碳、硬碳和还原氧化石墨烯的结构与性能特点

硬碳材料的碳层间距较大，且富含纳米孔隙和大量的表面缺陷。硬碳材料中微观结构的多样性导致其储钠行为较为复杂，钠离子在硬碳结构中的储存行为主要包括：表面、缺陷和官能团的吸附、纳米孔隙填充，以及微晶石墨的碳层间插层。其充放电曲线主要表现为斜坡-平台特征，根据电位可划分成低电位的平台区和高电位的斜坡区，如图6-15所示。

根据斜坡-平台区域的曲线特征，研究人员提出了四种储钠模型：

（1）"插层-填孔"模型　Dahn等提出了"插层-填孔"的硬碳储钠机理。在高电位斜坡区域，随着钠离子的嵌入，硬碳材料的碳层间距发生了变化，且嵌入电压随着嵌入量的增加而降低；在低电压的平台区域，随着嵌钠程度的加深，纳米孔散射强度呈现出降低趋势，表明平台储钠过程与钠离子在微孔内填充行为密切相关，证实了"插层-填孔"的储钠机理模型。

（2）"吸附-填孔"模型　尽管"插层-填孔"机制在许多研究中得到了间接验证，但仍存在一些实验现象无法用该理论解释。例如，通过引入异质杂元素进行掺杂，硬碳的储钠容量可得到显著提高，且主要体现为斜坡区容量的变化，这些现象与"插层-填孔"的储钠机理相悖，因此需对硬碳储钠机制进行更加深入的探究。Hu等通过热解棉花制备硬碳材料，表明硬碳材料储钠过程中并不存在插层行为。在高电位的斜坡区，储钠形式对应于钠离子在碳材料表面缺陷与微晶边缘处的吸附行为，而低电位的平台区则与钠离子在纳米微孔内的填充有关。

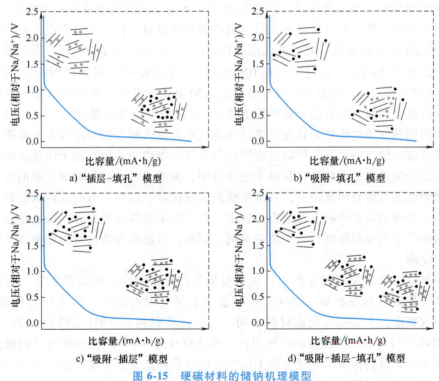

a)"插层-填孔"模型　　　　　b)"吸附-填孔"模型

c)"吸附-插层"模型　　　　　d)"吸附-插层-填孔"模型

图6-15　硬碳材料的储钠机理模型

（3）"吸附-插层"模型　通过碳化纤维素制备无杂原子掺杂的硬碳材料，研究人员对嵌钠过程中硬碳结构发生的演化进行了深入研究。在低电压平台区域的嵌钠过程中，仅发生钠离子在碳层间嵌入过程，形成NaC_x插层化合物，呈现出与锂-石墨相似的低电压平台区，而金属或准金属态钠只有在过放电至0V以下时才会出现；在高电位的斜坡储钠区，钠离子则主要吸附在硬碳材料表面的缺陷位点上，由于碳材料表面吸附捕获钠离子能量范围较广，因此表现出斜坡区的储钠曲线。因此，"吸附-插层"的储钠机制随之提出，并得到了研究者的广泛证实。

（4）"吸附-插层-填孔"模型　为进一步探索硬碳材料的储钠机制，采用不同的碳源（葡萄糖与葡萄糖酸镁），制备了两种具有显著结构差异的硬碳材料，其碳结构特征分别表现为赝石墨域与微孔占主导。研究表明，低电压平台区的储钠形式是钠离子在层间插层与微孔填充，形成准金属钠团簇。二者对平台的贡献主要依赖于硬碳材料的微结构特征，为此提出了"吸附-插层/微孔填充"的储钠机制，该机制对目前存在的储钠争议给出了较为合理的解释，成为被广泛接受的机理模型。

2. 几类重要的碳基负极材料

下面简要介绍几类重要的碳基负极材料及其性能特点。

（1）石墨　石墨的晶体结构由二维石墨烯片层依靠分子间作用力堆叠而成。在石墨的单层结构中，碳原子以sp^2杂化方式与相邻的三个碳原子紧密相连，形成三个共平面的σ键，从而构成碳六元环网络结构，成为构建石墨烯片的基本单元。同一层内的碳原子通过较强的共价键结合，其键能较大，具有较好的结构稳定性。相较之下，石墨层间依靠分子间作用力结合，键能较小，石墨层易滑动，因此具有较低的硬度。而每个碳原子中未参与杂化的电子在平面两侧形成大π共轭体系，这些易流动的π电子使其具有良好的导电性。

在锂离子电池领域，石墨是商业化最为成功的负极材料，锂离子可以嵌入石墨的片层形成热力学稳定的LiC_6插层化合物，其理论比容量可达372mA·h/g。然而，当石墨应用于钠离子电池时，由于Na^+的半径过大（0.106nm），而目前商用石墨的层间距只有0.34nm，Na^+很难嵌入到石墨层间；而且Na^+与石墨层之间的相互作用弱，难以与石墨形成稳定的插层化合物。目前已经报道的石墨储钠产物NaC_{70}，对应的理论比容量仅为31mA·h/g。针对石墨电极材料储钠性能的优化，首先可通过氧化还原的方式制备层间距较大的膨胀石墨，实现钠离子在碳层间的可逆脱嵌，同时富含缺陷与含氧官能团的结构有助于优化表面吸附储钠过程，从而提升储钠容量。此外，在醚基电解液中，钠离子可通过与溶剂共嵌的形式嵌入石墨层间，储钠性能可得到明显提升，且倍率性能表现优异。然而，溶剂共嵌入储钠存在一定的局限性：一是醚基电解液的电化学窗口较窄，高电压下容易分解失效；二是在醚基电解液中石墨的储钠性能仍相对较低，且会消耗溶剂。因此，石墨作为负极材料在钠离子电池中的应用还非常受限。

（2）软碳　在无定型碳的分类中，依据石墨化的难易程度，可将其主要分为软碳和硬碳两大类型。软碳材料在高温（2800℃）环境下容易实现石墨化，其无序结构易于消除，碳微结构的规整度介于石墨与硬碳材料之间。石墨晶体材料的XRD主峰位于26°处，对应（002）衍射峰。与高有序化程度的石墨相比，软碳材料的（002）衍射峰明显向低角度位移且宽化，表明软碳材料在碳层堆垛方向上的结晶度显著降低，有序度有限。其微晶结构相对有序，具有较窄的碳层间距。因此，软碳材料的储钠容量主要源于高电压斜坡区域，这是由于钠离子在碳微晶边缘或缺陷处的吸附行为所致。尽管其倍率性能表现良好，但工作电位较高，储钠容量相对有限。因此，针对软碳材料，通常以沥青和煤焦油等作为主要前驱体来源。为防止其在碳化过程中过度石墨化，通常需要采取额外的处理措施。例如，可以通过预氧化引入氧原子以增加前驱体的交联度，或引入金属盐以延缓或阻碍碳化过程中出现的熔融有序化，从而抑制软碳材料在碳化过程中过度有序化，提高其储钠性能。

（3）硬碳 硬碳作为典型的非石墨碳，即使在高温条件（2800℃以上）也难以石墨化。与软碳材料相比，硬碳的（002）衍射峰进一步向小角度方向偏移与宽化，面内（100）衍射峰则与软碳材料较为接近，因此二者的主要区别在于沿 c 轴方向堆叠结晶性的差异。尽管其化学构成与石墨和软碳基本相近，但由于碳层排列的特点，硬碳的微结构不同于石墨长程有序的特征，表现为有限的结晶度。其前驱体通常具备较高的交联度，在碳化过程中极大地阻碍石墨烯片层的生长与有序化。因此，即使在高温条件下硬碳也只能形成短程有序、长程无序的结构。"纸牌屋"模型是当前描述硬碳结构主要模型，其内部微结构主要是由扭曲的石墨烯片层随机堆叠形成，组成富含缺陷的短程有序类石墨微晶。同时，这些类石墨微晶区域交织组成了纳米孔隙。类石墨微晶的排列相对无序，且尺寸较小，通常沿着堆垛方向由 2~6 层平行石墨烯碳层构成，其横向尺寸约为 4nm。

鉴于硬碳相对无序的微观结构，其碳层间距较大（通常大于 0.36nm），且含有大量的纳米孔隙和表面缺陷，形成了具备储钠活性的类石墨微晶结构。因此，硬碳材料拥有丰富的储钠位点，储钠容量较高（大于 300mA·h/g），远超软碳和石墨的性能。此外，硬碳材料具有较长的低电压储钠平台，有利于提高电池的工作电压和能量密度，被视为是最具应用前景的负极材料。

硬碳主要来源于热固性碳源前驱体，经前驱体的直接碳化而获得，碳源主要包括生物质、煤基及高分子树脂类材料。生物质作为当前商业化推进中研究较为广泛的前驱体，来源广泛且成本较低，性价比较高。而煤基碳源，根据煤挥发物含量的不同，可分为无烟煤、烟煤、次烟煤和褐煤四类，具有较高的残碳量，但制备的硬碳材料微结构相对有序，导致容量受限。对于树脂类材料，如酚醛树脂等，虽然容量较高但同时成本也高。

3. 硬碳负极的改性策略

硬碳的微结构由弯曲的类石墨片和无定型结构堆叠而成，形成短程有序的微区，且各微区随机无序堆叠时还会形成较多的纳米孔结构。Na^+ 在硬碳中通过缺陷吸附、层间嵌入及纳米孔填充等方式储存，因此硬碳的微结构对其储钠能力影响很大。调控硬碳微结构的方式主要有碳化工艺、孔结构调制、异质掺杂、形貌设计、表面嫁接官能团、包覆/复合，以及预钠化等方法，下面予以简要介绍。

（1）碳化工艺 调控碳化温度、变温速率、碳化方式等参数是调控硬碳微结构的有效手段。碳化温度越高或升温速率越低，越能为碳原子重排提供足够的能量和充足的时间，有利于提高硬碳结构的有序度，减少缺陷和孔隙，从而提升首次库仑效率和循环稳定性。

（2）孔结构调制 尽管孔结构如何影响储钠性能仍存在争议，但合理设计孔结构（超微孔、闭孔、介孔等）有利于提高硬碳的储钠性能。一般认为，开放的大孔、介孔和微孔结构能够促进钠离子扩散，提高电极与电解液的界面亲和力，但会降低首次库仑效率。降低孔隙尺寸至超微孔（小于 0.5nm）甚至封闭孔结构，是目前增加硬碳平台容量的最有效的手段，能够显著提高比容量和首次库仑效率。

（3）异质掺杂 通过引入杂原子（N、O、P、S、F 等）和阳离子（Li^+、Na^+、K^+、Ca^{2+} 等），可以优化硬碳材料的层间距、表面润湿性、电子导电性等结构性质，从而改善其储钠性能。引入杂原子不仅会增加结构缺陷，增大层间距，创造更多的活性中心和反应位点,还能够通过调整电子分布,增强电子导电性,从而提高反应动力学。此外,与单原子掺杂相比,多重原子共掺杂具有协同效应,可以提高钠离子和电子在晶体结构中的本征转移特性,进一步加速反应动力学,获得更加理想的储钠性能。

(4)形貌设计　离子半径较大的 Na^+ 会降低反应动力学,形貌设计是改善这一问题的有效策略。通过设计独特的结构形貌,可以增加扩散通道、缩短扩散距离,从而优化倍率性能。近年来,零维的碳量子点、一维碳纤维、二维碳纳米片、三维碳球、碳骨架,以及空心结构、多孔结构、分级结构等碳材料被设计开发出来,并表现出了优异的储钠性能。但需要注意的是,孔结构的增加势必会引起库仑效率的下降。

(5)表面嫁接官能团　硬碳表面嫁接官能团可以促进扩散控制体过程和表面限制电容过程。含氧官能团是最为常见的基团,常常伴随碳化、预氧化、掺杂等过程引入,但并非所有含氧基团都是有益的,其中醚基(C—O—C)、羰基(C=O)或羧基(—COOH)与钠离子具有合适的吸附能,有利于提升硬碳的可逆储钠能力。

(6)包覆/复合　硬碳表面包覆/复合无机化合物(如 Al_2O_3、AlF_3、SnO_2、$SnS-SnS_2$ 等)和软碳可以有效减少电极界面缺陷与电解液的接触,通过抑制副反应和电解液分解提高首次库仑效率。其中与软碳的复合具有较好的协同作用,软碳不仅可以堵塞硬碳的开孔结构,还能减少硬碳的表面缺陷和比表面积,从而显著提升可逆容量和循环稳定性。

(7)预钠化　提高首次库仑效率是促进硬碳商业化的必由之路,预钠化是简单有效的技术途径。选取一些含钠量高的预钠化剂,如萘钠、二苯胺钠等,可以快速将首次效率提高至95%以上,并建立稳定的人工固态电解质膜,避免了电解液和 Na^+ 的持续消耗,循环比容量和稳定性都得到了大幅度的提高。

6.4.2　合金型负极材料

与碳基负极的嵌入/脱出机制不同,合金型负极材料与钠发生电化学反应形成二元合金,在此过程中伴随着多电子转移,因而此类材料具有较高的理论容量。图6-16所示为合金化反应机理示意图,其反应方程式可以表示为

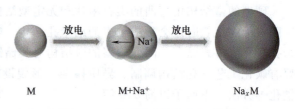

图 6-16　合金化反应机理示意图

$$M + xNa^+ + xe^- \rightleftharpoons Na_xM$$

其中 M 为第四主族和第五主族的部分金属或非金属元素,包括 Sn、Sb、Si 等。

表6-2总结了常见的合金型负极对应的合金化产物的理论容量、工作电位平台及体积膨胀率等性能参数。可以看出,合金型材料具有理论比容量较高和电位平台较低的性能特点。然而,这类材料在合金化反应过程中会引起较大的体积膨胀,造成容量的快速衰减,因此循环寿命短。例如,Si 具有 954/725mA·h/g 的高理论容量(对应的放电产物为 $NaSi$/$Na_{0.75}Si$),并且在钠化过程中显示出相对较低的体积膨胀率(244%/114%)。然而,理论计算表明钠离子嵌入 Si 需要消耗大量的能量,使得 Si 表现出极为有限的储钠能力。Ge 和 Bi 的理论容量较低(小于400mA·h/g),与碳基负极相比没有明显优势,而且 Bi 的储量稀少、价格昂贵,商业化潜力较低。目前研究较多的合金型负极主要包括 Sn、Sb 和 P。

表 6-2 合金型负极的性能参数

合金元素	合金化产物	理论比容量/(mA·h/g)	电位/V	体积膨胀率(%)
Sn	$Na_{15}Sn_4$	847	约 0.2	420
Sb	Na_3Sb	660	约 0.6	390
Si	$NaSi/Na_{0.75}Si$	954/725	约 0.5	244/114
Ge	NaGe	576	约 0.3	205
P	Na_3P	2596	约 0.4	>300
Bi	Na_3Bi	385	约 0.55	250

（1）锡（Sn） 锡的成本低，无毒、储量丰富，按照 $Na_{15}Sn_4$ 合金计算，其理论比容量高达 847mA·h/g，这些特点使得 Sn 成为钠离子合金型负极材料的研究热点。然而，Sn 的合金化过程会引起巨大的体积膨胀，导致电极材料在循环过程中发生严重的粉化，循环性能降低。与导电碳复合是非常有效的缓冲体积变化的方法，通过气溶胶喷雾热解法将超小的 Sn 纳米颗粒（约 8nm）均匀嵌入球形碳中，在 200mA/g 的电流密度下可以释放出 494mA·h/g 的初始可逆比容量，在 4A/g 的电流密度下仍然能够提供 349mA·h/g 的高倍率比容量。电化学性能的提高可归因于良好分散的超小 Sn 纳米颗粒与导电碳网络之间的协同效应。超小的 Sn 纳米颗粒嵌入多孔碳网络中的独特结构可以有效地抑制循环过程中发生的体积变化和颗粒聚集，解决 Sn 电极存在的电极粉碎、电接触不良等问题。

（2）锑（Sb） Sb 具有理论比容量较高（660mA·h/g）、电子导电性高、无毒低成本、合金化/脱合金化可逆性高等优势。然而，长循环中极片的粉化脱落及大倍率下的无定形化，容易造成循环性能的衰减。因此，构筑锑基材料的复合材料并提高结构多样性是非常有必要的。例如，采用静电纺丝将 Sb 纳米颗粒嵌入碳纳米棒中，可以增强复合材料的导电性，同时缓解 Na^+ 脱嵌过程中产生的机械应力，并且有效阻止 Sb 纳米颗粒的团聚生长。因此，复合材料在 C/151 下，比容量达到 631mA·h/g，循环 400 次后容量保持率为 90%，且在 5C 下比容量为 337mA·h/g。

（3）磷（P） 磷元素在地壳中含量较高，成本较低，有白磷、红磷和黑磷三种同素异形体。其中白磷有毒易燃，不适合用于电化学储能。红磷和黑磷在室温下的化学稳定性相对较好，当用作钠离子电池负极材料时，P 与 Na 发生合金化反应，最终产物为 Na_3P，理论比容量达 2596mA·h/g。然而，在合金化过程中，红磷和黑磷会产生巨大的体积膨胀（体积膨胀率达到 490%），容量衰减迅速。红磷的导电性较差，其电导率约为 10^{-14}S/cm，而黑磷由于具有类似石墨的分层结构，导电性较高，电导率约为 10^2S/cm，但是黑磷的制备工艺比较苛刻。目前研究人员主要聚焦在易制备、储量丰富的红磷上。常见的改性手段包括与碳材料复合提高导电性、合成三维框架限制体积膨胀、将材料纳米化，缩短离子传输距离。无定形红磷/碳复合电极在 2.86A/g 的高电流密度下具有 1540mA·h/g 的理论比容量，且倍率性能良好。

6.4.3 转化型负极材料

转化型负极材料是指由可以与钠形成钠化合物的非金属元素（O、S、Se、P、N、F）

与金属元素结合而成的化合物。根据金属元素是否具有活性，可以将转化反应机制分为两类。

1) 如果金属元素是非活性的（如 Fe、Co、Ni、Cu、Mn 等过渡金属元素），那么在钠化过程中仅发生金属元素的还原和钠化合物的生成，反应方程式可以表示为 $MX + nNa^+ + ne^- \rightleftharpoons Na_nX + M$。如图 6-17 所示，这种基于多电子转化机制的金属间化合物作为负极材料时，一般具有较高的理论比容量。

2) 如果金属元素具有活性（如 Sn、Sb、Bi、Ge 等合金元素），则在上述转化反应的基础上，生成的合金元素会在后续钠化过程中继续与钠发生合金化反应，从而提供更高的容量。

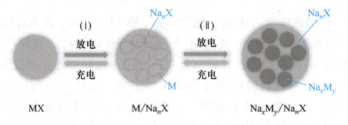

图 6-17 转化反应机理示意图

在众多的转化型材料中，金属氧化物、硫化物、硒化物和磷化物表现出较高的容量和相对较低的反应电位，受到了研究人员的广泛关注。然而，与合金型负极类似，转化型负极在充放电过程中也是面临着体积膨胀、反应动力学缓慢等问题，成了实际应用的主要障碍。

(1) 氧化物　氧化铁、氧化钴、氧化锡、氧化铜和氧化锰等是目前研究的主要金属氧化物。以氧化铁为例，Fe_2O_3 具有较高的理论比容量（1007mA·h/g），然而电子电导率较低（约 $7×10^{-3}$ S/cm），在钠离子嵌入/脱出过程中会引起较大的体积膨胀，导致活性材料团聚和极化，最终使得容量迅速衰减。为了解决上述问题，可以采用合成不同形貌的纳米结构和与碳材料复合等方法进行改性。例如，将蛋黄壳状 $Fe_2O_3@C$ 附着在多壁碳纳米管（MWNTs）的表面，通过增强材料的导电性和缓冲体积膨胀，可以显著改善其储钠性能。

(2) 硫化物　金属硫化物中的 M—S 键比氧化物中的 M—O 键要弱，因而在动力学上更有利于转化反应。然而，金属硫化物同样面临着因体积变化而导致的循环稳定性差的问题。根据金属元素的不同，金属硫化物的储钠机理可分为转化反应与嵌入反应或合金化反应的结合。研究者对硫化锡、硫化钼、硫化铁、硫化钴、硫化镍等金属硫化物进行了研究，其中硫化锡的储钠机制为转化反应与合金化反应的结合，SnS 的理论比容量为 1136mA·h/g，SnS_2 的理论比容量为 1022mA·h/g。

(3) 硒化物　硒元素和硫元素处于同一主族，因此过渡金属硒化物和硫化物在很多方面具有相似的化学性质。与硫化物相比，硒化物具有更高的理论比容量和初始库仑效率，并且具有更稳定的循环性能。因此，金属硒化物是目前负极材料的研究热点。$FeSe_2$ 的理论比容量为 500mA·h/g，在放电过程中，$FeSe_2$ 首先还原为 Na_xFeSe_2，然后生成 FeSe，最后在完全放电的状态下形成铁原子和 Na_2Se。与硫化铁不同，$FeSe_2$ 的充电过程反应是可逆的，最终的充电产物仍为 $FeSe_2$。采用石墨烯与 $FeSe_2$ 复合方法制备的 O 复合材料经循环 100 次后放电理论比容量为 408mA·h/g。

(4) 磷化物　金属磷化物具有较低的氧化还原电势和较高的理论比容量，这些优点使得金属磷化物成为极具研究价值的钠离子电池负极材料。根据金属磷化物中的金属是否具有电化学活性,可将其大致分为两种类型:非活性金属磷化物和活性金属磷化物。非活性金属磷化物包括磷化钴、磷化铁、磷化铜、磷化镍等。使用电化学惰性的金属虽然会降低金属磷化物的理论比容量,但是金属具有高导电性,有助于充分利用磷的容量,同时非活性金属磷化物具有相对较小的体积膨胀。

活性金属磷化物中的金属具有电化学活性(Se-P、Sn-P、Ge-P),除转化反应外,这些活性金属还会与钠发生合金化反应,所以活性金属磷化物的理论比容量更高,但在充放电过程中,体积变化也更大。其中Sn_4P_3的理论比容量为$1133mA\cdot h/g$,通过高能机械球磨法制备的Sn_4P_3金属间化合物,其可逆理论比容量为$718mA\cdot h/g$,循环100次后容量衰减几乎为零。

从上面讨论可知,合金型和转化型负极材料的理论容量较高,但在充放电过程中均会产生较大的体积变化,从而导致电极材料结构被破坏、粉化甚至极片脱落,严重影响电池的循环性能。此外,转化型材料的电子导电性较差,会导致电极极化,在大电流密度下表现出较差的倍率性能。解决这些问题的策略主要包括材料的微纳结构设计、与导电基体复合等。

1. 材料的微纳结构设计

材料的微纳结构设计是改善动力学,以及提高电极结构完整性的一种有效策略。首先,纳米尺度的电极材料可以缩短电子/离子扩散距离,从而减少扩散时间,改善反应动力学。其次,纳米结构可以有效缓冲电极在循环过程中的体积变化,提高结构稳定性,改善循环性能。最后,纳米结构的电极材料通常具有较大的比表面积,有利于电解液的渗透和扩散,为电化学反应提供更多的活性位点,但是与电解液的副反应也会增加,导致初始库仑效率降低。目前已经报道了各种各样的微纳结构,如零维纳米颗粒、一维纳米线/纳米纤维、二维纳米片、三维多孔网络结构和多维层次化结构等。此外,某些特殊的纳米结构,如蛋黄壳结构和空心结构也表现出独特的优势,结构内部预留的空间可以容纳较大的体积变化,在反复充放电过程中能够保持结构不被破坏,从而获得优越的循环性能。

2. 与导电基体复合

将纳米结构的电极材料与导电基体复合是进一步提高动力学并缓冲体积变化的有效策略。常见的导电基体材料包括碳材料、导电聚合物和金属等。碳材料凭借其广泛的可用性、良好的导电性、高机械稳定性和化学惰性受到了广泛研究。构建导电碳网络不仅可以提高复合材料的导电性,为电子/离子的快速传输提供导电通路,而且三维碳网络还具有较高的机械稳健性,可以在反复充放电过程中保持电极的结构完整性。在活性材料表面包覆碳层不仅可以避免电极和电解液的直接接触,减少副反应,还能防止纳米颗粒的团聚和粉碎,从而获得较高的初始库仑效率和稳定的循环寿命。

6.5 钠离子电池电解质

6.5.1 液态电解质

1. 溶剂

钠离子电池所使用的溶剂与锂离子电池相一致,目前应用于钠离子电池的电解液溶剂主要为碳酸酯类和醚类溶剂，溶剂的物理化学性质如下。

（1）碳酸酯类溶剂　碳酸酯作为一类常用的钠离子电池电解液有机溶剂，一般具有较强的溶盐能力、较高的介电常数、较好的抗氧化性能及较宽的电化学窗口，但通常黏度较高，需结合低黏度溶剂使用。酯类溶剂以环状和链状碳酸酯较为常用，环状碳酸酯的介电常数和黏度大都高于链状碳酸酯。

碳酸乙烯酯（Ethylene Carbonate，EC）和碳酸丙烯酯（Propylene Carbonate，PC）是两种典型的环状碳酸酯溶剂。EC热稳定性好，介电常数高，黏度在环状酯类中较低，但其在常温下为固态，需搭配其他溶剂共同使用以拓宽液程。PC具有较低的熔点（-48.8℃）、较高的介电常数及较低的成本，且不会与Na^+共嵌入硬碳造成结构破坏，是理想的钠离子电池电解液溶剂。链状碳酸酯溶剂主要包括碳酸二甲酯（Dimethyl Carbonate，DMC）、碳酸二乙酯（Diethyl Carbonate，DEC）、碳酸甲乙酯（Ethyl Methyl Carbonate，EMC）及碳酸甲丙酯（Methyl Propyl Carbonate，MPC）等。链状碳酸酯的介电常数和黏度一般比环状碳酸酯低，两类溶剂多混合使用，如链状碳酸酯可与EC以任意比互溶，在降低电解液黏度的同时增加离子电导率，改善电池性能。

（2）醚类溶剂　醚类溶剂介电常数低，但黏度小，化学性质活泼的醚基基团导致醚类溶剂的抗氧化性通常较差，在高压正极材料表面容易被氧化分解。然而，其可以与Na^+形成配合体，在石墨负极中实现共嵌入而不会对石墨结构造成破坏，对碳基负极材料表现出较好的兼容性。此外，在钠金属电池中，不同的醚类溶剂和钠盐都有利于在金属钠表面形成薄且致密的无机SEI膜，其主要成分是Na_2O和NaF，能够有效抑制钠枝晶的生长。

醚类溶剂也可分为环状醚和链状醚。环状醚主要包括四氢呋喃（Tetrahydrofuran，THF）和1,3-二氧杂环戊烷（1,3-Dioxolane，DOL）。THF反应活性比较高，具有比较低的黏度和较强的阳离子络合能力，但其作为溶剂的循环稳定性较差。DOL电化学稳定较差，容易开环，引发聚合。链状醚溶剂主要包括乙二醇二甲醚（1,2-Dimethoxyethane，DME）及其衍生物二乙二醇二甲醚（Diethylene Glycol Dimetbyl Ether，Diglyme）等。链状醚拥有较低的黏度以及较强的阳离子络合能力，但缺点是沸点较低、易被氧化、易挥发、热稳定性和安全性较差。

2. 钠盐溶质

钠离子电池采用钠盐作为溶质。采用拥有大半径阴离子、阴阳离子间缔合作用弱的钠盐，能保证足够的钠盐溶解度和离子传输性能。根据阴离子的不同，可将钠盐分为以下几类：含氟钠盐，如六氟磷酸钠（$NaPF_6$）、六氟砷酸钠（$NaAsF_6$）、三氟甲烷磺酸钠（$NaSO_3CF_3$，NaOTF），以及双（氟磺酰）亚胺钠（$Na[(FSO_2)_2N]$，NaFSI）等；含硼钠盐，如四氟硼酸钠（$NaBF_4$）、草酸硼酸钠（NaBOB）和二氟草酸硼酸钠（NaDFOB）等；其他钠盐，如高氯酸钠（$NaClO_4$）等。常见钠盐溶质的物理化学性质见表6-3。

表6-3　钠离子电池电解液典型钠盐的物理化学性质

钠盐	阴离子结构	分子量/(g/mol)	熔点/℃	电导率/($\times 10^{-3}$S/cm)
$NaPF_6$	PF_6^-	122.4	468	6.4

(续)

钠盐	阴离子结构	分子量/(g/mol)	熔点/℃	电导率/(×10⁻³S/cm)
NaBF$_4$	BF$_4^-$	109.8	384	—
NaClO$_4$	ClO$_4^-$	167.9	300	7.98
NaSO$_3$CF$_3$(NaOTF)	CF$_3$SO$_3^-$	172.1	248	—
Na[(FSO$_2$)$_2$N](NaFSI)	(FSO$_2$)$_2$N$^-$	203.3	118	—
Na[(CF$_3$SO$_2$)$_2$N](NaTFSI)	(CF$_3$SO$_2$)$_2$N$^-$	303.1	257	6.2

目前，钠离子电池电解液的溶质通常采用无机钠盐。NaPF$_6$ 的溶解度高、导电性好，易在铝箔上形成稳定的钝化层，与碳基负极及各类正极材料的兼容性好，但 NaPF$_6$ 易分解产生 NaF 和 HF 等，影响界面膜的组分及电解液的性能，NaPF$_6$ 在实际制备中还存在难以提纯的问题。NaBF$_4$ 是常用钠盐中分子量最低的，稳定的 B—F 键使其具有优异的热稳定性，使用该盐的电解液一般具有较好的循环稳定性，但较小的阴离子半径使其在溶剂中较难解离，导致电解液的离子电导率较低。NaClO$_4$ 溶解后电导率较高、热稳定性好、阴离子抗氧化能力强，适用于高电压电解液态系，但易自爆，存在安全隐患。与锂盐相比，相同浓度钠盐的离子导电性更好，因此，钠离子电池溶质的用量一般比锂离子电池少，为 0.5~0.8 mol/L。

6.5.2 固态电解质

液态电解质中的有机溶剂易挥发、易燃烧，当电池内部因为短路、过充等原因造成热失控时，有机溶剂会加剧热量的积累，因此存在严重的安全隐患。使用固态电解质同时代替电解液与隔膜，不仅可以大幅提升电池的安全性，还能进一步提高电池的能量密度。根据材料属性可将固态电解质分为无机固态电解质和聚合物电解质。

1. 无机固态电解质

无机固态电解质具有不可燃、不流动等特点，可显著提升电池的安全性。目前，离子在无机固态电解质中的传输方式存在四种机制：空位跃迁、间隙跃迁、联动跃迁和协同扩散。如图 6-18a、b 所示，对空位跃迁和间隙跃迁而言，离子的传输主要与材料的激活能以及空位的缺陷数量有关,因此离子掺杂可有效改善材料的离子电导率。如图 6-18c 所示,在联动跃迁机制中,离子传输不是直接在空位间跳跃,而是敲击相邻位点的离子使其迁移到空位处,因而离子传输的势垒相对较低。如图 6-18d 所示,在协同扩散机制中,离子间的库仑相互作用会使多个离子协同作用,传输势垒低于单个离子在位点与空位间跃迁的势垒。

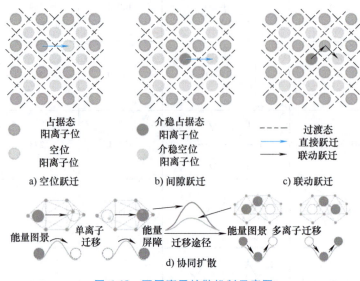

图 6-18 不同离子扩散机制示意图

(1) 氧化物固态电解质 钠离子电池无机氧化物固态电解质主要有三种:Na-β-Al_2O_3 电解质、NASICON 型电解质和 P2-$Na_2M_2TeO_6$(M=Ni、Co、Zn 和 Mg)电解质。

Na-β-Al_2O_3 拥有较高的离子电导率和良好的热稳定性,具有两种层状晶体结构,分别是 β-Al_2O_3(六方)和 β″-Al_2O_3(三方)。其中 β-Al_2O_3 导通层中的 O^{2-} 对周围 Na^+ 的静电引力较大,可容纳的 Na^+ 数量较少,而 β″-Al_2O_3 含有更多的 Na^+ 并具有更高的离子电导率,但纯的 β″-Al_2O_3 对水敏感,制备过程中热动力学稳定性较差,而且异常的晶粒生长导致力学性能较差。目前为止,Na-β-Al_2O_3 是唯一商业化应用的钠离子固态电解质。

NASICON 型材料可以提供丰富的三维通道用于快速的 Na^+ 传输。$Na_3Zr_2Si_2PO_{12}$ 是首个被提出来的 NASICON 型材料,在室温下具有最高的离子电导率(10^{-4}S/cm),具有斜方和单斜两种相,由 [SiO_4/PO_4] 共角四面体和 [ZrO_6] 八面体形成三维通道用于 Na^+ 传输。在 NASICON 中,Na^+ 需要经历瓶颈才能实现转运,因此可以通过引入适当的取代基扩大瓶颈尺寸来提高离子电导率。Na^+ 跨晶界传输也会影响 NASICON 的离子电导率,通过微调晶粒尺寸并调节晶粒边界处的化学组成可以降低晶粒边界的电阻。除此之外,因为 NASICON 固态颗粒与电极材料颗粒之间接触面积较小,所以导致界面阻抗过大。因而为了实现固态电池室温下稳定循环,常通过在界面滴加少量液态电解质或者离子液体来润湿电解质与电极界面,从而达到有效降低界面电阻的目的。

P2-$Na_2M_2TeO_6$(M=Ni、Co、Zn 和 Mg)是一种新型氧化物固态电解质,呈六方层状结构。Na^+ 在层间无序分布,与 O 配位形成三棱柱结构,Na^+ 在二维层间传输,可表现出高的电导率,300℃时电导率为 (4~11)×10^{-4}S/cm。

(2) 硫化物固态电解质　硫化物固态电解质具有高离子电导率、低晶界电阻和良好的可延展性等优点，被认为是一种有广阔前景的钠离子电池固态电解质。由于硫原子较大的离子半径和较高的极化率，导致其与 Na^+ 之间是弱静电相互作用，因而硫化物的离子电导率相比氧化物更高。

Na_3PS_4 是最常见的硫化物固态电解质，具有立方相和四方相，分别是高温和低温下的温度相。其中，四方相 Na_3PS_4 在 50℃ 时，离子电导率仅为 $4.17×10^{-6}$ S/cm，立方相则稍高一些。提高 Na_3PS_4 的离子电导率的常用方法包括元素掺杂和在晶格中引入缺陷。对立方相中的 P 位或 S 位进行元素掺杂，或在四方相中引入钠空位，均可提高离子电导率。硫化物的稳定性也可通过化学封装或掺杂来提高，比如将晶相包裹在玻璃相基质中来隔绝与空气的直接接触，通过掺杂替换敏感的 P—S 键可以有效增强硫化物的化学稳定性。除了 Na_3PS_4 之外，Na_3SbS_4、Na_3PSe_4 和 $Na_{11}Sn_2PS_{12}$ 也是研究较多的一些硫化物固态电解质。

需要注意的是，硫化物电解质对空气较为敏感，所以其化学稳定性不佳并存在安全隐患。此外，基于硫化物的固态电解质的电化学稳定性是限制其进一步应用的关键因素。较低的电化学窗口导致其难以匹配大多数正极材料，又因为其与钠负极的稳定性较差，因此只能使用 Na-Sn 合金作为负极，而一般的碳基材料难以与其匹配。

2. 聚合物电解质

聚合物电解质一般由聚合物基体和电解质盐构成，是盐与聚合物之间通过配位作用而形成的一类复合物。聚合物电解质的离子电导率比无机固态电解质和有机液态电解质低，但其具有独特的优点：①柔韧性好，易于加工，有利于大规模生产，电极界面可控；②电池可以承受在处理、使用过程中撞击、变形、振动，以及电池内部温度和压力变化。

（1）固态聚合物电解质　固态聚合物电解质按聚合物基体的种类可以分为三大类：聚环氧乙烷（PEO）基、聚碳酸酯（PC）基和其他聚合物电解质。构成固态聚合物电解质的电解质需要具备溶解盐并与载流子（如 Na^+）进行耦合的能力，通常需要利用极性基团上的孤对电子对阳离子的配位作用来实现对盐的溶剂化，可自由迁移的离子数量越多，离子电导率越高，可自由迁移的离子数取决于盐在聚合物基体中的解离程度。如图 6-19 所示，阳离子与聚合物极性基团配位，聚合物分子的部分链段不停地运动，产生自由体积，在电场的作用下，阳离子沿着聚合物链段从一个配位点跃迁到另一个新的配位点上，或者从一个链段跃迁到另一个链段上，从而实现离子的传导。以 PEO 为例，电解质盐中解离的阳离子与 PEO

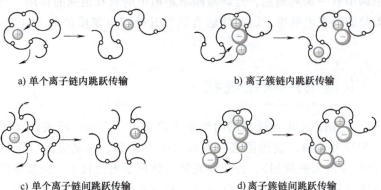

a) 单个离子链内跳跃传输　　　　b) 离子簇链内跳跃传输

c) 单个离子链间跳跃传输　　　　d) 离子簇链间跳跃传输

图 6-19　PEO 基聚合物电解质中离子传输机制

基聚合物链段中无定形区域的 O 原子不断地络合和解离，从而实现离子的传导。离子在 PEO 基体中传输可以分为单个离子链内跳跃传输、离子簇链内跳跃传输、单个离子链间跳跃传输以及离子簇链间跳跃传输几种方式。

在众多聚合物电解质体系中，PEO 基固态聚合物电解质的研究最早且最多。它具有化学稳定性好、与碱金属负极兼容性较好、柔韧性好和易成膜等诸多优点。然而，PEO 电解质也存在一些缺点：室温离子电导率低（约为 10^{-8} S/cm）、电化学稳定电势上限较低［不高于 4.2V（相对于 Na^+/Na）］、热稳定性较差、强度不高。为了提高 PEO 的室温电导率，一般可以通过共聚（或共混）、接枝、超支化、交联和引入 Lewis 型聚合物等方法来提升电解质中非晶态比例，降低 PEO 固态电解质的室温结晶度。聚碳酸酯基聚合物是一类新型的聚合物电解质材料，其分子结构中含有强极性碳酸酯基团，介电常数高，可有效减弱盐中阴阳离子间的相互作用，有助于提高离子传导能力，其电化学稳定电势上限较高，尺寸热稳定性较好。常见的聚碳酸酯聚合物有聚碳酸乙烯酯（PEC）、聚碳酸丙烯酯（PPC）、聚碳酸亚乙烯酯（PVC）和聚三亚甲基碳酸酯（PTMC）。除上述两类常见的固态聚合物电解质外，还有聚丙烯腈（PAN）、聚乙烯醇（PVA）、聚乙烯吡咯烷酮（PVP）及硅基固态聚合物电解质。

（2）凝胶聚合物电解质　凝胶聚合物电解质（GPE）是一类介于固态电解质和液态电解质之间的半固态电解质，是含有一定量液态增塑剂或溶剂的聚合物-盐复合物。凝胶聚合物电解质结合了液态电解质的高离子电导率和固态聚合物电解质的安全性（离子电导率和安全性介于两者之间）。凝胶聚合物电解质包含聚合物基体、增塑剂以及溶解在其中的盐。常见的凝胶聚合物电解质基体有 PEO、聚偏氟乙烯（PVDF）、和聚甲基丙烯酸甲酯（PMMA）。凝胶电解质中所谓的增塑剂通常是介电常数高、挥发性低、对聚合物复合物具有相容性且对盐具有良好溶解性的有机溶剂，常用的有 EC、PC、DMC、NMP 和 DMF 等。同时，为了避免上述列举的增塑剂挥发，常使用中低极性的聚醚和离子液体等提高电解质的热稳定性以及拓宽电化学窗口，即提升电解质的电化学稳定性。

PEO 固态聚合物电解质在室温下结晶程度较高，离子电导率太低，通常将液态电解质常用的有机溶剂作为增塑剂加入 PEO 固态聚合物电解质中，制备成凝胶聚合物电解质，可有效提升室温离子电导率（达到 2.18×10^{-3} S/cm）。PVDF 基凝胶电解质具有成膜性好、介电常数大、玻璃化转变温度高和吸电子基团强等特点。在钠离子电池中，离子液态掺入是提高其性能的有效途径，室温离子电导率可优化至 5.74×10^{-3} S/cm。PMMA 聚合物成本低，易制备，其单体结构中有一羰基侧基，与碳酸酯增塑剂中的氧有很强的作用，具有很好的相容性，能够吸收大量的液态电解质，因此能够有效提升凝胶电解质的离子电导率（达到 3.4×10^{-3} S/cm）。

6.6　钠离子电池的产业化现状

自 2010 年以来，钠离子电池受到国内外学术界和产业界的广泛关注，其相关研究迎来了爆发式增长。2022 年 6 月，我国国家发展和改革委员会、国家能源局等九部门联合印发《"十四五"可再生能源发展规划》，提出研发储备钠离子电池技术。应新能源市场的发展需求，钠离子电池逐渐从实验阶段走向实际应用，相应的产业化布局覆盖国内外，正负极材料和电解质等配套产业链已初步形成，产业化进程正加速推进。

第6章 钠离子电池

目前，钠离子电池的代表性企业有英国 Faradion 公司、法国 Tiamat 公司、美国 Natron Energy 公司，以及我国的中科海钠、钠创新能源等。钠离子电池正极体系主要采用层状金属氧化物（如铜铁镍/镍铁锰三元材料）、聚阴离子型化合物（如氟磷酸钒钠）和普鲁士蓝/白类似物等；负极材料体系主要采用碳基材料，包括软碳、硬碳，以及复合型的无定形碳料等。不同企业采用的钠离子电池正负极体系不尽相同，表6-4总结了这些企业典型的钠离子电池及其产品性能参数。

Faradion 创立于 2011 年，是全球第一家商品化钠离子电池企业，覆盖电池材料、电池基础设施、电池安全与运输等领域。Faradion 主要研发基于有机液体电解质的钠离子电池体系，正极采用层状锰基氧化物（$Na_{1.1}Ni_{0.3}Mn_{0.5}Mg_{0.05}Ti_{0.05}O_2$），负极采用硬碳。电池工作电压范围为 0~4.3V，32A·h 的软包电池能量密度可达 155W·h/kg，在 78% 放电深度（DOD）下的循环寿命预测为 2000~4000 次。Natron Energy 创立于 2012 年，以高安全性为研发的首要目标，主要研究普鲁士蓝水系钠离子电池。其生产的 Blue Pack 动力电池功率可达 25kW，电压范围为 48~812V，可以实现快速充放电，稳定循环>25000 次。Blue Tray 4000 电池在 48V 直流电下的工作功率为 4kW，在 8min 内可充满电，并且循环 50000 次以上。Tiamat 成立于 2017 年，主要生产氟磷酸钒钠/硬碳有机电解液体系的钠离子电池，这款电池主要应用于静态储能（电网调频）和动力汽车（48V 轻度混动汽车、12V 启动照明及点火、快充型电动公交车等）。其生产的电池工作电压达到 3.7V，能量密度为 100~120W·h/kg，在 1C 下可循环 5000 次以上。Altris 成立于 2017 年，主要从事钠离子电池的研究；包括普鲁士白正极、电解质及电芯等。2023 年，该公司推出了容量为 160mA·h/g 的纯普鲁士白正极材料，该材料由储量丰富的原材料，不含有毒元素和冲突矿物，且其能量密度高达 150W·h/kg。

表 6-4 国内外钠离子电池产品性能参数对比

公司	属地	主要研究体系	主要性能参数
Faradion	英国	锰基氧化物+硬碳	能量密度：155W·h/kg 工作电压范围：0~4.3V 工作温度：-20~60℃ 循环次数：2000~4000 次
Tiamat	法国	氟磷酸钒钠+硬碳	能量密度：100~120W·h/kg 工作电压：3.7V 循环次数：≥5000 次@80% 功率密度：>5kW/kg
Altris	瑞典	普鲁士蓝白+硬碳	能量密度：150W·h/kg 比容量：160mA·h/g 工作电压：3.25V
Natron Energy	美国	普鲁士蓝水系	能量密度：700W·h/L 工作温度：-20~40℃ 循环次数：>25000 次@90%
中科海钠	中国	铜基氧化物+软碳	能量密度：≥145W·h/kg 工作电压：3.2V 工作温度：-40~80℃ 循环次数：≥4500 次@83%（2C/2C）
钠创新能源	中国	镍铁锰三元氧化物+硬碳	能量密度：130~160W·h/kg 工作温度：-40~55℃ 循环次数：>5000 次

（续）

公司	属地	主要研究体系	主要性能参数
宁德时代	中国	普鲁士白+硬碳	能量密度：≥160W·h/kg 循环次数：≥3000 次
众钠能源	中国	硫酸铁钠+硬碳	能量密度：100～122W·h/kg 工作温度：-20～55℃ 中值电压：3.6V@25℃，0.5C 循环次数：2000～8000 次

国内钠离子电池技术研究也取得了重要进展。成立于 2017 年的中科海钠初创公司在国际上首次开发了一系列铜基正极材料，如 $Na_{0.9}(Cu_{0.22}Fe_{0.30}Mn_{0.48})O_2$，同时采用低成本的无烟煤制备硬碳负极材料。目前已实现了正、负极材料的百吨级制备及小批量供货，钠离子电芯也具备了 MW·h 级制造能力，并率先在低速电动车、观光车和 30kW/(100kW·h) 储能电站进行示范应用。其中 32138 型号圆柱钠离子电池的平均工作电压 3.2V，容量达到 7500mA·h，可在 -40～80℃ 下稳定工作。钠创新能源有限公司制备的钠离子软包电池以镍铁锰三元层状氧化物为正极材料、硬碳为负极材料，该电池体系的能量密度为 130～160W·h/kg，循环寿命达 5000 次。2021 年宁德时代推出了第一代基于普鲁士白+硬碳材料体系的钠离子电池，能量密度达 160W·h/kg，下一代电池将有望突破 200W·h/kg。鹏辉能源于 2019 年起对钠离子电芯技术开展研究。在层状氧化物体系中，电池的能量密度突破 150W·h/kg，循环寿命达到 3000 次以上；而在聚阴离子体系中，电池实现了 6000 次以上的循环寿命。2023 年，鹏辉能源的钠离子电芯正式大规模量产，该公司成为全国首批通过钠离子电池评测的单位。

钠离子电池拥有原料资源丰富、成本低廉、环境友好、能量转换效率高、循环寿命长、维护费用低和安全性好等诸多独特优势，可广泛应用于各类低速电动交通工具（如电动自行车、电动三轮车、四轮低速电动汽车等）、规模化储能（如工业电网储能、5G 通信基站、数据中心、后备电源和可再生能源大规模接入以及智能电网等）、便携式电动工具及家庭小型储能等领域，如图 6-20 所示。

1. 低速交通工具领域

目前我国电动自行车、低速电动车及 A00 级电动车的保有量已超过 3 亿辆，其中 70% 以上采用的是产业化最为成熟的铅酸电池。然而，铅酸电池的能量密度不到 50W·h/kg，循环寿命只有 500 次，而且面临严重的废铅废酸等环境污染问题，已难以满足新国标要求。钠离子电池的能量密度是铅酸电池的 3 倍以上，循环寿命远超铅酸电池。此外，与锂离子电池相比，钠离子电池的成本更低、工作温区更宽、安全性更高。因此，钠离子电池是未来取代铅酸电池的最佳技术路线，有望逐步实现低速电动车及传统汽车后备电源/启停电源等的无铅化。2017 年年底，中科海钠首次将其研制的 48V/10A·h 钠离子电池组成功应用于电动自行车。2021 年 7 月，爱玛科技发布了全球首批钠离子电池驱动的电动自行车。2023 年 12 月，中科海钠与江淮钇为联合推出的钠电版花仙子电动车正式下线，标志着钠离子电池电动车从示范开始走向量产。

2. 储能领域

储能领域对安全性、成本性、工况适应性有很高的要求。钠离子电池的安全性能出众、

第6章 钠离子电池

图 6-20 钠离子电池应用领域示意图

理论成本低、工作温度宽、倍率性能优异,因而与储能环境更为匹配。例如,相较于锂离子电池,钠离子电池安全系数更高,且在−20℃下的容量保持率大于88%,能够有效解决高寒地区储能电站效率低下的问题;此外,面对太阳能、风能等可再生清洁能源的随机性和地域性,具有大倍率放电特性的钠离子电池具有更好的平峰填谷功能。2019年3月,中科海钠示范运行了国内首座30kW/100kW·h钠离子电池储能电站。2021年6月,全球首套1MW·h钠离子电池光储充智能微网系统正式投入运行。2023年12月,国家重点研发计划"储能与智能电网技术"重点专项"百兆瓦时级钠离子电池储能技术"项目也开始启动。2024年6月,大唐湖北全球首座100MW·h钠离子电池储能电站科技创新示范项目建成投运,采用中科海钠钠离子电芯。因此,面对大规模储能的国家战略需求以及智能电网覆盖下的家庭储能市场的崛起,钠离子电池作为锂离子电池的有益补充,将会在储能领域占据一席之地。随着钠离子电池产品技术的日趋成熟以及产业的进一步规范化、标准化,其产业和应用将迎来快发展期,并逐步切入到各类储能应用领域当中。

参 考 文 献

[1] 胡勇胜,陆雅翔,陈立泉. 钠离子电池科学与技术 [M]. 北京:科学出版社,2020.

[2] 解晶莹. 钠离子电池原理及关键材料 [M]. 北京:科学出版社,2021.

[3] USISKIN R, LU Y, POPOVIC J, et al. Fundamentals, status and promise of sodium-based batteries [J]. Nature Reviews Materials, 2021, 6: 1020-1035.

[4] DOU X, HASA I, SAUREL D, et al. Hard carbons for sodium-ion batteries: Structure, analysis, sustainability, and electrochemistry [J]. Materials Today, 2019, 23: 87-104.

[5] HWANG J Y, MYUNG S T, SUN Y K. Sodium-ion batteries: present and future [J]. Chemical Society Reviews, 2017, 46: 3529-3614.

[6] PENG J, ZHANG W, LIU Q, et al. Prussian blue analogues for sodium-ion batteries: past, present, and future [J]. Advanced Materials, 2022, 34 (15): 2108384.

第7章
锌离子电池

7.1 概述

锌离子电池作为一种新兴的高安全性电池体系，近年来在储能领域逐渐受到关注。锌离子电池的工作原理与锂离子电池相似，但在材料选择和结构设计上有所不同。与锂离子电池相比，锌离子电池所使用的锌资源储量丰富且成本低廉；此外，锌离子电池中使用的水溶性电解质极大地提高了电池的安全性，避免了锂离子电池中有机电解质带来的起火风险。

锌作为电池材料的应用可以追溯到锌-空气电池，其以锌为负极、空气中的氧气为正极，早期主要用于助听器等小型设备。然而，受限于能量密度和可逆性方面的问题，其他锌基电池体系逐步受到研究者的关注。20世纪90年代，锌基电池的研究逐渐扩展到基于水系电解液的可逆锌电池的开发，极大地降低了电池的自放电率。随着对储能系统需求的增加，特别是在大规模储能领域，锌离子电池的研究逐渐受到关注。锌离子电池的发展历史可以追溯到20世纪末，但其研究和技术突破主要集中在21世纪，研究人员开发出了以锌和锰的氧化物为主要材料的可逆锌离子电池，该电池在循环稳定性和安全性方面具有一定的优势。近年来，随着技术的进步，锌离子电池的能量密度和充放电效率不断提升，逐渐显示出巨大的应用潜力。

当前，锌离子电池的研究进入了新阶段，研究人员开发了一系列新型正负极材料与电解液，并在电池结构设计上进行了深入的探索，极大地提升了锌离子电池性能。在国家政策的支持下，锌离子电池的商业化进程正在加速推进，国内外部分企业已经推出了基于锌离子技术的示范储能系统，为其未来大规模的应用奠定了基础。

7.2 锌离子电池的工作原理与特点

锌离子电池的负极材料为金属锌；正极活性材料主要有锰基化合物、钒基化合物、钼基化合物、普鲁士蓝、过渡金属硫化物，以及有机物等；采用玻璃纤维、聚丙烯（PP），以及聚乙烯（PE）等作为电池隔膜；电解液为 $ZnSO_4$、$Zn(OTf)_2$ 或 $ZnCl_2$ 等锌盐的弱酸性水溶液；集流体主要包括不锈钢、镍及钛金属等。

锌离子电池通过 Zn^{2+} 在正负极间来回可逆迁移实现充放电，具体过程如下：在充电过程中，正极中的活性物质释放出锌离子和电子，而负极周围的锌离子会在负极处接受电子还原为金属锌；在放电过程中，锌金属在负极处溶解，释放锌离子和电子，正极的活性物质则会和锌离子结合，并通过接受电子发生还原反应。充放电过程中正、负极反应如下（正极以锰氧化物为例）：

充电过程：

$$正极：ZnMn_2O_4 \longrightarrow 2MnO_2 + Zn^{2+} + 2e^-$$

$$负极：Zn^{2+} + 2e^- \longrightarrow Zn$$

放电过程：

$$正极：2MnO_2 + Zn^{2+} + 2e^- \longrightarrow ZnMn_2O_4$$

$$负极：Zn \longrightarrow Zn^{2+} + 2e^-$$

相较于其他电池类型，锌离子电池展现出显著的优势。首先，锌离子电池采用水系电解液，水资源丰富，且成本远远低于现有的酯基、醚基、离子液体等溶剂；其次，锌离子电池不需要无水无氧等特殊的制备环境，简化了制备工艺，进一步降低了生产成本；再者，水系电解液不会发生燃烧、爆炸的危险，保证了电池的安全；此外，地壳中锌元素丰度也较高（约为0.007%），且分布广泛，供应链较为稳定，减少了对特定地区资源的依赖，因此，锌资源的开发成本比锂资源低，具有很高的经济优势；同时，金属锌也是无毒且能够回收的，具有环境友好性，在可持续性方面表现更佳；最后，金属锌化学性质稳定，导电性好，便于加工。上述这些优势使锌离子电池在储能、动力电池等领域具有广阔的应用前景。但是，目前在商业化规模应用中仍存在许多挑战，如正极材料的溶解，Zn^{2+} 嵌入正极材料过程的反应动力学缓慢，锌负极枝晶生长、腐蚀和钝化等问题。因此，锌离子电池仍在不断的研究和发展中，以提高其性能并扩大适用范围。

7.3 锌金属负极

7.3.1 锌金属负极的反应

金属锌具有高的理论比容量，因此常被直接用作锌离子电池的负极。但是，金属锌在水溶液中的热力学并不稳定，在不同的pH值下存在不同的平衡相。图7-1是锌在水系环境中的电位-酸碱图（Pourbaix图），显示了锌在水溶液中可能存在的稳定（平衡）相。在整个pH范围内，锌在热力学上都是易于溶解的，并且溶解过程伴随着 H_2 的释放。在强酸性（pH<4.0）条件下，锌具有较高的溶解度，易于溶解为 Zn^{2+}。在弱酸性或中性（5.0<pH≤8.0）条件下，锌的溶解相对较慢，这是因为其具有较高的电势 E 和较低的腐蚀活性。在弱碱性（8.0<pH≤11）条件下，Zn 的溶解度降低，并生成更稳定的锌腐蚀产物，如 $Zn(OH)_2$。在强碱性（pH>11）条件下，锌的溶解度再次增加，并且有利于锌酸根离子的生成，如 $Zn(OH)_4^{2-}$，在此过程中，氧化还原反应主导着负极的腐蚀过程。与中性或弱酸性溶液中的电化学行为不同，锌电极在碱性电解液中会经历固-液-固的转化过程 [即 $ZnO \longrightarrow Zn(OH)_4^{2-} \longrightarrow Zn$]，并面临着一系列挑战：①放电产物 ZnO 会钝化锌的表面，降低锌的利用率；②锌的不均匀沉积和溶解随机发生在电极表面，导致连续循环后严重的电极形态变化和枝晶生长。

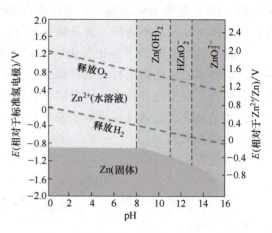

图 7-1 金属锌在水中的 Pourbaix 图

7.3.2 锌金属负极存在的问题

锌负极在电池工作期间会出现枝晶生长、析氢反应、腐蚀和表面钝化等问题，从而限制电池的放电性能。因此，锌金属负极的改性对于提高锌离子电池的充放电性能和稳定性具有重要意义，下面介绍锌负极存在的问题。

1. 枝晶生长

目前普遍认为，锌枝晶生长是水系锌离子电池的主要问题。锌枝晶以多种方式影响电池性能。一方面，由于结构松散，片状的锌枝晶很容易从电极上脱落，形成"死锌"，从而降低电池库仑效率并缩短寿命；另一方面，枝晶的垂直生长增加了负极的厚度，大的枝晶可能会刺穿隔膜，导致电池短路。更严重时，电池出现故障可能会引起热失控等安全事故。

锌枝晶是由充电过程中锌的不均匀沉积引起的。在沉积开始时，Zn^{2+} 在电场和浓度梯度的双重作用下转移到负极表面，然后获得电子并成核。理论上，成核位置应该随机分布在负极表面。但由于锌金属很难具有完全光滑的表面，导致电子和离子分布不均匀。在电池充电过程中，Zn^{2+} 和电子进行还原反应，在锌沉积的过程中会发生局部凸起。随着锌离子继续沉积，越来越多的电子聚集在凸起的顶端，因此锌离子更倾向于在顶端沉积。这种"尖端效应"加剧电场的不均匀性，使沉积向尖端处加剧生长。随着电池循环次数的增加，这些沉积物持续生长进而形成锌枝晶。

枝晶生长的影响因素很多，它们之间的联系错综复杂，主要包括浓度极化、电流密度，以及容量等方面。

1）浓度极化是指当电流通过时，由于电极附近的电解液浓度与溶液本体存在差异，导致电极电位偏离平衡电极电位的现象。它主要来源于金属负极和电解液界面处的离子浓度差，这会致使电化学电位偏移平衡值，促进枝晶的生成。

2）电流密度对锌负极的性能也有重要影响，会影响锌的沉积率。"桑德时间"是一种普遍使用的测量枝晶生长起始时间的指标，这一概念是由 Henry J. S. Sand 于 1901 年提出的，其表达式为

$$\tau_s = \pi D \left(\frac{C_0 e z_c}{2J}\right)^2 \left(\frac{\mu_a + \mu_c}{\mu_a}\right)^2 \tag{7-1}$$

式中，τ_s 是锌枝晶开始生长的时间；μ_c 和 μ_a 分别是阳离子与阴离子的迁移数；e 是元电荷；J 是电流密度；z_c 是阳离子电荷数；C_0 是初始阳离子浓度；D 是二元扩散系数。

3) 容量也被发现是影响锌枝晶生长的另一个关键因素，大容量需要更长的时间来完成充电过程，这可能会导致更严重的枝晶生长。

除上述因素外，电解液的 pH 值、交换电流密度，以及温度等均会对枝晶的生长产生一定的影响。

2. 析氢反应（HER）

除了锌沉积外，其他成分也可能参与锌负极上的反应，如电解液中的溶解氧和可溶性正极电活性材料，但主要的副反应是锌负极表面由水分解引起的析氢反应（Hydrogen Evolution Reaction，HER）。以水系锌离子电池中应用最多的弱酸性 $ZnSO_4$ 电解液为例，锌金属会自发反应生成 H_2，其电化学反应方程式为

$$3Zn+11H_2O+ZnSO_4 \longrightarrow Zn_4SO_4(OH)_6 \cdot 5H_2O+3H_2 \uparrow$$

在中性和弱酸性电解液中，Zn/Zn^{2+}（-0.76V）的氧化还原电位低于 H_2O，从热力学的角度来看，Zn 和 H_2O 不能稳定共存，电解液中的 H^+ 会优先获得电子，发生还原反应；在碱性电解液中锌离子电池的析氢情况比在中性电解液中要严重得多。HER 过程在热力学上是有利的，并且在锌基电池的使用过程中不可避免地会发生氢气的析出，从而导致循环过程中锌和电解液的不断消耗，这种副反应的发生会显著降低锌电极的库仑效率。

3. 腐蚀和表面钝化

如 7.3.1 节所述，金属锌会和电解液中的水自发反应生成 Zn^{2+} 和 H_2，这种金属锌的消耗被称为锌负极的腐蚀现象。锌负极和电解液界面处会由于腐蚀反应形成微电池，加速锌的溶解。随着反应的进行，固液界面处产生大量的氢氧根离子。在不同的环境和电解液体系下，氢氧根离子进一步转变为不同的惰性副产物，造成锌负极的表面钝化。例如，在 $ZnSO_4$ 电解液中，易产生不溶解且绝缘的水合碱式硫酸锌，相关的反应方程式如下：

$$4Zn^{2+}+6OH^-+SO_4^{2-}+xH_2O \longrightarrow Zn_4SO_4(OH)_6 \cdot xH_2O$$

这些副产物附着在锌负极的表面，其电子绝缘性和不溶性会增大电池的电化学阻抗，降低电池的容量。此外，这些惰性副产物严重阻碍界面处的离子传递，不利于负极的可逆性，从而进一步降低电池的循环性能。

更为重要的是，HER 和锌金属的腐蚀现象不可分割，电子的流失导致了锌的溶解，且由此产生的氢氧根离子加速了锌的腐蚀过程；腐蚀引发的粗糙金属表面进一步加剧了枝晶的生长。因此，锌负极的枝晶生长、析氢反应、腐蚀和钝化现象互相影响与串扰，共同使锌金属负极在实际应用中面临诸多挑战。解决其中一个问题可能会对其他问题产生连锁反应，因此，研究人员往往需要综合考虑多种因素，通过系统性的优化改善锌金属负极的综合性能。

7.3.3　锌金属负极保护策略

解决锌负极所面临的上述问题是促进水系锌离子电池获得大规模应用的重中之重，近些年来引起了研究者们的广泛关注。目前针对锌负极的保护机制，可以概括为锌负极表面的涂层设计、锌负极的结构设计、合金化负极等，具体如下。

1. 锌负极表面涂层设计

对金属锌进行表面涂覆改性，是构筑稳定金属负极中最为简便且常用的策略。涂层设计

的作用主要包括诱导锌均匀成核和生长、引导锌沉积的方向、调节锌离子的传输、抑制HER和腐蚀钝化。涂层材料通常具有以下特征：①与锌基体有较好的黏附作用，循环过程中不易脱落；②较好的机械稳定性能，能适应循环过程中活性物质的体积变化；③电子绝缘且高Zn^{2+}传导；④稳定的形貌和化学结构，不溶于电解液；⑤优异的热稳定性和电化学稳定性，不参与电化学氧化还原反应。

锌金属负极表面修饰的方法有很多，如溶剂流延法、湿化学法、化学气相沉积法和原子层沉积法等。其中，溶剂流延法具有高度可扩展性和低成本等优点，是目前应用最广泛的锌金属负极表面改性方法之一。然而，溶剂流延法建立的涂层可能会存在界面接触不足和涂层不均匀的问题，尤其是在高沉积电流密度时，在反复镀锌/剥离过程中容易导致涂层脱落。湿化学法由于其简单和好的兼容性，已被广泛应用于在锌金属负极上制备均匀薄膜。然而，当采用湿化学法获得高质量界面层时，反应过程不易控制。化学气相沉积法是锌金属负极表面改性的一种有效方法，然而使用化学气相沉积制备纳米涂层通常需要高真空环境，既昂贵又耗时。原子层沉积是一种很有前景的薄膜沉积技术，由于沉积过程中气固反应的自限制特性，它能够在原子水平上精确控制薄膜厚度。然而，原子层沉积通常耗时且需要严格的反应环境，严重限制了其在大规模生产中的应用。

许多不同类型的材料已经被研究作为锌金属负极的表面涂层，包括金属、金属氧化物、合金材料、碳基材料、聚合物材料和无机物涂层等，下面主要介绍四种较为常见的涂层材料。

（1）金属涂层　采用具有良好的电化学惰性和高HER过电位的金属作为锌负极涂层，可以增强锌负极的耐蚀性和稳定性。金属基材料对锌的亲和力可以增加Zn^{2+}的成核位点，提高锌沉积的反应动力学。另外，金属基材料固有的导电性可以均匀界面电场，有效抑制枝晶的形成。该类涂层材料包括铋、铜、锡、铟等金属，可以诱导锌的均匀成核，引导锌的平行沉积。

（2）碳基材料　碳基材料具有电导率高、来源广泛、价格低廉、环境友好、稳定性高等优点，在锌负极保护层中被广泛应用。常用的材料包括炭黑、石墨烯、碳纳米管及其衍生物等。碳基材料可以为锌的成核提供丰富位点，避免枝晶的产生，保证锌的均匀沉积。碳基材料还可以调整界面的电场分布，引导锌的平行沉积，进而提高锌负极的稳定性。碳基材料改性锌负极是优化水系锌电池电化学性能的有效策略。但功能性导电保护层的使用寿命不够长，长期运行可能会降低电池性能。

（3）聚合物材料　聚合物材料是一种不导电的保护层，具有更易制造、柔性好、成本低等优点，近年来常被用作锌负极表面涂层，主要涉及聚乙烯醇缩丁醛（PVB）、聚丙烯腈（PAN）、聚偏氟乙烯（β-PVDF）、聚酰胺（PA）、聚酰亚胺（PI）等。有机聚合物丰富的极性基团为锌离子的吸附或配位提供了丰富的位点，构建了沿聚合物链的专属离子通道。同时，聚合物可以作为静电屏蔽物，避免离子的不均匀性，抑制枝晶的生长。聚合物涂层不仅可以防止水对锌负极的影响，而且能有效调控锌的成核位点。一些聚合物涂层还能减少参与副反应的水分子数量，从而有效抑制副反应（如析氢、腐蚀和钝化）的发生。

（4）无机物涂层　无机物具有良好的机械稳定性、耐蚀性，以及在水系电解液中的高稳定性，可以调节锌成核和沉积过程，抑制析氢和腐蚀钝化等副反应。为了保证离子的快速传输，无机物涂层多被设计成多孔、多层次的网络结构，可以促进电解液在涂层内部的均匀传输，进而实现锌离子的均匀沉积。无机涂层是非导电保护层，不存在因电场强度不均匀而引起的各种问题。不同的无机物涂层会以不同的机制诱导锌离子在锌负极上沉积，使锌离子分布更加均匀，抑制锌枝晶的生长和减少副反应的发生，从而提高电池的循环稳定性。此外，无机物涂层的限域作用能有效调节锌离子在锌负极表面的均匀通量，但其致密的界面会导致锌离子在电极表面的迁移速率下降。例如，通过设计制备 ZnF_2 涂层，利用 ZnF_2 化学键和 Zn 紧密结合，可以促进离子传输和规则性沉积，从而提高锌金属负极的沉积/剥离可逆性；又如，将 Zn-P 电镀至锌负极表面，在电化学的沉积/剥离过程中，P 原子可以加速离子转移并降低电化学活化能。

综上所述，表面涂覆最直观的功能是防止锌和电解液直接接触，从而有效地抑制腐蚀和钝化现象。在抑制锌枝晶方面，主要调整离子的分布或增大界面处的比表面积以降低局部电流密度，最终诱导锌的均匀沉积。因此，构筑保护涂层对材料的离子电导率和与金属锌的相容性有较高要求，人工涂层的厚度对电池阻抗和离子传输的平衡也需要考虑。

2. 锌负极的结构设计

三维结构设计是提升锌金属负极性能的另一个重要方法，旨在解决传统二维锌负极在锌离子电池中面临的枝晶生长、体积膨胀，以及库仑效率低等诸多问题。通过优化锌金属负极内部的三维结构，可以显著增大锌的有效面积，从而增加锌的成核位点，降低局部电流密度，均匀离子分布，实现均匀沉积，提高锌负极的电化学性能。三维结构最突出的特点是锌离子转变为锌金属不仅发生在负极表面，还可以发生在三维结构的孔隙内部，从而加速反应的动力学过程。碳材料因其高导电性、轻质性和易于制备的特点，结合其可调控的三维结构，常被用作锌负极的导电基体，包括碳纤维、石墨烯泡沫、氧化石墨烯、碳纳米管框架、有缺陷的碳和生物质来源碳等各种碳基材料。与此相似，金属材料具有良好的导电性，能够加速电极反应过程中的电子转移，使用具有亲锌性的金属（铜网、泡沫铜、多孔铜、镍纳米管、多孔钛等）作为构建三维锌负极的基底材料，有利于形成锌的活性成核位点和调控界面电场，促进锌离子的均匀沉积，实现无枝晶锌负极，延长电池的运行寿命。

此外，由于锌不同晶面的化学性质是不同的，因此通过调整锌金属的暴露面来提升电池性能也是结构设计中常见的方法之一。对锌负极电化学性能影响最大的是 Zn（002）晶面和（100）晶面。（100）晶面的表面呈波状，导致界面电荷密度和离子通量分布不均匀；反之，（002）晶面相对平坦且电荷密度分布均匀。通过调控晶面取向可以抑制枝晶和副反应，其中通过晶体异质外延生长已成为目前控制晶面取向实现 Zn 离子均匀沉积的重要途径之一。在外延电沉积过程中，在最大晶格匹配和最小应变的驱动下，在第一层沉积锌与衬底（如石墨烯）之间形成匹配界面，锌-石墨烯界面平行于石墨烯；随后，该共格（或半共格）界面与石墨烯衬底促使 Zn^{2+} 沉积，随后外延生长层叠加在现有界面的顶部；最终，更多的同质外延生长层由沿特殊晶体取向排列的扁平致密的六边形锌金属晶体层组成。

在锌的结构设计中，三维结构面临的主要挑战是结构坍塌，以及在合成过程中难以控制的结构尺寸，因而在锌负极领域相关的研究还比较少，可控调节晶面取向仍需要更加深入的研究。

3. 合金化负极

合金化负极是指将金属锌与其他非金属通过合金化反应形成负极材料。锌可以与各种元素熔合形成锌基合金，按成分的多少分为二元合金、三元合金和多元合金。合金成分之间的相互作用会形成具有特定结构和成分的合金相，可分为固溶体和金属间化合物。锌的电化学合金化反应包括重组反应和固溶反应。重组反应通常发生在锌和那些与锌具有较大晶格失配的金属之间，锌与镍（Ni）、铜（Cu）、钴（Co）等金属的合金化反应通常属于重组反应；固溶反应通常发生在锌和那些与锌具有相似晶格常数或电子结构的金属之间，锌与镉（Cd）、铝（Al）、铅（Pb）等金属之间的反应通常属于固溶反应。与前者相比，后者不需要显著的相变，导致对额外活化能的需求更少，这意味着更低的充电/放电电压滞后。与标准的锌箔表面脱锌/镀锌不同，固溶反应中涉及的脱合金/合金化反应是通过锌合金中锌原子向内转移和可逆提取的机制来实现的。因此，基于稳定的固溶反应，不同合金相的锌合金负极可以显著提升电池性能。

7.4 电解液

根据电解液溶剂的不同，目前电化学储能领域主要研究和应用的电解液有两种：有机电解液和水系电解液。有机电解液在高电压（2.5~4V）下能够维持稳定，具有宽的电化学稳定电压窗口，从而使器件在工作电压和能量密度方面表现较优。然而，有机电解液的易燃和有毒特性限制了其广泛应用。相比之下，水系电解液由于安全、环保、成本低、离子导电性高等优点，成为电化学储能器件设计和优化的主要趋势。锌离子电池的最大优势就是使用水系电解液，下面重点介绍水系电解液主要组成中水的基本性质，以及锌盐、溶剂和添加剂等。

7.4.1 水系电解液的基本性质

溶剂水是水系电解液的重要组分，纯水会发生析氢反应（HER）和析氧反应（OER），对应的热力学分解电压仅为1.23V，而且水分解具有一定的pH依赖性。在水系锌离子电池中，由于涉及多电子转移过程，反应动力学缓慢引起的过电位使水分解的实际电压约为2V。因此，仅考虑热力学因素时，水在室温下难以自发分解成氢气和氧气，只有当外界提供足够的能量以克服水分解所需最小能垒时，水才会发生分解。水系锌离子电池的运行受制于水系电解液的电化学稳定窗口。当水系电解液所处电场环境的电位低于析氢反应（HER）电位或高于析氧反应（OER）电位时，作为溶剂的水会不可逆地分解成氢气和氧气，即水的电解反应：

$$H_2O \longrightarrow H_2 + \frac{1}{2}O_2$$

水系电解液中析氢反应（HER）和析氧反应（OER）的反应方程式如下：

析氢反应（HER）：

$$2H_2O + 2e^- \longrightarrow H_2 + 2OH^-$$

析氧反应（OER）：

$$H_2O \longrightarrow 2H^+ + \frac{1}{2}O_2 + 2e^-$$

OER和HER会极大地降低电池的库仑效率。因此，降低自由水的活性，有助于拓宽电化学稳定窗口。

此外，Zn^{2+}会和周围的水分子之间产生强的相互作用力，在水溶液中以水合离子[$Zn(H_2O)_6$]$^{2+}$的形式存在，其半径（0.430nm）远大于Zn^{2+}的半径（0.074nm），而体系中自由水分子间则通过氢键结合成网络结构。因此，电解液调控主要是通过调节溶质和溶剂，改变Zn^{2+}溶剂化结构，降低Zn^{2+}溶剂化结构中水分子的数量，破坏水分子间氢键以降低自由水活性。

7.4.2 水系电解液的组成及特点

1. 水系电解液锌盐

水系电解液中锌盐主要包括无机阴离子类电解质和有机阴离子类电解质。常见的无机阴离子类电解质有$ZnSO_4$、$Zn(NO_3)_2$等，而有机阴离子类电解质包括$Zn(CH_3COO)_2$、$Zn(TFSI)_2$和$Zn(CF_3SO_3)_2$等。不同的锌盐电解液表现出各异的化学和电化学特性，为实现电池性能的平衡提供了不同的选择。

在无机阴离子类电解质中，$ZnSO_4$和$Zn(NO_3)_2$是常见的锌盐溶质，其中$ZnSO_4$具有优异的正极匹配性和低成本的优势。然而，在$ZnSO_4$电解液中，不可避免地存在析氢反应，并随着Zn^{2+}/H^+共嵌，可能在电池充放电过程中生成碱式硫酸锌副产物，从而影响电池的性能。$Zn(NO_3)_2$能够与多种正极材料匹配，但由于NO_3^-有强氧化性，可以腐蚀锌负极并造成局部甚至整体电解液的pH值增加，使电池容量下降，因而在应用中存在一定局限性。其他锌盐电解液如$ZnCl_2$、ZnF_2和$Zn(ClO_4)_2$在某些条件下也有使用，但存在一些问题，如氯气析出和极化现象。$ZnCl_2$电解液具有较高的离子电导率，低浓度的$ZnCl_2$电解液的电化学稳定窗口窄，充电电位较低，导致在较高电位充电时电解液会发生持续的分解，限制了其在低浓度时的应用。

有机阴离子类电解液[如$Zn(CH_3COO)_2$、$Zn(TFSI)_2$和$Zn(CF_3SO_3)_2$]具有优异的正极匹配能力，尤其是$Zn(CH_3COO)_2$和$Zn(TFSI)_2$表现出更好的循环稳定性。有机阴离子具有较大的体积，能够减少Zn^{2+}周围自由水的数量，减小溶剂化作用，有利于锌离子传输，从而改善锌负极枝晶问题。

2. 水系电解液溶剂

水系电解液由于其固有的优点，如廉价性、安全性和环境友好性，在锌电池中获得了极大的关注。然而，由于水的高反应性，在镀锌/剥离过程中不可避免地会发生水诱导的副反应，导致锌负极的库仑效率较低，循环性能较差。考虑到有机电解液的电化学稳定窗口大，且可以缓解水系电解液面临的副反应，研究者们结合水系电解液和有机电解液的优点，开发了有机/水相杂化电解液，其中有机溶剂被视为是水系电解液中的共溶剂。

醇、醚、酯、砜、丁腈和酰胺是目前已知的共溶剂。醇中丰富的羟基可以被视为H键受体，这些羟基与水分子相互作用并打破氢键网络，从而降低水的活性。与醇不同，醚中的氧原子与Zn^{2+}具有很强的亲和力，这使醚分子能参与Zn^{2+}溶剂化鞘层结构，并通过减少溶剂化水分子的数量抑制HER。此外，醚在锌金属表面具有较强的吸附能力，这有助于控制Zn^{2+}的随机扩散并抑制锌枝晶的生长。而酯类由于存在疏水基团，大多数不溶于水，因此需要添加两性阴离子，如OTf$^-$和TFSI$^-$，以使它们溶于水。这些疏水的酯基电解质由于具有强的破坏H键网络的能力而表现出对HER良好的抑制作用。砜类溶剂（含磺酰基）、丁腈类溶剂（含丁腈基）和酰胺类溶剂（含酰胺基）都含有可以与 Zn^{2+} 结合的官能团，因此它们能与 Zn^{2+} 形成配位结构，并从 Zn^{2+} 溶剂化鞘中排除水分子，从而防止水诱导的副反应发生。

水合共晶电解液是另一种水系/有机杂化电解液。这种电解液是深共晶电解液的衍生物，也可看作是一种共晶混合物，其特征是混合物的凝固点低于其单个成分。它具有许多优异特性，如高的电化学稳定性、易于合成和低成本，此外，由于水的存在还具有较高水平的离子导电性。电解液中的水分子主要通过共晶溶剂内部的氢键相互作用网络连接。因此，这种电解液具有低的冰点，可用于低温电池的开发。总体而言，有机/水混合电解液显著改善了锌负极性能，但易燃性有机溶剂的添加仍会造成安全、毒性等问题，也限制了它们的进一步发展。

3. 添加剂

在水系电解液中添加少量添加剂（质量分数<5%）可以提高电池安全性并实现镀锌/剥离的高库仑效率。使用的添加剂可以分为无机添加剂和有机添加剂。有机添加剂相比于无机添加剂具有更好的水溶性，因此得到了广泛的研究。有机添加剂可以进一步分为有机小分子添加剂和有机聚合物添加剂。与有机聚合物添加剂相比，有机小分子添加剂因其多样性、结构简单、易于合成和环境友好性得到了更深入的研究。目前，添加有机小分子添加剂是重要的电解液改性策略之一，添加剂的主要作用机制包括静电屏蔽、吸附、原位形成固态电解质界面膜（SEI 膜）、增强水稳定性和表面织构调控等。

一些极性有机分子添加剂可以吸附在锌负极表面，从而抑制 Zn^{2+} 的二维扩散。吸附作用可能来源于静电感应，以及添加剂和锌金属之间的化学键。强吸附作用有利于稳定的负极界面，可发挥类似于人工非导电改性层的作用。一方面，它们作为物理屏障阻止 Zn^{2+} 的表面迁移，因此，Zn^{2+} 在与金属的初始接触部位形成大量微小的原子核；另一方面，一些添加剂的基团可以抑制 Zn^{2+} 的表面扩散，并且 Zn 优先在吸附于负极表面的添加剂周围成核。由于二维扩散受到抑制，随后的 Zn 沉积将生长出致密且光滑的 Zn 层。

部分添加剂可以在尖端形成静电屏蔽层，抑制枝晶的生长。根据 Nernst（能斯特）方程，如果添加剂阳离子的化学活性低于 Zn^{2+}，并且浓度较低，则添加剂阳离子的有效还原电位低于 Zn^{2+}。在沉积过程中，额外的阳离子与 Zn^{2+} 竞争吸附，具有较低还原电位的添加剂阳离子在锌负极初始生长尖端处积累，形成该尖端周围的静电屏蔽。因此，锌沉积转移到负极上的相邻区域，避免了锌离子电池中锌枝晶的形成。基于静电屏蔽机制的添加剂可通过在邻近的平坦区域强制锌沉积来有效抑制枝晶的生长，主要包括无机阳离子。由于物理静电场效应，这种添加剂可以吸附在生长尖端上，诱导均匀的锌沉积过程。

7.4.3 电解液中各成分的相互作用

电解液的组成复杂，各成分之间的相互作用是一个复杂且关键的研究领域，水系锌离子电池电解液中的相互作用大致可以分为阳离子-阴离子相互作用、离子-水相互作用，以及添加剂/共溶剂-水/锌盐相互作用。

1. 阳离子-阴离子相互作用

溶液中的离子有三种聚集状态，包括溶剂分离离子对（SSIP）、接触离子对（CIP）和阴阳离子聚集体（AGG），如图 7-2 所示。SSIP 是指被多个溶剂分离的离子对。SSIP 状态中的每个离子都具有单独的溶剂外壳，仅受其他离子的轻微影响。CIP 通常是最近距离接触离子对，它通过阳离子和阴离子之间的静电力形成。AGG 状态为离子以团簇形式存在。离子聚集状态受离子种类、溶剂分子的性质和离子浓度的影响。当盐浓度小于 1mol/L 时，水溶液中的大多数离子配合物以 SSIP 为主导。随着盐浓度的增加，离子相互参与彼此的溶剂化壳层，形成 CIP。AGG 状态主要存在于高浓盐电解液中，其中阳离子和阴离子的溶剂化壳层完全被带相反电荷的离子包围，几乎不含水。对于具有大体积阴离子的特定锌盐，如双（三氟甲磺酰）亚胺离子（TFSI⁻）和三氟甲烷磺酸根离子（OTf⁻），也能观察到 AGG 的产生。

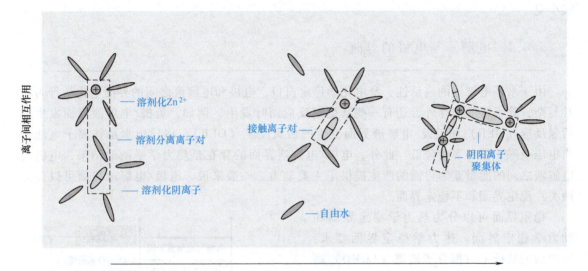

图 7-2　阳离子-阴离子相互作用

2. 离子-水相互作用

盐溶解可以被认为是离子晶体中的阳离子和阴离子克服彼此之间的吸引力，从晶格中分离成气体离子，然后进入水溶液并与极性水分子结合形成水合离子的过程。Zn^{2+} 溶剂化结构通常由 Zn^{2+} 和 6 个水分子组成。水系锌离子电池中使用许多不同种类的阴离子，如 $TFSI^-$、OTf^-、SO_4^{2-}、Cl^-、ClO_4^{2-} 等，它们在大小、形状甚至电荷上存在差异，因此 Zn^{2+} 具有不同的溶剂化结构。

3. 添加剂/共溶剂-水/锌盐相互作用

除了锌盐和水之外，添加剂和共溶剂等可以在电解液中与离子、水和自身相互作用。目前，研究者们提出了一些概念（如螯合、电子受体/供体数，以及亲水和疏水效应）来描述添加剂/共溶剂对电解液中其余成分的影响。螯合是一种化合反应，其中多齿配体的两个或多个配位原子与阳离子形成螯合环。螯合剂是含有多齿配体的化学物质，可以与阳离子结合形成螯合产物。研究人员通过讨论其对电子的贡献和吸引特性，来衡量其溶剂化结构。一般来说，具有高给电子特性的添加剂/共溶剂更容易参与 Zn^{2+} 溶剂化结构，这直接反映了溶剂与阴离子形成氢键或盐桥的倾向。然而，关于阴离子溶剂化结构的研究很少，有待进一步研究。

水系锌离子电池中使用的大多数添加剂/共溶剂都是有机的，鉴于它们与水分子的相互作用，可以大致分为亲水性有机物和疏水性有机物。根据经验规则"近似溶解"，分子的疏水性与其极性成反比，即低极性分子表现出高疏水性。相反，含有极性基团的分子对水具有很大的亲和力，并表现出亲水性。一些极性有机物，如醇、砜和丁腈类有机物被广泛用作添加剂/共溶剂。它们的引入不仅可以保持电解液的均匀性，还可以通过破坏水的氢键网络来限制水的活性。理论上，大多数酯类与水具有很强的相互排斥力，这使它们在实现疏水系统时可能会显著破坏水的氢键网络。此外，疏水性添加剂/共溶剂进入 Zn^{2+} 溶剂化鞘后，有助于减少溶剂水和 Zn^{2+} 之间的相互作用。然而，由于疏水有机物与水的不混溶性不利于电解液对均匀性的要求，因此目前可用作水溶性电解液中的共溶剂的疏水有机物很少见。

7.4.4 电解液与电极的界面

由于水系电解液的高活性、窄电化学稳定窗口，电极和电解液之间的界面电化学行为非常复杂，除了锌的储存外，还有一些其他副反应同时发生。例如，负极/电解液界面发生的析氢反应（HER）和正极/电解液界面发生的析氧反应（OER），将导致水系锌离子电池输出电压受限，循环寿命降低。此外，电极/电解液界面的存在是热力学平衡的结果，电极与电解液之间的能量差为界面的产生提供了主要动力。一般来说，电极/电解液界面可以分为两类：稳定界面和不稳定界面。

稳定界面可以分为热力学稳定界面和动力学稳定界面。热力学稳定界面要求：电解液的最低未占据分子轨道（LUMO）高于负极的费米能级（μ_A），电解液的最高占据分子轨道（HOMO）低于正极的费米能级（μ_C），如图7-3所示。也就是说，μ_A 和 μ_C 位于电解液的禁带宽度（E_g）之间，即正负极之间的电位差如图7-3中（1）所示，这极大限制了电池的开路电压。因为界面上没有自发反应，因此可以得到内在稳定的电极/电解液界面。

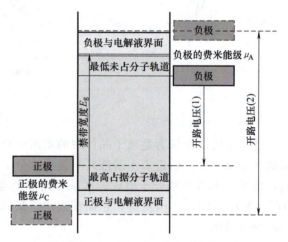

图7-3 稳定界面的形成条件

然而，电极电位通常在电解液的 E_g 之外。当负极的 μ_A 高于电解液的 LUMO 时，负极中的电子流向电解液，导致电解液发生还原反应并形成负极-电解液界面膜（AEI 膜）。同样，当正极的 μ_C 低于电解液的 HOMO 时，将导致电解液的氧化，并形成正极-电解液界面膜（CEI 膜），此时正负极之间的电位差如图7-3中（2）所示。界面导离子但不导电子，Zn^{2+} 可以自由通过。通过对电极和电解液进行预处理，可大大提高电池的电化学性能。

不稳定界面会引起以下几个问题：①电解液和电极之间发生自发反应；②初步形成异质、不均匀界面，引起不均匀的离子扩散；③界面产物不断长大、破碎和演变，降低锌离子电池的库仑效率；④副产物和"死锌"的累积，阻碍电极/电解液界面的离子通道和电子通道。

7.5 正极材料

20世纪初期，随着对锌离子电池研究的深入，研究人员发现锌离子可以在某些层状和隧道结构的正极材料中可逆地嵌入和脱出。2012年左右，首次报道了锰氧化物（如MnO_2）在Zn^{2+}嵌入/脱出过程中的电化学行为，为锌离子电池正极材料的开发奠定了基础。为了提高锌离子电池的能量密度、倍率性能和循环稳定性，正极材料必须满足以下几个基本要求：

1）氧化还原电位较高，以获得更高的单个电池工作电压。
2）电化学反应活性高且可逆储锌容量大，以提升能量密度。
3）锌离子扩散通道通畅，确保离子能快速嵌入和脱出，提高倍率性能。
4）具有良好的结构稳定性和电化学稳定性，以提高电池的循环寿命。
5）制备工艺简便、资源丰富且环境友好，以确保大规模生产的可行性。

迄今为止，锌离子电池的正极材料主要有锰基氧化物正极材料、钒基正极材料、普鲁士蓝正极材料、过渡金属硫化物正极材料和有机化合物正极材料等。

7.5.1 锰基氧化物正极材料

锰基氧化物由于环境友好、安全性高、成本低、储量丰富等特点，已成为一种普遍的电池正极材料。锰具有多种价态，其氧化物有MnO_2、Mn_2O_3、Mn_3O_4、MnO等。二氧化锰（MnO_2）作为水系锌离子电池正极材料受到广泛关注，它具有独特的隧道或层状结构，能够为Zn^{2+}提供快速可逆的脱嵌通道，且具有高运行电压和高理论比容量（308mA·h/g）。MnO_2的基本结构是[MnO_6]八面体单元，由一个Mn^{4+}和六个O^{2-}组成，[MnO_6]八面体单元通过周期性共享顶点/边缘而形成不同的晶体结构类型，如隧道或层状结构的多晶型化合物，主要有α-MnO_2、β-MnO_2、γ-MnO_2、δ-MnO_2。下面将以α-MnO_2为例介绍锰基正极材料的结构和Zn^{2+}存储机制。

α-MnO_2在水系锌离子电池中被广泛研究，具有尺寸为0.46nm的[2×2]的隧道结构，属于四方晶系，空间群为I4/m，八面体单元[MnO_6]通过共享角形成双链结构，结构如图7-4a所示。α-MnO_2较宽的隧道结构可以允许Zn^{2+}沿z轴快速嵌入/脱嵌，有利于充放电过程中离子的存储和扩散。纳米尺寸的α-MnO_2直径小，具有较大的比表面积和更高的电解液可及性，能有效地提高电池的容量。得益于结构优势，α-MnO_2用作水系锌离子电池正极材料时具有高的放电比容量（超过200mA·h/g），平均放电电压为1.3V左右，其充放电曲线如图7-4b所示。该材料在长期循环过程中放电比容量持续下降，且在高电流倍率下性能较差。

锰基正极材料的Zn^{2+}存储机制非常复杂，尚未有统一结论。目前提出的反应机理主要包括Zn^{2+}嵌入/脱出、H^+和Zn^{2+}共嵌入、化学转化反应，以及溶解-沉积反应。

1. Zn^{2+}嵌入/脱出

Zn^{2+}嵌入/脱出机制是指通过Zn^{2+}在正极材料中发生可逆的嵌入/脱嵌进行储能，这是被广泛接受的一种反应机理。反应过程中，MnO_2通过电化学反应发生由隧道结构到层状的可

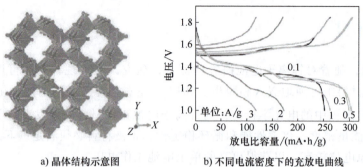

a) 晶体结构示意图　　　　　b) 不同电流密度下的充放电曲线

图 7-4　α-MnO_2 正极材料

逆相转变。放电时，Zn^{2+} 会嵌入 MnO_2 的隧道结构中形成 $ZnMn_2O_4$，在充电过程中，Zn^{2+} 从 MnO_2 隧道结构中脱出，移动到负极表面附近，得到电子并沉积到锌电极表面，MnO_2 原始隧道结构得以恢复。反应方程式为

$$xZn^{2+}+2xe^-+MnO_2 \longleftrightarrow Zn_xMnO_2$$

2. H^+ 和 Zn^{2+} 共嵌入

锰基正极材料在放电过程中具有两个明显的平台，表明放电时存在两种不同类型的离子嵌入。Zn^{2+} 尺寸较大并且与宿主结构具有强烈的相互作用，使得 Zn^{2+} 嵌入的过程较慢，具有较大的过电位。H^+ 尺寸较小，可以在 MnO_2 中快速嵌入，因此具有较小的过电位。一般认为，第一个平台对应 Zn^{2+} 的嵌入，第二个平台对应 H^+ 的嵌入，H^+ 的减少会引起正极界面附近 pH 值的提高，导致碱式硫酸锌副产物的形成。反应方程式为

$$MnO_2+H^++e^- \longleftrightarrow MnOOH$$
$$2MnO_2+Zn^{2+}+2e^- \longleftrightarrow ZnMn_2O_4$$
$$4Zn^{2+}+6OH^-+SO_4^{2-}+nH_2O \longleftrightarrow Zn_4SO_4(OH)_6 \cdot nH_2O$$

3. 化学转化反应

与传统的 Zn^{2+} 嵌入/脱出机制不同，按照化学转化反应机理，在弱酸性的 $ZnSO_4$ 电解液中，水分解产生的 H^+ 在电池放电时与 MnO_2 反应生成 MnOOH，同时生成的 OH^- 离子与 $ZnSO_4$ 和 H_2O 发生反应，生成 $ZnSO_4[Zn(OH)_2]_3 \cdot xH_2O$。充电时，$ZnSO_4[Zn(OH)_2]_3 \cdot xH_2O$ 会逐渐溶解，同时 MnOOH 也会恢复为原始的 MnO_2。

4. 溶解-沉积反应

在首次放电过程中，MnO_2 和 H_2O 反应生成的 Mn^{2+} 溶解在电解液中，同时释放出的 OH^- 与 SO_4^{2-} 和 Zn^{2+} 反应，在正极表面生成碱式硫酸锌相。充电时，生成的碱式硫酸锌与溶解的 Mn^{2+} 反应，生成 birnessite-MnO_2。后续的充放电过程则转换为 birnessite-MnO_2 的溶解和电沉积过程。

无论原始锰氧化物的晶型如何，在 Zn^{2+} 存储过程中，都很容易转化为层状 MnO_2。这种不可逆的相变副反应将导致正极材料晶体结构的坍塌。为了增强层状结构的稳定性，可以采用预嵌离子/分子工程，如在 δ-MnO_2 层间预嵌入聚苯胺（PANI），能够有效避免相变，减小阳离子嵌入/脱出时的体积变化，从而提高电池的倍率性能和循环寿命。锰氧化物本身的电子导电性较差，这会限制锌离子电池的倍率性能，特别是在高倍率充放电时，电池的电压

平台和容量会明显下降。可以通过与导电性良好的碳基材料（如碳纳米管、石墨烯等）复合或进行纳米化处理，提升材料的反应动力学，从而改善电池的倍率性能。在水系电解液中，锰基正极材料容易发生 Mn^{2+} 的溶解，导致活性物质流失，影响电池的容量和寿命。此外，锰的溶解还可能导致负极的自腐蚀，加剧电池性能的衰退，可以通过优化电解液和界面修饰等手段进行优化。

7.5.2 钒基正极材料

钒基化合物具有理论容量大、资源丰富和成本低等优点。钒是一个多价态的过渡金属元素，其核外电子结构为 [Ar] $3d^34s^2$，具有 V^{2+}、V^{3+}、V^{4+} 和 V^{5+} 四种不同的氧化态，对应的钒基氧化物依次为 VO、V_2O_3、VO_2 和 V_2O_5，同时还有一些混合价态的钒氧化物，如 V_6O_{13}、V_4O_9、V_3O_7 等，作为多价电池的正极材料引起了广泛的关注。钒的多种氧化态和易变形的 [VO_x] 多面体产生了多种不同组成和结构框架的钒基化合物。常见的钒基化合物有钒基氧化物、钒基硫化物和钒基磷酸盐，它们具有多种开放式结构，有利于离子的嵌入和脱出。下面介绍两种常用的钒基正极材料。

1. V_2O_5 正极材料

五氧化二钒（V_2O_5）属于斜方晶系，空间群为 Pmmn，是一种典型的层状钒基化合物。V 原子和 O 原子构成 [VO_5] 四方棱锥，通过共顶点或共边的方式形成层状结构，如图 7-5a 所示，开放的层间通道有利于 Zn^{2+} 的嵌入与脱出。相邻层间通过范德瓦耳斯力连接，这种静电作用可以使 Zn^{2+} 容易嵌入与脱出，其层间距约为 0.58nm，远大于 Zn^{2+} 的半径 0.075nm，有利于锌离子在 V_2O_5 层间扩散，因此 V_2O_5 正极材料理论上能提供非常优异的电化学性能。在放电过程中，锌离子嵌入 V_2O_5 正极中，此时 V_2O_5 的晶体结构发生变化，形成了新的 $Zn_xV_2O_5$ 相。在充电过程中，Zn^{2+} 从 $Zn_xV_2O_5$ 相中脱出，重新沉积在负极上，而正极则由原来的 $Zn_xV_2O_5$ 重新转变为层状的 V_2O_5。具体的反应方程式如下：

$$V_2O_5 + xZn^{2+} + 2xe^- \longleftrightarrow Zn_xV_2O_5$$

 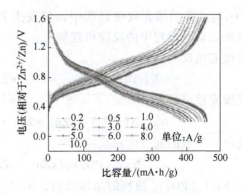

a) 晶体结构示意图　　　　　　b) 不同电流密度下的充放电曲线

图 7-5　V_2O_5 正极材料

V_2O_5 中的钒元素能够在+5、+4 和+3 价态之间进行可逆转换。这种多价态特性使 V_2O_5 在充放电过程中能够承载更多的电荷，从而提升电池的容量和理论比容量（接近 294mA·h/g），如图 7-5b 所示。此外，层状结构有助于其在充放电过程中维持结构稳定性。锌离子可以在 V_2O_5 层间可逆地嵌入和脱出，保持电极材料的结构完整性，从而延长电池的循环寿命。

2. 磷酸钒盐类正极材料

NASICON 型磷酸钒盐 [$M_3V_2(PO_4)_3$（M 为 Li、Na）] 晶体结构是由 [$V_2(PO_4)_3$] 结构单元构成的 3D 骨架，该结构单元由共享角的 [VO_6] 八面体 [PO_4] 四面体沿 c 轴形成，再通过 [PO_4] 与其他的 [$V_2(PO_4)_3$] 连接起来，构成一个开放的三维骨架，可以提供稳定的活性位点和离子迁移通道。在 NASICON 晶体结构中存在两种不同化学环境的金属离子位点。以 $Na_3V_2(PO_4)_3$ 为例，如图 7-6 所示，存在两类不同氧环境的 Na^+，分别位于晶体的空隙或通道中。一类是位于八面体位置六配位环境的容钠位（6b），定义为 Na（1）位，每个单元包含 1 个 Na（1）位；另一类是位于四面体位置八配位环境的容钠位（18e），定义为 Na（2）位，每个单元包含 3 个 Na（2）位。充放电过程中，Na（2）位点的 2 个 Na^+ 进行可逆的嵌入和脱出反应，发生两个电子的转移，广泛应用于钠离子电池。Zn^{2+} 的离子半径为 0.075nm，小于 Na^+ 离子半径（0.102nm），因此将 $Na_3V_2(PO_4)_3$ 应用到水系锌离子电池也是可行的。

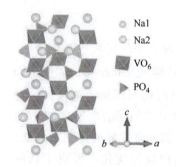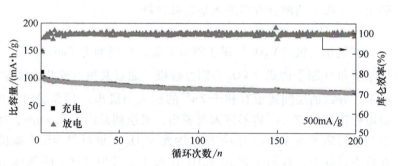

图 7-6 $Na_3V_2(PO_4)_3$ 正极材料

将 $Na_3V_2(PO_4)_3$ 应用到水系锌离子电池，首次充电时，两个 Na^+ 会从 $Na_3V_2(PO_4)_3$ 中脱出，形成 $NaV_2(PO_4)_3$。在放电过程中，Zn^{2+} 嵌入 $NaV_2(PO_4)_3$ 中，产生一个新相 $Zn_xNaV_2(PO_4)_3$。在后续充放电过程中，仅发生 Zn^{2+} 的脱嵌反应。$Na_3V_2(PO_4)_3$ 正极材料在锌离子电池充放电过程中的反应机理如下：

正极首次充电反应：

$$Na_3V_2(PO_4)_3 \longrightarrow 2Na^+ + 2e^- + NaV_2A(PO_4)_3$$

后续正极充放电反应：

$$NaV_2A(PO_4)_3 + xZn^{2+} + 2xe^- \longleftrightarrow Zn_xNaV_2(PO_4)_3$$

首次充电后电池的充放电总反应：

$$NaV_2(PO_4)_3 + xZn \longleftrightarrow Zn_xNaV_2(PO_4)_3$$

得益于 $Na_3V_2(PO_4)_3$ 独特的晶体结构，$Na_3V_2(PO_4)_3$ 在锌离子电池中表现出良好的电化学性能。虽然 $Na_3V_2(PO_4)_3$ 的理论比容量（约为 117mA·h/g）低于其他正极材料，但在实际应用中，它的结构稳定性和电化学性能弥补了这一不足，使其成为一种具有实际应用价值的锌离子电池正极材料，特别是在需要长循环寿命和稳定性能的应用场景中。随着进一步的研究和优化，$Na_3V_2(PO_4)_3$ 在锌离子电池中的应用前景将会更加广阔。

7.5.3 普鲁士蓝正极材料

普鲁士蓝及其类似物材料由于具有三维框架结构和可调的化学组分，可为 Zn^{2+} 提供快速且稳定的扩散通道及足够的隧道空间，保证 Zn^{2+} 在嵌入、脱嵌时具有快速的反应动力学和良好的循环稳定性，使其在嵌入水合离子半径大的离子时具有较好的优势。基于这类结构，通常预嵌入 Zn^{2+}，占据框架中的空隙或通道位点，与普鲁士蓝框架中的氧或氮原子之间形成相互作用，以稳定普鲁士蓝的晶体结构，如图 7-7a 所示。该材料中丰富的氧化还原活性金属位点能够保证材料优异的电化学性能。具体充放电过程的反应机理如下：

放电过程： $M[Fe(CN)_6] + Zn^{2+} + 2e^- \longrightarrow Zn[MFe(CN)_6]$

充电过程： $Zn[MFe(CN)_6] \longrightarrow M[Fe(CN)_6] + Zn^{2+} + 2e^-$

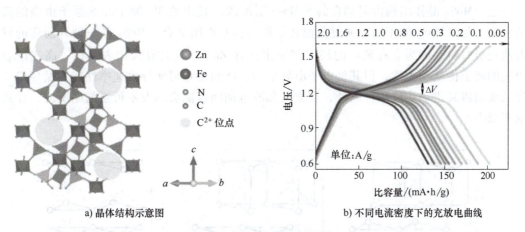

a) 晶体结构示意图　　　　　b) 不同电流密度下的充放电曲线

图 7-7　普鲁士蓝正极材料

如图 7-7b 所示，与锂离子电池相比，虽然普鲁士蓝能够提供的比容量（50~70mA·h/g）和工作电压（通常为 1.0~2.0V）较低，但是普鲁士蓝材料的开架结构和大孔道特性使其能够在高倍率下快速充放电。实验表明，普鲁士蓝正极材料在较高的充放电速率下仍能保持较好的容量输出，通常在 1C 到 10C 倍率下，普鲁士蓝材料的容量保持率较高。另外，锌离子在普鲁士蓝晶格中的可逆嵌入/脱嵌过程非常稳定，普鲁士蓝材料通常表现出优异的循环寿命，经过数百甚至上千次充放电循环后，普鲁士蓝材料仍能保持较高的容量保持率，这对储能设备的长期可靠性至关重要。

普鲁士蓝在水系锌离子电池的实际应用中依旧存在着一些问题。例如，在材料制备过程中总是会在晶体中引入间隙水和晶格缺陷。间隙水会占据活性位点，导致容量降低，加速电极材料溶解，从而降低循环稳定性；而晶格缺陷的随机分布会引起晶格畸变，从而降低结构稳定性。此外，普鲁士蓝的框架结构还可能会在电化学的诱导下发生相变，如果存在晶格缺陷，这种相变会加剧结构的崩塌。因此，在制备过程中需要尽量避免间隙水和晶格缺陷的引入。

7.5.4 过渡金属硫化物正极材料

过渡金属硫化物由过渡金属（M）和硫化物（S）组成，其中 M 是从第四族到第十族的过渡金属（如 Ti、W、V 和 Mo），通常被认为是与石墨相似的无机金属。每个过渡金属硫化物层的化学计量成分是 MS_2，中心层由 M 原子组成，中间有两层 S 原子。因此，每个过渡金属硫化物层的跨度由三个原子厚（S-M-S）组成。MoS_2 是过渡金属硫化物最具代表性的材料，已经广泛应用于能源相关领域。二硫化钼晶体属于六方晶系，空间群为 P63/mmc。有 1T，2H 和 3R 三种晶体结构，如图 7-8 所示，图中 a 表示六方晶胞的基面内原子间的距离，也就是 MoS_2 晶体平面内原子排列的周期性长度，c 表示垂直于层状结构方向的晶格常数，即层与层之间的周期性距离，c 的大小取决于 MoS_2 结构相的类型，大约为单层 MoS_2 厚度的 1、2、3 倍，例如 2H 相，c 约为 1.23nm。单层的 MoS_2 片层具有 S-Mo-S "三明治" 式构型，厚度约为 0.65nm。通过不同的堆垛方式，MoS_2 可以形成不同的结构相，包括 1T（Trigonal）、2H（Hexagonal）和 3R（Rhombo hedral），1、2、3 分别代表每个晶胞中单层 MoS_2 的层数。过渡金属硫化物通常由 MoS_2 单层组成，这些单层由范德瓦尔斯力相互作用结合在一起。MoS_2 晶体结构由弱耦合的 S-Mo-S 层组成，其中的 Mo 原子和 S 原子由强的离子键结合在一起，MoS_2 的不同层通过范德瓦尔斯力相互作用结合。MoS_2 是一种有前途的锌离子电池正极材料，因为它有足够的层间间距来包含 Zn^{2+}，且具有大比表面积、高理论容量和快速的离子传输动力学，但其低电子电导率和大体积变化可能导致速率性能和循环稳定性下降从而阻碍其进一步应用。此外，在充电和放电期间可能会诱发不可逆的副反应，导致库仑效率低下。

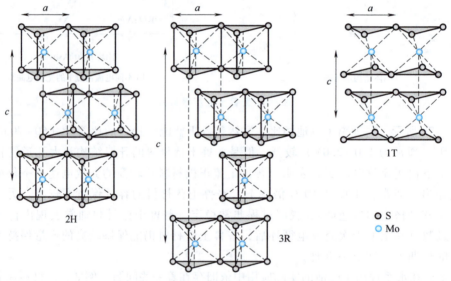

图 7-8　MoS_2 正极材料的晶体结构示意图

谢弗雷尔（Chevrel）相 Mo_6S_8 化合物由于其独特的开放式晶体结构和刚性骨架，被用于多种电池的正极材料。Chevrel 相的晶体结构由一个 [Mo_6] 八面体簇组成，整体嵌入一个 [T8] 阴离子立方体中。在 Chevrel 相化合物中，Mo_6S_8 是最具吸引力和被广泛研究的锌离子嵌入/脱嵌化合物。它由 6 个 Mo 组成的 Mo_6 与 S 配位形成的立方体构成，相邻的簇由八个硫原子中的六个在轴向结合形成三维框架，为锌离子的嵌入提供了两种活性位点。锌离子嵌入 Mo_6S_8 晶格是一个两步的电化学反应过程，分别在两种活性位点进行嵌入。反应机理如下：

$$Zn^{2+} + Mo_6S_8 + 2e^- \longrightarrow ZnMo_6S_8$$
$$Zn^{2+} + ZnMo_6S_8 + 2e^- \longrightarrow Zn_2Mo_6S_8$$

7.5.5 有机化合物正极材料

近年来，有机聚合物作为电极材料越来越受到人们的关注，一方面它们具有低成本、结构多样化、资源充足、合成便利性等优点；另一方面由于有机聚合物的溶解性较差，可以避免类似锰基和钒基正极材料溶解崩塌的问题。常见的有机化合物正极材料包括羰基化合物、硝基氮氧化物、亚胺化合物及一些导电聚合物。

1. 羰基化合物

羰基化合物作为一种典型的 n 型电极材料，在锌离子电池中表现出较高的比容量。虽然羰基化合物本身不会溶解，但是它们的放电产物在水中具有较高的溶解性，因而导致了其循环稳定性的下降。此外，这类化合物的电子导电性较差，限制了它们在高倍率下的性能表现。相对于一价离子（如 Li^+、Na^+ 等），二价 Zn^{2+} 更倾向于通过配位反应与两个氧化还原位点结合，这将决定 n 型有机电极材料的氧化还原特性和设计策略。常报道的羰基正极材料包括醌、酮和酰亚胺等。在这些分子结构中，羰基被认为是氧化还原高活性位点，易于捕获 Zn^{2+}。

2. 硝基氮氧化物

硝基氮氧化物具有一系列独特的电化学特性，其中包括电子能级较低、在氧化还原过程中电子重排程度相对较小，以及表现出较高放电电压和快速的氧化还原动力学。在长周期循环和持续高电压操作的应用中，硝基氮氧化物往往能提供稳定的电压输出，然而，其在高电压条件下可能导致氧气的析出，进而导致循环寿命降低。此外，较低的比容量和复杂的制备过程限制了其进一步的发展。

3. 亚胺化合物

含有 C=N 基团的亚胺类化合物能够在充放电过程中与电解液中的阳离子（如 Zn^{2+} 和 H^+）快速结合，具有良好的氧化还原活性和多重离子的插入机制，因而具有比容量大、反应动力学快、循环寿命长等特点。然而，较低的工作电压和较差的导电性限制了其进一步发展。

4. 导电聚合物

常见的用于锌离子电池正极材料的导电聚合物包括聚苯胺（PANI）、聚吡咯（PPy）、聚噻吩（PT），以及聚（3,4-乙烯二氧噻吩）（PEDOT）等。在水溶液中，这类材料通常表现为双极型氧化还原特征。导电聚合物的优势在于其具有更为稳定的电化学性能，缺点在于其提供的比容量有限。

7.5.6 正极材料的优化策略

基于正极材料的合成研究已经取得了很大进展，然而，它还面临着一些其他有待进一步解决的问题，如结构稳定性弱、正极材料溶解、严重的静电相互作用和导电性差。因此，正极材料的优化也是一个广泛关注的方向，包括纳米结构设计、客体预嵌层和缺陷工程等多种优化策略，旨在提高锌离子电池的容量并保持其结构稳定性。

1. 纳米结构设计

纳米尺寸的电极材料具有较大的比表面积和优异的尺寸效应，是优化用于能量存储和转换的电极材料的通用策略。这是由于纳米尺寸的电极有以下优势：①有更大的电解液接触面积，并增加了用于 Zn^{2+} 离子储存的活性位点，载流子容易在纳米结构表面扩散，这显著提高了电池的倍率性能；②纳米尺寸的电极材料会缩短离子扩散的距离，减少扩散时间，改善电化学反应动力学；③纳米材料还可缓解体积膨胀问题，维持结构稳定，从而实现长循环寿命。扩散时间的计算公式为：

$$\tau_{eq} = \frac{L^2}{2D} \tag{7-2}$$

式中，τ_{eq} 为扩散时间；L 为材料尺寸；D 为扩散系数。

由式（7-2）可知，合成纳米尺寸的电极材料（即降低 L）可有效降低离子的 τ_{eq}。因此，可以通过采用尺寸减小的纳米材料来提高离子扩散速率从而提高电池充放电速率。

2. 客体预嵌层

不可逆的非平衡相变及嵌入层结构的不稳定性会导致电池容量衰减，影响电池性能。对于层状结构的正极材料，狭窄的层间距和较大的扩散能垒不利于 Zn^{2+} 的扩散转移。因此，在层间嵌入高稳定性且与 Zn^{2+} 相互作用弱的客体，可促进 Zn^{2+} 在层间的可逆转移。通过在具有层状结构的 MnO_2 中预嵌入客体，能够为 Zn^{2+}/H^+ 的嵌入和脱出提供稳定的内部结构，缓解其在嵌入和脱出过程中引起的结构崩塌，优化晶体结构。同时它可以增加 Zn^{2+} 与相邻氧离子之间的距离，进而减弱 Zn^{2+} 离子与 MnO_2 之间的静电相互作用，提高载流子的扩散速率。另外，由于钒氧化物结构的灵活性和开放性，可以通过嵌入上述客体粒子来有效地调节外来客体进入框架所引起的各种结构变化，如结构单元的重新排列和层间距的变化。钒氧化物与外来客体产生协同效应从而影响其性能，电化学性能与化合物的结构骨架高度相关。

3. 缺陷工程

Zn^{2+} 和主体材料之间的库仑离子-晶格相互作用，导致反应动力学缓慢，并抑制可逆的 Zn^{2+} 储存。此外，在循环过程中，主体晶格中的电负性较高的原子倾向于捕获一定量的 Zn^{2+}，在高容量充放电深度下循环时，这将降低导致有限的循环稳定性。传统的锰氧化物改性手法一般为改变结晶相，以及嵌入客体粒子/聚合物来扩大层间距等，属于针对 Zn^{2+} 扩散主导电化学行为的改性。缺陷工程作为一种有前途的替代解决方案，广泛应用于电池系统，对电化学反应起着至关重要的作用。缺陷研究主要集中在点缺陷上，点缺陷包括肖特基缺陷（由于晶格的热振动，原子离开晶格位置产生空位）、弗伦克尔缺陷（由于热涨落，原子从晶格点跳到间隙）和杂质缺陷（由于杂质原子或离子嵌入晶格引起）。缺陷扰乱周围的原子并导致晶格畸变，同时调整过渡金属元素局部电子结构，提高材料的本征电导率，并且还能为载流子的嵌入提供更多活性位点。且电子结构的改变会影响 Zn^{2+} 在材料表面吸附的吉布斯自由能，促进 Zn^{2+} 的可逆嵌入和脱出，从而影响电极材料的电化学性能。

7.6 隔膜

目前，大多数水系锌离子电池采用具有高亲水性的玻璃纤维隔膜。然而，由于玻璃纤维具有较大且不均匀的孔隙,以及力学性能不理想,在离子传输过程中容易产生锌枝晶并导致短路。Zn^{2+}有序传输促进了锌溶解/沉积的可逆性,目前的相关研究表明,从隔膜的角度进行优化也是一种有效的对策,包括表面涂覆、孔结构调控、引入官能团和建立混合结构。

1. 表面涂覆

表面涂覆是一种非常有效的界面改性方法,改性的涂层材料主要包括石墨烯、氧化石墨烯、石墨炔、金属有机框架(MOF)、二维过渡金属碳化物/氮化物(MXenes)和锡金属。作为最常用的锌离子电池隔膜,玻璃纤维具有适当孔隙率和对水性电解液的良好润湿性,这些特性使它适合改性。例如,氧/氮掺杂石墨烯具有高亲锌性,可以保证均匀分布的电场,降低局部电流密度;石墨烯和MXenes能够在外延生长机制的作用下促使锌沉积沿着平行于锌负极的方向生长。

2. 孔结构调控

玻璃纤维虽然与水系电解液有很好的相容性,但其孔径过大,孔隙大小不均匀,不利于产生均匀的电流密度,容易导致不均匀的锌沉积过程。长期的循环使其容易被枝晶刺穿,造成电池短路。另外孔隙不均匀的滤纸也会对电解液产生不同程度的润湿作用。值得一提的是,孔隙更小更均匀可以使电场分布变得更加均匀,有利于锌的均匀沉积。

3. 引入官能团

将具有特定功能的官能团引入隔膜中,利用官能团与电解液中的离子发生相互作用,可以有效调节锌离子的传输和锌沉积行为。例如,SO_3^{2-}和锌离子之间的强相互作用可以改变水合锌离子的配位环境,为锌离子的传输提供选择性的便捷通道,从而促进锌均匀沉积并抑制锌枝晶的形成。

4. 建立混合结构

在混合结构的隔膜中,要求改性材料是电绝缘的。例如,将二氧化锆介电材料引入隔膜主体中,在Maxwell-Wagner效应的作用下可以产生定向电场,从而为锌离子的传输提供便捷且均匀的路径,加速锌离子的传输动力学,提升锌离子迁移数,使锌沉积更为稳定。

参 考 文 献

[1] 崔宝臣,刘淑芝. 可充锌基电池原理及关键材料[M]. 北京:化学工业出版社,2023.

[2] JIA X X, LIU C F, NEALE Z G, et al. Active materials for aqueous zinc ion batteries:synthesis, crystal structure, morphology, and electrochemistry[J]. Chemical Reviews, 2020, 120(15):7795-7866.

[3] MIAO L C, GUO Z P, JIAO L F. Insights into the design of mildly acidic aqueous electrolytes for improved stability of Zn anode performance in zinc-ion batteries[J]. Energy Materials, 2023, 3(2):300014.

[4] ZHOU M, CHEN Y, FANG G Z, et al. Electrolyte/electrode interfacial electrochemical behaviors and optimization strategies in aqueous zinc-ion batteries[J]. Energy Storage Materials, 2022, 45:618-646.

[5] TANG B Y, SHAN L T, LIANG S Q, et al. Issues and opportunities facing aqueous zinc-ion batteries[J]. Energy & Environmental Science, 2019, 12(11):3288-3304.

[6] SHEN W, LI H, WANG C, et al. Improved electrochemical performance of the $Na_3V_2(PO_4)_3$ cathode by B-doping of the carbon coating layer for sodium-ion batteries[J]. Journal of Materials Chemistry A, 2015, 3(29):15190-15201.

[7] WU X Y, XU Y K, ZHANG C, et al. Reverse dual-ion battery via a $ZnCl_2$ water-in-salt electrolyte[J]. Journal of the American Chemical Society, 2019, 141(15):6338-6344.

第8章 其他新型电池

前面章节主要介绍了锂离子电池及部分非锂离子电池，除此之外，基于其他非锂离子的电池材料与技术也得到了一定程度的发展，如钾、镁、钙和铝等离子电池。总体来说，在锂离子电池占主导地位的同时，基于不同应用需求，发展其他"新型"电化学电池体系也成为当下研究的热点。本章主要介绍钾离子电池及多价金属（镁、钙、铝）离子电池的基本电化学理论、各类电池体系、关键材料以及发展前景。电池材料的相关金属负极的对比见表8-1。

表8-1 金属钾和其他金属负极的对比

金属	离子半径/nm	电极电势相对于标准氢电极/V	质量比容量/(mA·h/g)	体积比容量/(mA·h/cm³)	地壳中丰度（质量分数）
Li	0.076	-3.04	3380	2062	0.0018%
Na	0.102	-2.71	1165	1129	2.27%
K	0.138	-2.93	687	591	1.50%
Mg	0.072	-2.36	2205	3832	2.76%
Ca	0.099	-2.87	1337	2072	4.66%
Al	0.0535	-1.66	2976	8046	8.30%

8.1 钾离子电池

8.1.1 概述

钾离子电池（Potassium Ion Batteries，KIBs）由于其丰富的原材料、快速的离子传输动力学，以及低成本等特点展现出巨大的潜力，具体表现在以下方面：①钾资源丰富，分布广泛，在地壳中含量为1.5%（质量分数）；②钾离子具有较低的标准还原电位-2.93V（相对于标准氢电极），接近锂离子的-3.04V；③钾离子具有快速的离子传输动力学；④钾不会与铝形成合金,因此可以使用更便宜的铝箔作为正负极集流体。

钾资源的丰富性和低成本使得钾离子电池被视为一种潜在的、可持续的、环境友好的电池技术。钾离子电池的工作原理与锂离子电池类似,它是基于钾离子嵌入正负极材料中的"摇椅"模型。然而,钾离子电池仍面临着一些挑战,这会延缓其走向商业化的进程。

1)较大的尺寸使钾离子电池在充放电过程中的体积膨胀比其他碱金属离子电池更严重,从而导致电极材料晶体结构崩塌和电极粉化,影响电池循环寿命。

2)钾离子在电极材料体相中较低的扩散率限制了其倍率性能。

3)由于K^+/K氧化还原的高电势,钾离子电池中的电解质会遭受严重的分解和一些副反应。

4)在电池工作时会产生钾枝晶生长。

5)电池存在安全隐患问题。

6)能量密度有限,目前钾离子电池的能量密度通常低于锂离子电池,这限制了它们的某些应用。

这些问题导致钾离子电池体系存在容量低、倍率性能差、循环寿命短等问题。同时,相比于成熟的锂离子电池技术,适合钾离子电池的电解质和电极材料较少。因此,开发安全可靠、性能优异的充放电钾离子电池还存在诸多挑战。近年来,学术界也投入了大量研究力量来开发KIBs,一些国家已经将钾离子电池研究项目列为优先事项,部分企业也开始计划大规模推出KIBs产品。

8.1.2 正极材料

与锂离子电池和钠离子电池相比,寻找适合钾离子电池的正极材料具有挑战性。这是因为K^+的半径0.138nm相对于Na^+的半径(0.102nm)和Li^+的半径(0.076nm)更大。常用的正极材料可以分为四类,分别为普鲁士蓝及其类似物、层状过渡金属氧化物、聚阴离子化合物和有机材料。

1. 普鲁士蓝及其类似物

普鲁士蓝及其类似物是钾离子电池中最具竞争力的正极材料之一,它们具有开放的框架、可控的结构、出色的循环稳定性、易制备和低成本等优点。通常化学反应机理如下:

$$K_x M^{II}[M'^{II}(CN)_6] \cdot nH_2O \longleftrightarrow K_{x-y}M^{III}[M'^{III}(CN)_6] \cdot nH_2O + yK^+ + ye^-$$

K^+的嵌入/脱出在充电和放电过程中通过固态过程进行,M^{II}/M^{III}和M'^{II}/M'^{III}氧化还原对通过从普鲁士蓝类似物(PBAs)晶格中嵌入(脱出)K^+离子来控制电化学储存。目前许多研究集中在通过掺杂和共掺杂Fe、Co、Ni、Zn和Mn等过渡金属离子来优化普鲁士蓝类似物的组成,同时通过合成条件(pH、温度和气氛等)控制过渡金属的种类及含量,所制备的多元普鲁士蓝类似物放电容量有明显的提高。由于大多数普鲁士蓝类似物是使用共沉淀法制备的,因此不可避免地存在间隙水,间隙水改变了普鲁士蓝类似物的结晶度,从而对电极材料的比容量产生不利影响。通过控制普鲁士蓝类似物合成过程中的晶体生长速度及随后的热处理过程,可以有效降低间隙水含量,从而改善电化学储钾性能;另外,当普鲁士蓝类似物中的配位离子数量增加时,可用于电化学过程的活性位点会增加,从而促进电解质/电极相互作用;还有一种改善策略是增加普鲁士蓝类似物中的可逆钾含量。

在 2004 年，普鲁士蓝类似物（PBAs）被作为 KIBs 正极时并没有受到广泛关注。但在最近几年，PBAs 的电化学性能得到了显著改善，这使其成为最具前景的 KIBs 正极材料之一。目前，KMnFe-PBA 和 KFeFe-PBA 是性能最佳的 KIBs 正极。KMnFe-PBA 由于高的 Mn^{3+}/Mn^{2+} 氧化还原电位，展现出较高的平均放电电压。$K_{1.75}Mn[Fe(CN)_6]_{0.93} \cdot 0.16H_2O$ 和 $K_{1.89}Mn[Fe(CN)_6]_{0.92} \cdot 0.75H_2O$ 的平均电压达到了 3.8~3.9V（相对于 K^+/K），并且具有高达 140mA·h/g 的高容量，从而使其能量密度高，可与 $LiCoO_2$ 相媲美；然而，Jahn-Teller（JT）活性的高自旋（HS）Mn^{3+} 会由于从立方相（Mn^{2+}）向四方相（Mn^{3+}）的重复相变而引起结构畸变。与 KMnFe-PBA 相比，KFeFe-PBA 具有较少的低自旋（LS）Fe^{3+} 和 HS-Fe^{2+} 的 JT 畸变，这有利于循环稳定性。然而，较低的 Fe^{3+}/Fe^{2+} 氧化还原电位会降低平均放电电压（约为 3.6V）。采用各种策略来控制过渡金属的晶态、粒径、形态、表面涂层和掺杂，有助于提高其氧化还原活性、结构稳定性和钾离子扩散性。尽管报道了 PBAs 的容量接近其理论值，但其倍率能力受限，一般不超过 3C（≤500mA/g），通过与碳材料复合可以提升倍率性能。此外，在水系钾电解液中，由于界面电荷转移动力学比有机电解液更有利，可以实现高倍率能力和超过数千次循环。这些结果凸显了深入理解 PBAs 结构复杂性的重要性，以理性解释晶体结构与电化学性能之间的关系。

2. 层状过渡金属氧化物

层状过渡金属氧化物具有较高的能量密度、出色的稳定性和低成本等优势。在层状氧化物结构中，过渡金属离子和碱金属离子分离成交替的平板，组成二维开放框架，有利于 K^+ 的迁移。以下反应式说明了层状过渡金属氧化物通常的反应机制：

$$KMO_2 \longleftrightarrow K_{1-x}MO_2 + xK^+ + xe^-$$

在充电和放电过程中，K^+ 可以在由 MO_2 形成的框架结构中（典型的八面体位置和棱柱位置）进行嵌入和脱出，伴随着相结构的转化。

从材料成本的角度来看，使用锰基正极材料非常有吸引力。据报道，P′2 型斜方 $K_{0.3}MnO_2$（Cmcm 空间群）在钾离子电池中具有电化学活性。$KMnO_4$ 的简单热分解产生高度结晶的 $K_{0.3}MnO_2$。如图 8-1 所示，Mn 原子在过渡金属层之间以八面体配位，K 原子位于三棱柱位点。该电极在 1.5~4V 范围内由 Mn^{4+}/Mn^{3+} 氧化还原对激活，并伴随多相反应，提供约 130mA·h/g 的放电容量。当电极测试电压高达 4V 时，容量衰减很明显；然而，将上限电压截止值降低至 3.5V（约 80mA·h/g）可实现 700 次循环的稳定循环性能，并保持 68% 的初始容量。可见，在高电压下的多级相变导致了电极材料的不可逆膨胀，并进一步导致容量的快速衰减，通常可以采用的方法是：

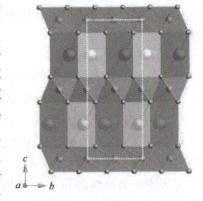

图 8-1　Cmcm 空间群内 P′2 型斜方 $K_{0.3}MnO_2$ 晶体结构示意图

①降低工作电压的上限，避免形成中间相导致的不可逆膨胀；②在 M 位点引入多元过渡金属离子，可以有效解决在高电压条件下的相变容量衰减，提高层状过渡金属氧化物的比容量；③碱金属元素（如 Na 元素）的掺杂是增强其电化学钾存储性能的有效方法，其主要作用为稳定层状结构；④N 原子部分取代 O 可有效地提高电子电导率并扩大层间间距，从而

容纳更多的 K^+ 插层并促进离子迁移；⑤设计多孔纳米结构电极可以帮助减轻结构破坏，如将层状金属氧化物编织成稳定的骨架，骨架结构形成的多孔促进 K^+ 的快速扩散，实现高倍率性能，相对稳定的骨架还可以减少由大的体积变化引起的分层，从而获得良好的循环稳定性。

3. 聚阴离子化合物

聚阴离子化合物是包含四面体和八面体阴离子结构基团 $(AO_m)^{n-}$（A = P、S、Mo、W 等）的化合物，这些化合物具有强共价骨架，对碱金属离子的扩散能垒低，具有低氧损失、高热稳定性、高工作电压和长循环稳定性等优点。目前，焦磷酸盐、氟磷酸盐和氟草酸盐等聚阴离子化合物作为钾离子电池的正极材料已被研究。这些聚阴离子化合物中大多数包含铁和钒元素，表现出极高的工作电压。$KMPO_4$（M = Fe 和 Mn）一般的化学反应机理如下：

$$KMPO_4 \longleftrightarrow K_{1-x}MPO_4 + xK^+ + xe^-$$

在充电和放电过程中，过渡金属离子 M 的氧化还原反应提供了与钾离子的嵌入和脱出相对应的特定容量。在晶体结构中，$(PO_4)^{3-}$ 阴离子以四面体或八面体配位存在，其感应效应提高了 M 离子的氧化还原电位。

聚阴离子化合物具有各种结构和组成，如 $K_{3-x}Rb_xV_2(PO_4)_3/C$、$K_3V_2(PO_4)_2F_3$、$KVOPO_4$、$KVPO_4F$、$K_{1-x}VP_2O_7$、$K_4Fe_3(PO_4)_2(P_2O_7)$ 和 $KFeC_2O_4F$ 等，其平均电压均在 3.7V 以上，具有出色的电压平台。但是，K 基聚阴离子化合物具有较低的振实密度，这将导致较低的体积能量密度；此外，普通电解质在高工作电压下易分解，从而导致低的循环稳定性和库仑效率，因此，未来的研究应该集中在开发与聚阴离子化合物的高工作电压匹配的新型电解质上。

4. 有机材料

有机材料在钾离子电池应用中具有多种优点，例如通用的化学结构、电化学稳定性、柔性结构、成本较低且对环境友好。由于弱的层间作用，导致 K^+ 可以很容易地从有机骨架中嵌层/脱嵌，从而可以获得良好的比容量和倍率性能。以首次报道的苝-3,4,9,10-四羧酸二酐（PTCDA）正极材料为例，充放电过程中发生以下反应：

$$PTCDA + 2K^+ + 2e^- \longleftrightarrow K_2PTCDA$$
$$K_2PTCDA + 2K^+ + 2e^- \longleftrightarrow K_4PTCDA$$
$$K_4PTCDA + 7K^+ + 7e^- \longleftrightarrow K_{11}PTCDA$$

在低放电电位（0.01V）下，电极材料形成了 $K_{11}PTCDA$ 化合物，并呈现出 753mA·h/g 的容量。在 1.5~3.5V 的电位下形成 K_2PTCDA 和 K_4PTCDA，在 10mA/g 的电流密度下具有 131mA·h/g 的容量。PTCDA 的放电/充电平台明显，但在仅 35 个循环后，特定容量迅速下降到约 60%。

目前报道的有机正极材料主要有 PTCDA、吡啶对甲苯磺酸盐、1,4-苯醌聚合物、聚三苯胺、聚醌酰亚胺、四氰基对醌二甲烷铜和蒽醌-2,6-二磺酸钠等。随着研究的深入，虽然有机正极材料的比容量提高显著，但大多数有机正极材料的低工作电压限制了其能量密度。一方面，电化学过程中生成的小分子容易分解，导致比容量随循环次数的增加而显著降低。借鉴钠离子电池中的研究经验，可以通过锚固、聚合、成盐和电解质固化等技术避免小分子溶解。另一方面，有机正极材料电导率相对较低，这可能会对它的电化学性能产生不利影响,将有机材料与导电碳混合可以有效解决活性材料的低电导率问题。值得注意的是,含金属的有机正极材料因其可变的静电作用力和范德华力,对电化学性能有显著的影响,应进一步研究。

8.1.3 负极材料

钾离子电池负极材料是至关重要的组成部分。金属钾作为负极材料时存在一些问题,尤其是涉及水分和电解质成分时,其高反应性可能导致循环效率下降和安全问题的产生。因此,有必要寻找其他材料来替代钾金属,目前的研究主要集中在嵌层化合物、转化型负极材料和合金型负极材料上。

1. 嵌层化合物

嵌层反应所包含的钾离子电池负极材料有石墨碳类(石墨、石墨烯)、非石墨碳类(硬碳、软碳),以及其他非碳的层状金属化合物(过渡金属氧化物、硫化物、硒化物和碳氮化物等)。

石墨是锂离子电池使用最广泛的负极材料,其层间也可以可逆地嵌层/脱嵌钾离子,同时具有良好的充放电平台。基于石墨钾嵌层化合物的理论研究和结构形貌与电化学性能之间的关系,目前对石墨负极材料的改性主要是扩大石墨的层间距和设计合成三维多孔结构石墨,以减轻 K^+ 嵌层时对层状结构的破坏和提高离子扩散速率。另外,石墨烯作为石墨类材料中备受关注的二维材料,具有独特的物理、化学性质,但是单层、少层石墨烯极易发生团聚,从而阻止其与电解液的有效接触。通过杂原子掺杂,在石墨烯表面引入缺陷,改变其表面性质,一方面有效地解决了团聚问题;另一方面缺陷周围形成了空位与悬空键,增加了电化学反应的活性位点,从而提高了实际比容量。

硬碳和软碳由于具有无序结构或部分无序结构在离子扩散方面的优势,也已被用作钾离子电池的负极材料。由于其特殊的多孔结构、较大的比表面积和缺陷,非石墨碳显示出良好的可逆容量和倍率性能。以生物质衍生硬碳为例,可直接从生物质原材料中实现杂原子掺杂,如 N、S、P 和 O 等,可提供的活性位点分布于非石墨碳材料表面,促进 K^+ 与负极之间的相互作用,对提高赝电容效应带来的高倍率性能十分有利。但是,在推进钾离子电池实际应用中仍然需要解决低库仑效率和循环稳定性的问题。同时,需进一步深入研究非石墨碳材料的组成、结构和相与电化学性能之间的关系。

其他非碳的层状金属化合物,如过渡金属氧化物($K_2Ti_2O_5$、VPO_4 和 V_2O_3 等)、硫化物(MoS_2、WS_2、ReS_2 和 CoS 等)、硒化物($MoSe_2$、$Co_{0.85}Se$ 和 $MoSSe$ 等)和碳氮化物(Ti_3CNT_x 和 Fe_3C 等),在钾离子电池中也表现出可观的电化学储钾性能,这归因于它们独特的形貌和结构。通过合成方法对形貌结构的调整(如纳米空心盒和量子点等),以及碳和 MXenes 材料的包覆和复合,可以缓解充放电过程中电极材料的体积膨胀,增加其导电性,有效地改善它们作为钾离子电池负极材料的循环稳定性和倍率性能。

2. 转化型负极材料

与锂、钠离子电池负极类似,转化型负极具有高的理论容量。在转化反应中,K^+ 与负极中的其他元素反应并在钾化过程中生成新化合物。一般的反应式如下:

$$M_xA_y+(yn)K^++(yn)e^- \longleftrightarrow xM+yK_nA$$

其中，M表示过渡金属（Fe、Co、Mo等），A表示阴离子（O^{2-}、S^{2-}等）。用于钾离子电池的转化型负极主要为金属氧化物（CuO、Ti_6O_{11}、Co_3O_4-Fe_2O_3/C）、过渡金属硫化物（SnS_2、Sb_2S_3、FeS_2、NiS、Cu_2S、ZnS、CoS）和过渡金属硒化物（$FeSe_2$、ZnSe、$NiSe_2$）等。由于过渡金属离子在电化学反应过程中全部还原为金属态，因此转化型负极材料的理论容量始终比嵌层负极高得多。例如，分散在导电炭黑基质中的杂化Co_3O_4和Fe_2O_3纳米粒子作为KIBs的转化反应负极，其钾化/脱钾反应在0.01~3.0V（相对于K/K^+）的电压窗口内，在50mA/g的电流密度下提供了220mA·h/g的高可逆容量。

基于转化反应负极在钾化/脱钾化反应时发生体积变化，导致活性材料的团聚和粉碎，严重地限制了它们的倍率性能和循环稳定性。大多数研究都通过设计各种纳米结构或将它们与形成异质结构的导电碳混合来克服这些问题，性能优化主要归因于纳米结构和碳的综合优势，如接触面积大、电化学反应位点丰富、扩散路径短、电子电导率高，以及足够的弹性，以减轻循环过程中的体积变化。但是，由于不可逆容量损失大而导致的初始库仑效率低、工作电压平台高且倾斜的情况，都妨碍了它们在钾离子电池中的实际应用。因此，未来的研究应更多地集中在理解结构与性能之间的关系上，从而设计出更有效的转化型负极材料。

3. 合金型负极材料

合金型负极通过某些元素与钾金属形成合金，一般的生成反应如下：

$$xA + yK^+ + ye^- \longleftrightarrow K_yA_x$$

其中，A表示合金元素，K_yA_x是最终的合金产物。第ⅣA和第ⅤA族元素可以在施加电压的条件下可逆地与钾形成合金，从而实现有效钾储存。这些合金化元素（Sn、Sb、Bi和P）及其多元金属、金属化合物通常具有较高的理论比容量，如金属氧化物（SnO_2、Sb_2MoO_6、Bi_2MoO_6）、硫化物（SnS_2）和磷化物（Sn_4P_3、SnP、Se_4P_3），其中部分氧化物和硫化物，如Sb_2MoO_6和SnS_2等，还同时涉及合金化反应和转化反应。例如，采用铋微粒（商用铋颗粒）作为负极，Bi电极在第一次放电期间连续表面钾化形成K_3Bi，而后续的循环则受可逆的逐步脱合金-合金化机制控制（$K_3Bi \longleftrightarrow K_3Bi_2 \longleftrightarrow KBi_2 \longleftrightarrow Bi$）（图8-2a、b）。

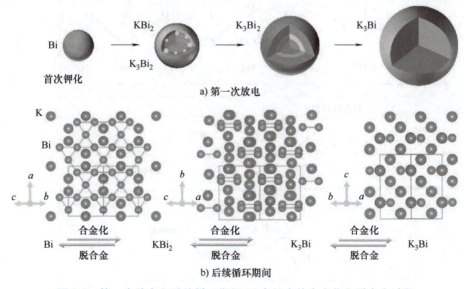

图8-2 第一次放电和后续循环期间Bi电极中的合金化和脱合金过程

然而，合金化反应的负极由于在充放电过程中体积变化较大，活性物质的新表面总是在粉碎后又重新暴露出来，反复形成/剥落固体电解质界面膜，从而导致电解质和活性物质快速消耗，表现出容量的快速衰减。这类问题的解决方案包括设计特殊的纳米结构，如纳米化的金属颗粒、碳壳包覆的金属纳米颗粒、与其他材料（如杂原子掺杂碳材料、还原氧化石墨烯和MXene材料等）进行复合、在负极表面引入保护层，以及采用适配的电解质（如双氟磺酰亚胺钾盐可以与合金型负极形成稳定的固体电解质界面，显著提高电化学性能）。未来的工作应集中在电解质和黏合剂的优化上，以改善合金型负极的性能。

8.1.4 电解液

与 LIBs 相比，KIBs 尚未探索出先进的电解液，溶剂和盐的降解所导致的负极 SEI 膜和正极的 CEI 膜组分仍不清楚，仍然是未来研究中最关键的领域之一。值得注意的是，与锂基电解液相比，钾基电解液的离子导电性、溶解度和溶剂化/去溶剂化行为存在明显差异。众所周知，溶剂和盐阴离子都具有与阳离子配位的能力。一般来说，钾离子较弱的 Lewis 酸性导致与阴离子/溶剂的相互作用较弱，从而促进钾离子的扩散速率和导电性，同时减少了电解液的黏度。

图 8-3 所示为 KIBs 电解质的阴离子结构（钾在所有情况下都是阳离子），由于四氟硼酸根离子（BF_4^-）和高氯酸根离子（ClO_4^-）在传统有机溶剂中的低溶解度和较差的离子导电

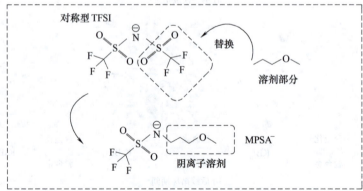

图 8-3　KIBs 电解质的阴离子结构

性,所以研究较少。与 LIBs 一样,因为六氟磷酸根离子(PF_6^-)具有出色的离子导电性和电化学稳定性,特别适用于铝箔的钝化,所以它仍然是 KIBs 最具前景的电解质盐。然而,它对水分的固有敏感性和低热稳定性问题,如通过水解生成氢氟酸或通过热分解产生有毒气体成分,可能导致电解质的降解,引起严重的安全问题。相比之下,水解稳定的三氟甲烷磺酸根离子(OTf^-)显示出很大的潜力,因为它在离子液体中应用时具有较高的热稳定性、良好的电化学稳定性和低黏度。

一类新型酰胺盐,其在传统碳酸酯和醚类溶剂中具有较高的溶解度,引起了研究者的关注。典型的例子是双氟磺酰亚胺钾盐(KFSI)和双(三氟甲磺酰亚胺)钾盐(KTFSI)。值得注意的是,与六氟磷酸钾(KPF_6)的电解液相比,KFSI 电解液具有更高的电导率,且电极兼容性更好。KFSI 对各种负极的稳定效应主要是由于形成耐久的富 KF 的 SEI 膜,这来源于双氟磺酰亚胺(FSI)基团的分解。因此,基于 KFSI 的电解液能够实现高度可逆的钾金属沉积/溶解、K^+ 嵌入/脱嵌和合金化/脱合金。然而,其高成本和与铝箔的不相容性可能会阻碍其在高能量密度 KIBs 中的潜在应用。因此,开发符合所有上述要求的盐仍然具有挑战性。未来的研究工作应重点设计具有可调基团的阴离子,以便对电解质盐的基本性质进行修改。另一个挑战是减少安全隐患,这对于 KIBs 非常重要,因为钾与大气中的氧气和水分具有非常强的反应性。

阳离子溶剂化结构在决定界面化学中起着至关重要的作用。先前的研究中认为,阴离子和(溶剂化)溶剂对阳离子进行竞争性配位是不同界面化学的起源,溶剂化外壳被认为是 SEI 膜和 CEI 膜的前体。研究表明,由阴离子衍生的富含无机物的 SEI 膜/CEI 膜可以提供良好的电极稳定性和离子传输特性。除了阴离子和溶剂结构外,功能性盐可以用于调节溶剂化结构。利用"溶剂嵌入阴离子"概念,通过将醚溶剂基团嫁接到双(三氟甲磺酰)亚胺(TFSI)基团上来合成不对称的 K 盐。典型的例子是在图 8-3 的下半部分显示的 3-甲氧基丙基(三氟甲磺酰)胺阴离子($MPSA^-$)。这种盐设计原则的一个优势是通过连接不同的醚侧链,可以方便地调节阳离子-阴离子/溶剂的相互作用。此外,这种盐被认为具有 TFSI 阴离子和醚溶剂的复合特性。根据相似相溶原则,设计的 KMPSA 在二甲氧基乙烷中具有很高的溶解度(约为 16.6mol/kg)。由此产生的浓缩电解液在 K^+/K 上显示出稳定的电化学窗口(高达 7V),为实现 KIBs 的高电压运行提供了可能性。值得注意的是,KMPSA 盐具有约 50℃ 的低熔点,为开发低温单阳离子液体提供了机会。

8.1.5 发展前景

由于电极/电解质界面层的复杂性,研究者需借助新型的分析表征技术。目前,低温透射电子显微镜、飞行时间二次离子质谱(TOF-SIMS)、中子散射光谱学、动态核极化增强核磁共振(NMR)光谱学和原位测试方法已初步被应用于 KIBs,以进一步了解界面层的形成甚至动态演变。随着计算机技术的进步,基于密度泛函理论(DFT)计算和分子动力学(MD)模拟的计算方法将有助于更好地理解 SEI 膜/CEI 膜的形成机制。未来仍需要更多的研究来了解电解质化学、SEI 膜/CEI 膜的形成和电极稳定性之间的相互作用。

与成熟的锂离子电池技术相比,初期的钾离子电池尚需大量努力来充分挖掘其在商业应用中的全部潜力。电解质至关重要,因为电极上的不良副反应会严重损害整个电池的性能和寿命。当前的钾电解质存在显著缺陷,如对水分的敏感性、热不稳定性、易燃性和高成本,这表明迫切需要开发先进的电解质来克服上述缺点。新兴的大数据分析技术可以帮助进行高通量筛选,甚至精确预测电解质的性质。这反过来又可以加速发现适用于 KIBs 的高性能电解质。原则上,通过表征 SEI 膜/CEI 膜的降解副产物,以及开发新的分子结构可以进一步获得高性能电解质。毫无疑问,随着研究重点的增加,KIBs 将拥有一个繁荣的未来,并且将与锂离子电池竞争。从可持续发展角度和商业角度来讲,考虑到钾资源丰富,且电池造价成本比较低,钾离子电池被看作是大规模储能意义上的一个重要潜在选择。

8.2 镁离子电池

8.2.1 概述

多价离子技术,包括 Zn^{2+}、Ca^{2+} 和 Mg^{2+},可以从合适的电解质溶液中均匀沉积。随着这一发展,利用金属负极的可能性变得可行,显著提高了负极的体积和质量比容量。多价离子电池系统能够比锂离子电池提供明显更高的能量密度。近年来,作为多价离子电池代表之一的镁离子电池(Magnesium Ion Batteries,MIBs),因金属镁具有良好的空气稳定性、更小的离子半径(0.072nm)、较低的还原电位(-2.356V,相对于标准氢电极)和更高的体积比容量(3833mA·h/cm^3),所以相比于其他锂离子电池技术展现出更大的应用潜力。此外,镁在地壳中的储量(2.3%)是锂储量(0.0017%)的 1045 倍,丰富的镁资源使 MIBs 具有更低的生产成本。更重要的是,金属镁在空气中相对稳定,并且不易生长镁枝晶。基于以上优势,发展高性能 MIBs 大规模储能技术具有巨大的吸引力。

镁离子电池运行时依赖于镁离子在电池的两个电极之间的移动。由于镁的价态可以转移两个电子,在理论上拥有比锂离子电池(每个锂离子转移一个电子)更高的能量密度。镁离子电池的优点包括:

1)高能量密度:镁离子可以携带两个电子,这使得它们在单位体积或质量上能够存储更多的电荷。

2)安全性高:相较于锂离子电池,镁在空气中更为稳定,较不易发生热失控反应导致的燃烧或爆炸。

3)成本低:镁是地球上的一种丰富资源,储备量大,价格低廉。

4)无记忆效应:镁离子电池可以随时充电,不需要等待完全放电,使用更加灵活。

5)长循环寿命:镁金属电极具有较高的化学稳定性,可以提供更长的循环寿命。

然而,镁离子电池也面临着一些技术挑战。首先,Mg^{2+} 半径小、电荷密度高,与电极材料具有强库仑相互作用,在嵌入/脱出和扩散到主体材料的过程中展现出迟滞的动力学特征。其次,镁电解液通常面临着与正极兼容性差、电化学窗口窄和沉积过电位高等问题,限制了高压 MIBs 的发展。最后,镁有机电解液(特别是碳酸酯和腈类)易与金属镁负极发生反应并在其表面沉积形成钝化层,增加了负极界面电阻,影响 MIBs 的可逆性。为了发展高性能 MIBs,推进正极、电解液和负极材料的技术创新迫在眉睫。

8.2.2 正极材料

1. 无机嵌入型正极材料

谢弗雷尔相（Chevrel）型材料是最早成功作为MIBs正极材料的，其结构通式为Mo_6T_8（T=S、Se和Te）。在每个[Mo_6T_8]单元内部，Mo原子分布在立方体的六个面上，构成一个八面体，T阴离子则占据八个顶角。这种独特的晶体结构可以提供三种嵌入位点（图8-4a），但只有与Mo原子距离较远的位点1，以及与Mo_6T_8共享边形成的位点2能够容纳Mg^{2+}；位点3因为和Mo_6T_8共享面，导致Mo原子与Mg原子间形成强烈的静电相互作用而无法容纳Mg^{2+}。因此每个Mo_6T_8单元可以容纳至多两个Mg^{2+}。2000年，Aurbach等首次将Mo_6S_8应用于MIBs中，该正极材料在室温下展现出优异的循环性能，但放电比容量仅为75mA·h/g。室温下的低放电容量是因为材料主体阴离子与客体Mg^{2+}之间存在较强的库仑相互作用，使得镁离子在材料内部的扩散势垒较高，只有部分镁离子能在Mo_6S_8中实现可逆脱嵌。升高反应温度可以一定程度地降低镁离子的扩散势垒。当Aurbach等将温度升高至60℃时，Mo_6S_8可以展现120mA·h/g的放电比容量。除了改变反应温度外，Aurbach等通过改变晶胞大小来调节主体阴离子和Mg^{2+}间的相互作用。得益于Se更大的晶胞常数，Se阴离子和镁离子间的相互作用较弱，从而促进镁离子在主体材料中扩散，提升了镁离子的迁移率，因此Mo_6Se_8比Mo_6S_8展现出了更高的室温放电容量（图8-4b）。此外，减小材料尺寸不仅可以缩短离子扩散路径，还能增加材料与电解液的有效接触面积，促进界面电荷转移。

层状化合物和尖晶石结构也可以作为MIBs的嵌入型正极材料。层状化合物正极材料固

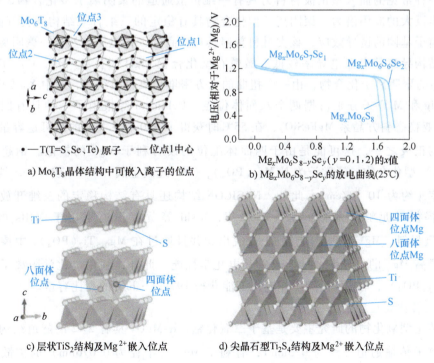

a) Mo_6T_8晶体结构中可嵌入离子的位点
b) $Mg_xMo_6S_{8-y}Se_y$的放电曲线（25℃）
c) 层状TiS_2结构及Mg^{2+}嵌入位点
d) 尖晶石型Ti_2S_4结构及Mg^{2+}嵌入位点

图8-4 嵌入型正极的晶体结构和充放电曲线

有的二维扩散通道结构有助于实现 Mg^{2+} 在主体材料中的快速扩散和可逆脱嵌。通式为 MgT_2X_4（T=Ti、V 和 Mn 等，X=O、S 和 Se 等）的尖晶石结构，具有三维扩散通道结构，拥有容量高和结构稳定等优点。以钛基硫化物为例，对层状结构和尖晶石结构进行系统比较。在层状 TiS_2 中，TiS_2 片有序堆叠并形成二维扩散通道，其中 Ti 原子在硫层间占据了八面体位点（图 8-4c）。在尖晶石型 Ti_2S_4 中，Ti 为八面体阳离子，与 S 阴离子配位构成八面体，这些八面体能够共享边缘并在空间中延伸，最终形三维扩散通道（图 8-4d）。Mg^{2+} 倾向于占据层状 TiS_2 和尖晶石型 Ti_2S_4 的八面体位点，并通过八面体位点向相邻的四面体位点跃迁进行扩散。Mg^{2+} 在层状和尖晶石型 Ti_2S_4 中都面临着高扩散势垒。为了降低扩散势垒和提高离子迁移率，增大晶格间距是一种有效的方式。将层状 TiS_2 和尖晶石型 Ti_2S_4 沿 c 方向的晶胞参数增加 5%，其扩散势垒会分别从 1200meV 和 800meV 降低至 900meV 和 680meV。研究者通过扩展层状 TiS_2 层间距的方法实现了 $(MgCl)^+$ 的快速扩散，使该正极材料在室温时可提供高达 240mA·h/g 的比容量。由于两者扩散势垒不同，尖晶石型 Ti_2S_4 展现出比层状 TiS_2 更高的放电比容量和平均工作电压。

层状和尖晶石型钛基硫化物的区别主要体现在离子存储机制和扩散势垒两方面。一是层状 Mg_xTiS_2 通常显示三个电压平台，分别对应于三个 Mg 空位：$Mg_{\frac{1}{6}}TiS_2$、$Mg_{\frac{1}{3}}TiS_2$ 和 $Mg_{1/2}TiS_2$；尖晶石型 $Mg_xTi_2S_4$ 则呈现出一个电压平台，这与其镁化过程中出现固溶体结构有关。二是当材料放电时，尖晶石结构中四面体位点的电荷分布更加均匀，有利于 Mg^{2+} 的扩散，因此尖晶石型 Ti_2S_4 具有更低的扩散势垒。以上的比对进一步体现出晶体结构对正极材料电化学性能的重要影响。

最后一种常见的插入型正极材料为具有一维扩散通道的聚阴离子型化合物，其在 MIBs 体系表现出巨大的应用潜力。聚阴离子型化合物具有稳定的三维骨架结构和良好的安全性，由于聚阴离子基团的诱导效应，该类材料普遍具有较高的工作电压。然而，聚阴离子型正极这种独特结构导致其本征电导率较低。橄榄石型化合物 $MgMXO_4$（M=Mn、Co、Fe，X=P、Si）是典型的聚阴离子化合物，由一个扭曲的六方密积氧骨架组成，其中 X 原子占据四面体位点，Mg 和 M 原子分别占据两个八面体位点。Uchimoto 等报道了一种具有四面体配位 Mg 原子的亚稳态斜方晶系 $MgFeSiO_4$，在 55℃时获得了 330mA·h/g 的高可逆容量，是目前性能最好的正极之一，这可能是由于四面体配位的镁有利于 Mg^{2+} 的扩散。钠超离子导体（NASICON）型化合物，通常记为 $N_xM_2(PO_4)_3$（M=过渡金属，N=Li 或 Na），具有较高的离子电导率（约为 10^{-3}S/cm）。此外，NASICON 结构还具有结构稳定的三维开放骨架，为 Mg^{2+} 嵌入提供了足够的晶格间隙。2001 年，Kishi 等首次报道了用于 MIBs 的 $Mg_{0.5}Ti_2(PO_4)_3$ 正极材料，Mg^{2+} 在其中能够嵌入/脱出；并且通过在 $Mg_{0.5}Ti_2(PO_4)_3$ 中掺过渡金属离子能够提高 Mg^{2+} 的电导率，从而改善其电化学性能。此外，利用电化学阳离子交换法合成的 $Mg_xV_2(PO_4)_3$，在 2.9V 的工作电压下能获得 197mA·h/g 的高比容量。

2. 无机转化型正极

目前转化型氧化物的研究主要是基于二氧化锰。α-MnO_2 具有 2×2 的隧道结构，能够提供很大的离子传输通道（约为 0.5nm），有利于 Mg^{2+}（半径为 0.076nm）的扩散。层状 δ-MnO_2 和尖晶石型 λ-MnO_2 能分别为 Mg^{2+} 提供二维和三维的扩散通道。当使用水系电解液时，Mg^{2+} 在这两种 MnO_2 正极中都能可逆地嵌入/脱出。然而，在有机电解液中，由于 δ-MnO_2 和 λ-MnO_2 的放电机制是基于转化反应，因此它们表现出受限的放电容量和循环稳定性。

此外，作为硫化物的钴硫化物（CoS）已成为镁离子电池的一种有前景的正极活性材料，其整体充放电反应可描述为：$CoS+Mg^{2+}+2e^- \longleftrightarrow MgS+Co$，导致更好的循环稳定性（大约 65 个循环后约为 60mA·h/g）。CuS 是另一种转化型正极材料，其理论比容量可达 560mA·h/g，CuS 的镁储存机制是两步转化反应，如下所示：$2CuS+Mg^{2+}+2e^- \longleftrightarrow Cu_2S+MgS$ 和 $Cu_2S+Mg^{2+}+2e^- \longleftrightarrow 2Cu+MgS$。另外还有一些高性能硫化物或硒化物正极材料被报道，见表 8-2。

表 8-2 报道的部分镁离子电池硫化物或硒化物正极材料电化学性能

正极	比容量/(mA·h/g)	平均放电电势（相对于 Mg/Mg^{2+}）/V	循环次数
富缺陷 $Cu_{7.2}S_4$ 纳米管	314（在电流密度为 100mA/g 时）	1.0	1600
CuS 微球	252（在电流密度为 100mA/g 时）	1.0	500
Cu 集流体上的 FeS_2	679（在电流密度为 50mA/g 时）	1.1	1000
$CuCo_2S_4/CuS$@多壁碳纳米管	215（在电流密度为 10mA/g 时）	0.8	1000
钼掺杂的 VS_4	120（在电流密度为 50mA/g 时）	0.75	350
CuSe 纳米片	204（在电流密度为 200mA/g 时）	0.9	700
缺陷型尖晶石 $ZnMnO_3$	100（在电流密度为 10mA/g 时）	2.5	120
尖晶石 $Mg(Mg_{0.5}V_{1.5})O_4$	250（在电流密度为 100mA/g 时）	2.0	500
氧化钒与聚苯胺超晶格	275（在电流密度为 100mA/g 时）	1.8	500
$Na_3V(PO_4)_2F_2$	136（在电流密度为 100mA/g 时）	1.4	—

3. 有机正极

有机材料作为一种转化型正极，因其低成本和良好的可设计性而受到广泛关注。有机化合物中的羰基官能团（C=O）是一种能够存储 Mg^{2+} 的活性位点。然而，由于 Mg^{2+} 的动力学限制和其高极性，容易导致有机结构中的通道坍塌，从而在循环过程中降低和减弱容量。针对上述问题，可以通过一些方法改善 Mg 储存性能，如离子掺杂、有机聚合物聚合和电解质优化。

羰基化合物的化学式通式为 2R—C=O（R=H、CH_2 和苯环等），它具有理论比容量高、分子结构灵活、原料丰富等优点。其中，基于苯醌的羰基化合物是 MIBs 中一类极具应用潜力的正极材料，如 DMBQ，其室温放电容量高于大多数的无机正极材料。研究结果表明该正极在 0.2C 倍率下的首次放电容量高达 226mA·h/g，放电电压达到 2.0V，具有非常优异的室温储镁能力。但是由于放电过程中，羰基小分子易溶解在电解液中，DMBQ 表现出较差的循环性能。为了提高有机正极的循环稳定性，需要解决有机小分子的溶解问题。

除了羰基化合物，具有氧化还原活性的有机自由基也可用作 MIBs 的正极材料，其化学式通式为 N—3R（R=H、O 和苯环等）。聚 4-甲基丙烯酸-2,2,6,6-四甲基哌啶-1-氮氧自由基酯（PTMA）最早应用于锂离子电池，由于它具备快速的电子传输特性，因此被人们寄予厚望，以解决 Mg^{2+} 扩散迟缓的问题。有机硫化物是一种 n 型有机材料，化学式通式为 R—S—S—R（R=苯环和五元环等），其储镁机理基于二硫键（S—S）的可逆断裂和生成。

2007年，努丽燕娜等报道了一系列有机硫化物正极材料。其中2,5-二巯基-1,3,4-噻二唑（DMcT）作为非聚合物正极被首次应用在MIBs中，然而DMcT正极的首次放电容量仅为16.8mA·h/g。另一方面，含有S—S键的聚2,2′-二硫代二苯胺（PDTDA），可以达到78mA·h/g的比容量，这归因于分子内的苯胺结构单元对电荷传输的促进作用。随后，努丽燕娜等报道了多硫化碳炔有机正极，将放电容量进一步提高到327.7mA·h/g，这主要得益于该正极具有导电碳骨架和储能硫侧链的特殊结构，但其循环性能不足。

无机插入型正极材料具备结构稳定和良好电解液兼容性的优点，是目前MIBs中研究最多的正极材料，但其普遍存在着Mg^{2+}扩散势垒高和迁移率低的问题，导致这类材料的室温储镁能力较差。而无机转化型正极材料拥有高理论容量的优点，但在电池循环过程中，它们会面临结构坍塌和Mg^{2+}扩散受限的挑战。最终，材料在实际应用时，会出现较差的循环稳定性和较低的比容量。另外，具有多电子氧化还原活性的有机材料，因为其主体部分与Mg^{2+}之间的弱相互作用，使离子传输更加容易，有助于实现室温下的Mg^{2+}在有机正极内的快速扩散。此外，有机正极的放电容量受载流子种类影响较小。有机正极可能拥有超过无机正极的应用潜力。

8.2.3 负极材料

与锂金属不同，镁金属对大气环境的敏感性较低，可以直接用作负极，在充电过程中不易形成树枝状结构。然而，在镁沉积和溶解过程中，大多数极性有机电解质中会形成对Mg^{2+}具有绝缘作用的钝化膜。因此，开发能够减少钝化层形成并改善镁动力学的负极对于镁离子电池至关重要。目前，用于镁离子电池负极的材料主要是镁金属负极，还有其他镁合金、有机聚合物和无机嵌入材料（层状结构的石墨、乙炔黑、微珠碳、石油焦、碳纤维等嵌入材料）。

镁金属目前是可充电镁离子电池的理想负极，因为它具有高理论比容量和体积容量，以及低氧化还原电位。但在大多数传统电解液［如碳酸盐或醚溶剂中的$Mg(ClO_4)_2$、$Mg(PF_6)_2$或$Mg(TFSI)_2$盐］中，镁负极表面形成钝化层，限制了镁离子的可逆沉积/溶解行为。例如，研究人员利用溶液中Mg和$BiCl_3$之间的置换反应，设计了Mg金属上的铋基人工保护层，组装的镁-镁对称电池表现出相对较低的过电势（约0.6V），并在$Mg(TFSI)_2$/DME电解质中保持超过4000h的循环稳定性。此外，镁的沉积行为仍存在争议。研究显示，在大多数传统电解液中，镁电镀/剥离过程中不会形成镁枝晶。但有研究观察到球形镁微粒以$2mA/cm^2$的相对较低速率覆盖全苯基复合物（APC）电解质中的基底。当电流密度增加到$10mA/cm^2$时，可以观察到针状枝晶生长。通过在基材中引入金亲镁位点，可有效抑制镁枝晶的生长。

利用合金化过程合成的嵌入型负极材料是另一种消除钝化膜的策略。BiSb合金结合了Bi的低还原/氧化电位和Sb的高理论容量的优点，提高了负极的能量密度。在传统电解质中获得的$Bi_{0.88}Sb_{0.12}$和Bi合金表现出良好的循环性能，然而，由于其体积变化较大，Sb表现出较差的性能。具有高比容量的合金化合物具有一定的应用前景，但在充放电过程中会产生较大的体积变化和不稳定的循环性能。而且，合金负极显著提高了负极电位，导致实际输出电压非常低，成本也增加了。因此，合理改性镁负极是增强循环稳定性的重要途径。

8.2.4 电解液

自 2000 年第一个可充电镁电池的模型被建立起来之后,人们对于镁离子电池体系的探索从未停止。然而,由于镁金属负极与传统碳酸盐电解质不相容,因此阻碍了可充电镁电池的发展。目前研究的重点在于热力学稳定的镁离子电解液的设计,另外通过表面涂层的方法构建人工固态电解质界面(SEI)膜在解决镁/电解液不兼容和显著拓宽电解液的选择方面也取得了有前景的成果。

1. 液态电解质

由于镁金属负极易发生氧化反应形成 Mg^{2+} 非导电钝化层,导致镁无法在由常规极性溶剂(如碳酸盐)和常见商业镁盐[如 $Mg(ClO_4)_2$]组成的电解液中实现可逆沉积/溶解,这导致镁储能电池性能不佳。因此,研究主要集中在通过调控电解液的配方来改善镁的可逆沉积/溶解。根据电解液中的成分,它们可以分为三类:Grignard 基电解液、含硼电解液和其他新型镁电池电解液。以下分别介绍各种电解液。

Grignard 基电解液:格氏试剂,其化学式可表示为 RMgX(其中 R 可以是烷基或芳基,X 是 Cl、Br 或其他卤化物),可实现可逆的镁沉积/溶解并防止钝化膜的形成。首个可充电镁电池的原型由 Aurbach 团队于 2000 年报道,使用 $Mg(AlCl_2R)_2$/四氢呋喃(THF)作为电解质。然而,该电解液的窄电化学稳定窗口(约为 2.2V,相对于 Mg/Mg^{2+} 在 Pt 电极上)限制了其在高能量密度镁电池中的使用。随后,他们开发了一种高电压稳定的全苯基复合物电解液,其由苯基镁氯化物和三氯化铝在醚溶液中的反应产物组成。所得的 APC 电解液具有较高的电化学窗口(>3.0V,相对于 Mg/Mg^{2+} 在 Pt 电极上)、高电导率(约 $2×10^{-3}$ S/cm)、低过电势和接近 100%的库仑效率。因此,APC 电解液被认为是相对较好的含有有机金属物质的镁电池电解液。此外,电解液的性质与 RMgX 中的 R 基相关,因此一些研究人员使用胺或酚酸盐来替代。例如,通过有机镁盐(ROMgCl)和三氯化铝之间的反应合成了一种在空气中稳定的电解液系统,其显示出优异的离子导电性($2.56×10^{-3}$ S/cm)和负极稳定性(2.6V,相对于 Mg)。也有研究表明向格氏试剂电解液中添加离子液体添加剂能够提高负极稳定性和离子电导率。例如,EtMgBr/THF 和离子液体组成的电解液体系,显示出高达 $7.44×10^{-3}$ S/cm 的离子电导率(在 25℃下)。提高负极稳定性的可能原因是格氏试剂选择性地从离子液体中提取酸性质子,通过共振结构形成一系列具有高化学稳定性的镁配合物。尽管具有相对出色的电化学特性,但这些基于格氏试剂的电解液在实际应用中仍面临挑战,因为氯离子或包含氯的 Mg^{2+} 会腐蚀集流体和电池包装材料。

含硼电解液:由于高氧化稳定性、高离子电导率和对集流体的弱腐蚀,高压硼基电解液也表现出巨大的潜力。基于含硼阴离子的电解液可以在不涉及氯元素的情况下实现镁的可逆沉积/溶解,并成为一种有前途的无腐蚀性镁电池电解液体系。Gregory 等在 20 世纪 90 年代展示了含有镁有机硼酸盐[$Mg(BPh_2Bu_2)_2$ 或 $Mg(BPhBu_3)_2$]的溶液与镁负极兼容。然而,由于负极稳定性低,含此电解液的电池必须在低于 2V 的条件下运行。$Mg(BH_4)_2$ 可用作强还原剂来减少杂质,并在电解液中与镁负极具有良好的相容性。$Mg(BH_4)_2$ 能够在醚溶剂(THF 和 DME)中对镁负极进行可逆沉积/溶解,并且当向 $Mg(BH_4)_2$/DME 电解液中添加 $LiBH_4$ 时,库仑效率和电流密度显著提高。尽管获得了较低的电化学稳定性(1.7V,相对于 Mg 在 Pt 电极上），但为基于硼氢化物的电解液体系的进一步性能改进奠定了基础。努丽燕娜等人通过在 TG、DME 和 PP14TFSI 混合溶剂中溶解 $Mg(BH_4)_2$ 和 $LiBH_4$，将电化学稳定窗口提高到 3.0V。在添加剂 THFPB［硼酸三（六氟异丙基）酯］的作用下，$Mg(BH_4)_2$/diglyme 电解液具有 $3.72×10^{-3}$ S/cm 的离子电导率、高库仑效率（>99%）和负极稳定性（2.8V，相对于 Mg）。总之，因为 BH_4^- 的还原性导致负极稳定性低，所以选择适当的溶剂和添加功能性添加剂对提高基于 $Mg(BH_4)_2$ 的电解液的电化学稳定窗口非常重要。

因为具有扩展电解质溶液的电化学稳定性的潜力，基于碳硼烷阴离子的镁盐引起了研究人员的关注。Tutusaus 等首次报道了 $Mg(CB_{11}H_{12})_2$/tetraglyme（MMC）电解液体系，该体系具有高达 3.8V 的负极稳定性，对电池无腐蚀性，并与镁负极具有良好的兼容性。随后，一些由碳硼烷阴离子组成的电解液（如 $CB_{11}H_{11}F^-$、$HCB_9H_9^-$）被报道，这些电解液表现出高库仑效率（约为 100%）和宽电化学窗口（>3.5V，相对于 Mg/Mg^{2+}）。

其他新型镁电池电解液：以上大部分类型的镁电解液都含有大量的有机金属镁络合物，这些电解液可能不利于镁电池的安全使用。考虑到这一点，作为最具代表性的无机电解液，镁铝氯化物络合物（MACC）电解液也得到了广泛研究。这种类型的电解液具有安全性高、制备简单和价格低的优点。2014 年，研究证实了 $MgCl_2$-$AlCl_3$ 电解质溶液中可逆镁沉积/溶解的可行性。在 DME 中，0.25mol/L 的 $MgCl_2$-$AlCl_3$ 显示出优异的电化学性能：沉积过电位低（<200mV）和负极稳定性高（3.1V）。然而，MACC 电解液需要在表现出可逆的 Mg 沉积/溶解之前进行电化学调节（连续循环伏安扫描）。为解决这个问题，使用 Mg 粉末、Mg(HMDS)$_2$ 和 $Mg(TFSI)_2$ 等添加剂报道了无需电化学调节的 MACC 电解液。此外，借助 $CrCl_3$，Mg 金属可以溶解在 $AlCl_3$/THF 中，获得首次 100% 库仑效率的 MACC 电解液。基于 $Mg(TFSI)_2$ 的电解液具有高的电化学稳定性（3.4V，相对于 Mg/Mg^{2+}）、优异的离子导电性和醚类溶剂的溶解性。然而，由于杂质/$TFSI^-$ 与 Mg 金属负极之间的钝化反应，$Mg(TFSI)_2$/醚电解质在 Mg 沉积/溶解过程中显示出较大的过电位（>2.0V）。为了在 $Mg(TFSI)_2$ 电解液中实现 Mg 的可逆沉积/溶解，引入添加剂是一种必要的途径。例如，0.5mol/L 的 $Mg(TFSI)_2$-$MgCl_2$/diglyme 电解液［$Mg(TFSI)_2$:$MgCl_2$=1:0.5］显示出 93% 的高沉积/溶解库仑效率。类似地，含有 $6×10^{-3}$mol/L $Mg(BH_4)_2$ 的 0.5mol/L $Mg[TFSI]_2$/tetraglyme 电解液在 500 次充放电循环内表现出稳定的循环效率（约为 75%）。

总之，不同的电解液具有各自独特的特性。作为最早用于镁电池的电解液，Grignard 基电解液具有高的库仑效率和低的过电位，但是低的负极稳定性和高的化学反应性限制了其发展。在含硼电解液中，$Mg(BH_4)_2$ 在醚溶剂中显示出低的负极稳定性和有限的溶解度。尽管碳硼烷阴离子电解液具有宽广的电化学窗口，但其高的原材料价格限制了其广泛的研究和应用。MACC 电解液在成本方面具有显著优势，但是严重的腐蚀和长期的电化学调节限制了其进一步的实际应用。基于 $Mg(TFSI)_2$ 的电解液具有较高的负极稳定性和良好的离子导电性，但是 TFSI 阴离子在 Mg 负极上的钝化反应需要进一步的研究和讨论。

2. 固态电解质

近年来，固态电解质因其诸多优点，如良好的安全性能、优异的力学性能、宽电压窗口和高能量密度，吸引了许多学者的关注。目前，固态锂离子电池电解质的研究已经相当深入。受固态锂离子电池的启发，许多固态镁离子电池的研究也在进行中。大多数镁离子无机固态电解质，如 $MgZr_4(PO_4)_6$、$Mg(BH_4)(NH_2)$ 等，具有较低的离子电导率。然而，镁尖晶石 MgX_2Z_4（其中 X 为 In、Y、Sc，Z 为 S、Se），如 $MgSc_2Se_4$，在 25℃时表现出较高的离子电导率（$0.1×10^{-3}$ S/cm），但其电子电导率也较高。固态聚合物电解质是由有机聚合物和镁盐形成的复合物。常见的有机聚合物基体包括聚氧化乙烯（PEO）、聚偏氟乙烯-六氟丙烯（PVDF-HFP）、聚偏氟乙烯（PVDF）、聚乙烯醇（PVA）。研究者利用 PEO 或 PVDF 作为聚合物基体，并混合 $Mg(AlC_{12}EtBu)_2$/醚溶液制备了镁聚合物电解质。PVdF-$Mg(AlCl_2EtBu)_2$-四甘醚体系具有较高的电导率（25℃时为 $3.7×10^{-3}$ S/cm），并在 Mo_6S_8 正极中实现了可逆的镁插层。通过将羟基终止的聚四氢呋喃与 $[Mg(BH_4)_2]$ 进行原位交联反应，得到一种凝胶聚合物电解质系统（PTB@GF-GPE）。PTB@GF-GPE 表现出可逆的镁沉积/溶解、高镁离子电导率（$4.76×10^{-4}$ S/cm）、低极化性（0.1V，$0.05mA/cm^2$）和长周期稳定性。在组装的 Mo_6S_8/Mg 电池中，它可以在 -20~60℃工作。有机-无机复合固态电解质由聚合物电解质和 MgO、Al_2O_3、SiO_2、TiO_2 等无机填料组成。Shao 等开发了一种由 PEO、$Mg(BH_4)_2$ 和 MgO 纳米颗粒组成的纳米复合聚合物电解质。这种半透明薄膜，具有致密均匀的结构。含有 PEO/$Mg(BH_4)_2$/MgO 电解质的电池在 100℃下表现出较高的镁沉积/溶解库仑效率（98%）和循环稳定性。

综上所述，镁固态电解质的研究仍处于初级阶段，制约其发展的主要因素是：①镁负极上的非 Mg^{2+} 导电钝化膜；②固态中镁离子的迁移率差。因此，未来固态镁电池研究的重点是开发可在镁负极上实现可逆镁沉积并具有高离子导电性的固态电解质。

8.2.5 发展前景

近年来，镁离子电池已成为能源存储领域的新星。然而，由于电解液与电极材料的相容性相对较差，导致其电化学性能远远低于预期。因此，发现各种类型的电极材料并优化电解液体系是提升 MIBs 性能的关键。未来对于 MIBs 关键材料的研究主要应集中在以下几个方面：

1）合理设计正极材料的结构，以减少极化并增强 Mg^{2+} 的扩散动力学。
2）优化和改性镁负极，尽快减少或消除钝化膜。
3）构建能够实现镁的可逆沉积/溶解而不腐蚀集流体的电解质材料，并增强电极/电解质之间的界面稳定性。
4）深入探索电极材料中的镁储存机制，理解并预防故障机制。

通过合理设计材料结构和优化电极/电解质系统，最终实现高容量、长寿命和高安全性的 MIBs 的构建，进一步促进其在大规模能源存储领域的广泛应用。

8.3 钙离子电池

8.3.1 概述

钙是地球岩石圈中广泛存在且安全的元素。如表 8-1 所示，Ca^{2+} 具有较低的氧化还原电位（-2.87V，相对于标准氢电极），与锂的值更接近，高于其他多价离子，如 Al^{3+}/Al（-1.66V，相对于标准氢电极）和 Mg^{2+}/Mg（-2.37V 相对于标准氢电极），这是由于其具有更小的电荷/半径比。这个特性导致负极和正极电位之间的差异更大，从而产生更高的电池电压，进而获得更大的能量密度。此外，由于较小的极化特性（电荷/半径比），Ca^{2+} 在液态电解质中的迁移率可能超过研究较多的 Mg^{2+} 和 Al^{3+}。钙密度为 $1.54g/cm^3$，具有 $1.34A \cdot h/g$ 的容量，可实现 $2072mA \cdot h/cm^3$ 的理论体积容量，与锂（$2062mA \cdot h/cm^3$）相当，远远超过了目前 LIBs 中常用石墨为负极所达到的体积容量（$970mA \cdot h/cm^3$）。

钙在电池中的首次应用是在 1935 年，当时发现铅钙合金能够强化铅酸电池中的铅电极。1964 年之后钙开始作为热电池（熔盐电池）电极的活性物质，负极采用钙金属或钙合金，但由于热电池需要在高温下使用，因此具有一定的局限性。随后，通过对钙金属/电解液界面层研究，实现了室温下钙金属的高度可逆沉积。然而，由于钙的高反应性，传统电解质组分通常不稳定，导致电极钝化和库仑效率降低。因此，控制 Ca^{2+} 电解质的稳定性对于克服这些障碍并实现钙电池的期望性能至关重要。目前，钙离子电池（Calcium Ion Batteries，CIBs）仍面临一些技术挑战，包括以下几个方面：①难以找到稳定且具有高钙导电性的电解质；②电极材料方面缺乏有效的正极和负极材料组合，限制了其可逆性和循环寿命；③大规模制造，目前尚无成熟工艺能够实现钙离子电池的规模化生产。

8.3.2 正极材料

对于钙离子电池正极材料的研究，由于钙离子在晶格中的插入过程复杂且迁移能力受限，尽管已经进行了大量的模拟和实验工作，但只有少数正极材料在电化学测试中表现出良好的性能。因此，寻找合适的宿主材料仍是一项艰巨的任务。目前已经确定的几种材料包括 V_2O_5、$CaCo_2O_4$，以及普鲁士蓝类似物等。这些材料可以根据其组成分为层状金属氧化物、普鲁士蓝类似物和硫化物材料。此外，一些聚合物和石墨等材料也被用作正极材料。表 8-3 总结了在钙离子电池中使用的不同正极材料及其电化学性能。

表 8-3 钙离子电池的正、负极材料及其电化学性能

	正极材料	负极材料	电解液	比容量 /(mA·h/g)	库仑效率 (%)	循环数（容量保留率）	电压范围 /V	能垒 /eV
层状金属氧化物	MoO_3	Ca	$Ca(TFSI)_2$-DME	80-100	—	—	0.7~2.2	—
			$Ca(TFSI)_2$-AN	190	—	12(47%)	0.9~2.9	—
	$Ca_{0.13}MoO_3 \cdot (H_2O)_{0.41}$	AC	$CaClO_4$-AN	192(0.5C)	100	50	1.6~4	—
	$CaMoO_3$	DFT	—	—	—	—	2~3	2
	$CaCo_2O_4$	V_2O_5	$Ca(ClO_4)_2$	250	—	40	-1~2	—
	$Ca_3Co_2O_6$	Ca		200				
	1D-$Ca_3Co_2O_6$	DFT		160				0.9
	2D-$Ca_3Co_4O_9$			165				0.9
	3D-$Ca_2Co_2O_5$			192				1.3
	$CaV_6O_{16} \cdot 7H_2O$	AC	$Ca(NO_3)_2$	208(0.3C)	100	200(97%)	-0.8~0.6	—

（续）

正极材料		负极材料	电解液	比容量/(mA·h/g)	库仑效率(%)	循环数(容量保留率)	电压范围/V	能垒/eV
层状金属氧化物	CaV_2O_4	DFT	—	—	—	—	—	0.654
	$Ca_{0.28}V_2O_5·H_2O$	AC	$Ca(ClO_4)_2$-PC	142	100	50(74%)	2~4.5	
	$Ca_xNa_{0.5}VPO_{4.8}F_{0.7}$	AC	$Ca(PF_6)_2$-EC/PC	87(50mA/g)	100	50(90%)	1.5~4.5	
	$CaMnO_3$	—	$Ca(BF_4)_2$-AN		85	9		
PBAs	MFCN	Tin	$Ca(PF_6)_2$-EC/PC	100	98	35(50%)	0~3.5	
	$MnFe(CN)_6$	Mg	$Ca(CF_3SO_3)_2$ TMP PC DMSO	120		20(25%)	1~3	
	CuHCF	PANI/CC	aq-$Ca(NO_3)_2$	130	96	200(95%)	0.2~1	
	CuHCF	PNDIE	$Ca(NO_3)_2$	130	98	4000(80%)		
硫化物	FeS_2	Ca	$Ca(BH_4)_2$/THF-$LiBH_4$/THF	500	99	200(60%)	0.8~2.2	
	TiS	Ca	$Ca(BH_4)_2$-EC/PC	500(C/100)	—	—	1~3.5	0.75
其他材料	PAQS	Ca	$Ca[B(hfip)_4]_2$/DME	150	80	10	1.5~3	
	PAQS@CNT	AC	$Ca(TFSI)_2$/EC, PC, DMC, EMC	116	100	50		
	$CaTaN_2$	Ca	$Ca(BF_4)_2$-EC/PC	175	—	—	0.5~4.5	1.8

注：MFCN—锰六氰合铁酸盐；CuHCF—铜六氰合铁酸盐；PANI/CC—聚苯胺/碳布复合材料；PNDIE—聚 [N,N″-(乙烷-1,2-二基) -1,4,5,8-萘四甲酰亚胺]；PAQS—聚（蒽醌基硫化物）

层状金属氧化物材料，如 Ca_xCoO_2、$Mg_{0.25}V_2O_5·H_2O$ 和 V_2O_5，因其较大的层间间隙，使得 Ca^{2+} 能够在层间有效扩散，表现出显著的离子储存能力。此外，钼及其氧化物因低毒性和多种有利的氧化态，被视为钙离子电池正极材料的潜在选择材料。然而，钼酸钙（$CaMoO_3$）由于钙在其结构中的迁移受限，不太适合储存钙离子。相比之下，氧化钼（MoO_3）已被充分研究，能够插入锂和钠离子。在 α-MoO_3 中，插层时发生的层间膨胀，能够提高垂直于片状结构的晶格参数，从而实现优异的电化学循环性能，其可逆容量为 80~100mA·h/g，平均放电电压约为 1.3V。尽管存在钙离子扩散缓慢、副反应和竞争性转化反应等潜在障碍，但通过优化钼酸盐的形态、粒径和电解质组成，仍有可能提高其作为可充钙离子电池电极的可行性。$Ca_{0.13}MoO_3(H_2O)_{0.41}$ 是一种具有堆叠 MoO_3 片状结构的钙钼酸盐。其片层由双层 $[MoO_6]$ 八面体网络组成，片层的顶部和底部由顶端氧原子终止。与 α-MoO_3 相比，$Ca_{0.13}MoO_3(H_2O)_{0.41}$ 中含有层间阳离子和更多的层间空间，因此其具备更好的离子扩散动力学和结构稳定性。在室温下，$Ca_{0.13}MoO_3(H_2O)_{0.41}$ 显示出作为钙离子电池正极材料的潜力。研究表明，其平均电压为 2.4V（相对于 Ca/Ca^{2+}），在 86mA/g 电流密度下的可逆放电容量为 192mA·h/g。另外，表 8-3 中列出了一些其他层状金属氧化物材料作为正极的电化学性能，进一步展示了这些材料在钙离子电池中的应用潜力。

普鲁士蓝类似物（PBAs）由铁、铜和锰的亚铁氰化物组成，具有显著的离子存储能力。PBAs 中存在较大的间隙空位，使得各种多价离子（如 Ca^{2+}）的三维扩散成为可能，展现出极高的应用潜力。例如,研究人员成功开发了一种成本低廉且安全的水系钙离子电池,采用聚苯胺作为负极材料,正极则使用了具有优异氧化还原电位的钾铜六氰合铁酸盐。这种电池的工作机制基于钙离子在正极的嵌入/脱嵌过程,以及硝酸根离子(NO_3^-)在负极的掺杂/去掺杂过程。该钙离子电池在 2.5M $Ca(NO_3)_2$ 水系电解质中运行,展示了在 250W/kg 功率下 70W·h/kg 的能量密度,以及在 950W/kg 下 53W·h/kg 的高能量密度,表现出良好的倍率性能。电池的库仑效率约为 96%,在 0.8A/g 的电流密度下,保持了 130mA·h/g 的平均比容量,并在 200 次循环后仍保有 95% 的容量。另一项研究中,采用铜六氰合铁酸盐作为正极、聚酰亚胺作为负极的原型电池表现出优异的可逆性。在 10C 倍率下经过 1000 次循环后,电池容量依然保持稳定,并且在低电流和高电流条件下均表现出卓越的效率,容量保持率达 88%,库仑效率平均达到 99%。尽管 PBAs 展现出优异的性能,其应用仍然面临挑战,需要进一步的改进措施。未来的研究应聚焦于优化 PBAs 的组成和结构,探索新型电极材料,改善动力学和离子插层过程,并提高循环稳定性和库仑效率。

作为一种新兴的电极材料,聚合物作为钙离子电池正极材料被报道的较少。最近,报道了聚(蒽醌基硫化物)(PAQS) 在非水钙电解质中的研究。该正极在 Ca^{2+} 插入方面具有良好的可逆性,但在钙剥离过程中,由于过电位的影响,电池容量出现了骤降。尽管显示出一定的容量,但循环次数和库仑效率仍然较低。导电材料与聚合物的复合可在一定程度上提升电池性能。原位构建 PAQS@CNT 复合材料,通过结合有机材料的快速反应机制和碳纳米管(CNT)的电子导电性,Ca^{2+} 的扩散系数得以提升至 $10^{-9} \sim 10^{-6} cm^2/s$。该正极在非水钙离子电池中表现出卓越的倍率性能,在 0.05A/g 的电流密度下可达 116mA·h/g 的比容量,在 4A/g 下则达到 60mA·h/g。CNT 的引入不仅减少了 PAQS 氧化态和还原态之间的电压差,还通过抑制材料溶解,增强了循环稳定性。由于钙离子电池的研究尚处于初期阶段,这项研究为开发高倍率性能的可充电钙离子电池正极材料开辟了新的途径。

石墨也可以作为钙离子电池的正极材料。一些研究人员开发了一种利用石墨作为正极、锡箔作为负极和集流体的钙离子电池。该电池通过负极的钙合金化/脱合金化反应和正极的六氟磷酸盐插层/脱嵌反应实现可逆储能,工作电压为 4.45V,并在 350 次循环后保持了 95% 的容量。此外,还有研究人员构建了双碳钙离子全电池,其中介孔碳微球和膨胀石墨分别作为负极和正极,电解液则使用溶于碳酸酯中的 $Ca(PF_6)_2$。这种双碳电池在 2C 倍率下仍表现出 66mA·h/g 的可逆放电容量和 4.6V 的高工作电压。在经过 300 次循环后,电池保持了 94% 的容量,并实现了 62mA·h/g 的放电容量。这些优异的性能为钙离子电池作为下一代能量存储解决方案提供了重要参考。

PBAs 和金属氧化物作为正极材料在钙离子电池中具有较低的 Ca^{2+} 扩散能垒,展现出一定的应用前景,但仍面临诸多挑战,如插层容量不足和循环稳定性差。这些问题主要源于正极材料内部的强静电相互作用及 Ca^{2+} 相对较大的尺寸,这导致了高迁移能垒和缓慢的离子动力学。为了解决这些挑战,研究人员正在探索使用具有较大孔隙的三维材料,这些材料可以促进钙离子的插入和脱出,同时采用能提升电极氧化还原电位的聚阴离子基团。

8.3.3 负极材料和电解液

在钙电池的充放电过程中,钙离子在负极上沉积与溶解。在传统有机电解液中,钙电极表现出一种类似于锂的表面膜控制的过程,表面钝化层的形成阻碍了钙的均匀沉积。解决创

第8章 其他新型电池

建功能性钙金属负极的难题的可行方案包括使用具有钙离子的电解液，在氧化和还原过程中促进钙的可逆沉积和剥离等方法。关于钙离子电池的电极类型和机制如图8-5所示。

在电解液中，钙金属负极对溶剂的还原造成了难度，导致容易形成阻碍金属平滑沉积和剥离的钝化层。由此，制定一种可以实现钙金属可逆沉积和剥离的电解液，对于创建具有功能性的钙金属负极至关重要，而这就需要在电解液组成中包含 Ca^{2+}。为了实现金属 Ca 在电极表面钝化层上的有效电沉积，必须满足几个条件：首先，加强 Ca 在电极基底界面上的成核和生长，即降低或不遇到能垒，以及加强在钝化层中的去溶剂化 Ca^{2+} 和在电解液中的溶剂化 Ca^{2+} 的扩散或迁移率；此外，在电解液和钝化层之间的界面处降低能垒是必要的，这会受到各种因素的影响，如电解液溶剂的组成、浓度、温度变化、基底性质，以及正极和负极的组成。在利用钙金属负极时，另一个显著的挑战是它们的氧化还原电位的不稳定性，这种挑战体现为在不同的电解液中甚至在相同的电解液中氧化还原电位都会发生较大波动。这些因素会对离子配对倾向、去溶剂化能量大小、离子电导率、钝化层组成和成核能垒产生明显影响。

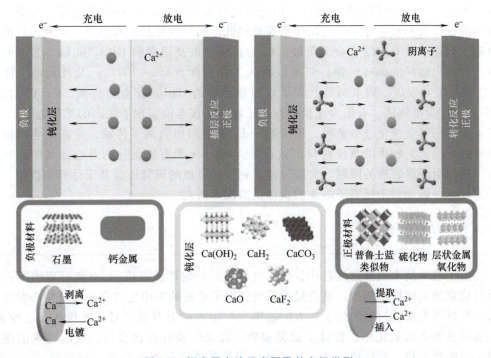

图 8-5 钙离子电池示意图及其电极类型

1990 年，Aurbach 等测试了一系列由不同的常见钙盐和有机溶剂组合调配的电解液，包括 $Ca(ClO_4)_2$、$Ca(BF_4)_2$、$LiAsF_6$、四丁基季铵盐（ClO_4^- 和 BF_4^-）等盐和乙腈、四氢呋喃、γ-丁内酯、碳酸丙烯酯等溶剂。研究发现，由于钙金属极为活泼，这些电解液体系会在钙金属/电解液界面层形成包括氟化钙、氧化钙、氢氧化钙、碳酸钙等钙离子难以有效传输的钝化层，导致钙金属无法继续沉积，电池循环无法进行。2016 年，通过加热电解液到 75～100℃，Ponrouch 等在高氯酸钙 $Ca(ClO_4)_2$ 和四氟硼酸钙 $Ca(BF_4)_2$ 为盐的碳酸乙烯酯和碳酸丙烯酯电解液中实现了钙金属的可逆沉积，达到了 30 次的可逆循环和 80% 左右的库仑效率。随后，Bruce 研究团队选用高还原性的硼氢化钙 $Ca(BH_4)_2$，在四氢呋喃中组成的电解液实现了室温条件下钙金属的高度可逆沉积，该体系极化明显减小，并达到了 95% 以上的库仑效率。硼氢体系的室温循环性能虽然好，但是其电解液的高还原性导致电化学窗口较窄。2019 年，基于氟化烷氧基硼酸盐基的电解液体系，实现了高达 4.9V 的电化学窗口，同时不依赖于贵金属，可以在不锈钢、铜、铝等常见集流体上实现可逆钙金属沉积。

室温下钙金属负极的可逆沉积/剥离极大地推动了钙离子电池的发展，但是钙金属的表面钝化会带来局部高电流，从而诱发钙枝晶的生长。因此，控制负极表面的钝化非常重要，通过电解液添加剂（锂盐或者有机分子等）可以改变二价离子在电解液中的溶剂化结构，从而提升金属负极的效率和循环稳定性。Ponrouch 等详细对比分析了不同电解液体系中钙金属表面钝化层的成分，研究认为阴离子化学对钙金属/电解液界面成分与电化学行为具有重要影响，硼基界面成分能够有效传输钙离子，是钙金属电沉积的关键。因此，优化负极/电解液界面对电池性能具有重要意义。

考虑到钙金属的活泼性，近年来研究者也发展了其他钙离子电池负极材料，包括合金式负极（硅、锡）和围绕着石墨及类似层状结构的嵌脱式负极等。例如，硅负极在 100℃ 下可以形成 $CaSi_2$，实现可逆的充放电过程，但是过电压极化较大，库仑效率较低；石墨负极可在室温下进行高效率长循环，但是该体系容量较低，同时需要共嵌入溶剂。研究人员基于热电池原理，构建了以 Ca-Mg 合金为负极、Bi 为正极，以及熔融的 $CaCl_2$ 和 LiCl 为电解质的全电池，表现出较好的循环寿命，但是较高的工作温度（550~700℃）及较低的工作电压（<1V）限制了其发展。唐永炳等开发了以原位形成的 Ca-Sn 合金为负极，$Ca(PF_6)_2$-EC/PC/DMC/EMC 为电解液，石墨为正极的双离子电池，该电池实现了较高的工作电压。但是，含氟的电解液仍然会钝化合金负极，形成的 CaF_2 层会阻碍钙离子传输，进而使电极极化增加。此外，其他研究较少的负极材料，如石墨、MXenes 和有机化合物等也逐渐引起研究者的关注。然而由于电解液的限制，大部分的非钙金属负极的研究还是基于计算和模拟，实验结果相对较少，因此对于钙离子电池的负极仍需深入研究。

8.3.4 发展前景

在钙离子电池技术的推进过程中，Ca^{2+} 电解质的稳定性及其沉积/剥离过程的可逆性构成了亟待攻克的关键技术瓶颈，这直接关系到钙离子电池的实用化进程。通过精心设计与优化正极、负极及电解质材料的组合，人们能够在一定程度上有效应对这些挑战。迄今为止，多种正极材料如金属氧化物、普鲁士蓝类似物、硫化物及有机化合物，虽已展现出应用潜力，但仍面临低容量、循环稳定性不足及钙离子扩散效率低下等难题。与此同时，尽管 Ca 金属具有卓越的能量密度，且比容量相较于非金属电极（诸如硬碳和石墨）具有显著优势，但在常规有机电解质中易形成钝化层，导致负极活性丧失，加之电解质分解复杂、固体电解质界面不稳定，进一步削弱了钙金属负极的性能，表现为库仑效率低下及电解质持续降解。值得注意的是，钙金属负极还面临着与锂电池中相似的枝晶生长问题，这同样威胁着电池的安全性与循环寿命。尽管钙离子电池电解液以其高离子导电性和对钙离子传输的有效促进而著称，对于实现高效电池性能至关重要，但钙钝化层的形成却成为钙沉积过程的一大障碍，因此往往需要提升操作温度以促进沉积过程。此外，溶剂选择亦是一大考量因素。氮基溶剂，如 DMF、DMA 以及碳酸酯溶剂，在钙电池体系中展现出应用潜力。然而，三甘醇醚等

溶剂因与 Ca^{2+} 间存在强配位作用，反而形成阻碍钙离子渗透的屏障，影响沉积/剥离效率。因此，稳定电解质组分、改善界面特性并优化溶剂与钙离子的配位关系，对于提升钙离子电池性能至关重要。聚合物电解质作为一种创新解决方案，在增强电池安全性、稳定金属负极及抑制枝晶生长等方面展现出巨大潜力。然而，要实现钙离子电池的工业化应用与市场推广，仍需克服低循环寿命、低容量等现存障碍，以及解决其他未完全明晰的技术难题。

钙离子电池技术目前仍处于科研探索的初级阶段，其多数研发活动仍局限于实验室环境之中。该领域面临的核心技术障碍聚焦于探索并确定最为适配的电极材料与电解质体系。当前，钙离子电池之所以引起广泛关注，主要归因于其潜在的环境友好性——低环境影响、出色的能量转换效率，以及利用广泛可得资源的能力。然而，要推动这一前沿技术从实验室走向商业和工业应用，尚需跨越一系列材料与电化学层面的重大挑战。这要求科研人员不断突破现有技术的局限，寻求创新解决方案。一旦未来能够攻克这些难关，钙离子电池有望蜕变成为一种成本低廉、能效卓越且环境友好的新型能量存储方案，为全球能源领域带来革命性的变革。

8.4 铝离子电池

8.4.1 概述

铝的理论比容量高达 $2976mA \cdot h/g$，是所有金属元素中理论比容量仅次于锂（$3860mA \cdot h/g$）的元素。同时，铝的体积比容量（$8035mA \cdot h/cm^3$）是目前报道的所有金属离子电池电极材料中最高的。因此，在诸多新兴多价阳离子的储能电池体系中，铝离子电池（Aluminum Ion Batteries，AIBs）因其低成本和高体积比容量等优点，被认为是最有潜力的二次电池体系之一。铝离子电池利用铝作为负极和能与铝离子（Al^{3+}）反应的材料作为正极，其工作原理是，在充放电过程中铝离子在两个电极间的移动。铝离子具有+3的价态，与镁离子或锂离子相比，能够在反应中转移更多的电荷，具有理论上高的储能效率。同时，铝离子电池在一定程度上比锂离子电池更安全，这是由于该电池常用的离子液体电解质是非挥发性和不易燃的材料，不容易发生过热或引发火灾。最后，铝是地壳中最丰富的金属元素之一，可回收利用，对环境影响较小且开采成本低。然而，相较于锂离子电池，铝离子电池的放电电压一般较低，而且正极材料会发生溶解，表现出无放电平台的电容行为，循环寿命短（少于100次），以及容量衰减迅速的不足。

当前，铝离子电池的实际能量密度远低于锂离子电池，有待进一步提高。此外，铝离子电池的电解质选择有限，高效的铝传导电解质选择较少，限制了性能的提升。这些问题导致铝离子电池的研发和应用进程都非常缓慢。对于铝离子电池体系，目前需要解决的关键问题是寻找优质正极材料和合适的电解质。近年来随着科学技术的发展，铝离子电池的相关研究已取得了一些突破性的进展。

8.4.2 正极材料

根据目前的研究，铝离子电池中的电荷通常以铝阴离子配合物（$[AlCl_4]^-$）的形式转移，其有效半径比 Li、Na 等常见碱金属离子大得多。因此，电极材料理论上需要更大的存储空间来容纳这些铝阴离子配合物，这将导致材料结构不稳定，从而影响铝离子电池的循环稳定性。由大量铝阴离子络合物引起的电极晶格变化也是不可逆的，特别是在离子嵌入过程中，需要额外的功耗并且可能导致充电容量与放电容量不平衡。常用的正极材料包括碳材料、金属氧化物、金属硫化物、有机化合物等。碳材料具有结构稳定、电导率高、轻质、成本低等优点，在铝离子电池中得到了广泛研究。2015年，戴宏杰研究团队采用三维石墨泡沫作为正极材料，组装了铝离子电池，其比容量和电压平台分别为70mA·h/g和2V（相对于Al^{3+}/Al）。浙江大学高超研究团队设计了"无缺陷"的石墨烯薄膜，实现了"全天候"的铝-石墨烯电池，在400mA/g的超高电流密度下可稳定循环25万次。然而，石墨结构层间可嵌入的活性离子数量有限，限制了其比容量。因此，研究者还开发了具有多孔结构的碳材料，通过可逆化学吸/脱附实现高容量。例如，基于分子筛设计的高比表面碳材料，比容量可达约350mA·h/g。金属氧化物也是常见的铝离子电池正极材料。2011年，Archer研究团队首次采用离子液体电解液和V_2O_5纳米线正极材料组装了铝离子电池，其首次比容量可达305mA·h/g，电压约为0.5V。采用导电聚合物包覆α-MoO_3作为超容型铝离子电池，实现了155mA·h/g可逆比容量。与碳基材料相比，过渡金属氧化物虽然具有较高的初始比容量，但是循环过程中普遍衰减较快，因为氧化物与Al^{3+}之间存在强大的相互静电作用，导致铝离子缓慢的动力学反应，也在一定程度上限制了电池的倍率性能和循环稳定性。相比金属氧化物，金属硫化物的Al-S的可逆性比Al-O更好，但衰减仍然很快，主要原因是硫化物材料易溶解在电解液中，严重影响了电池的循环稳定性。硒化物的特点是晶胞的体积通常比氧化物和硫化物更大，且相同结构的晶胞间隙更大，因此更加有利于$[Al_aCl_b]^-$的嵌入和脱出。但是也同样存在易溶解于电解液的问题。总的来说，目前铝离子电池正极材料的种类仍然十分有限，仍然需要更有效的新型化合物来综合性地提高铝电池的电化学性能。

8.4.3　电解液

选择和设计合适的电解液，也是开发铝离子电池的关键所在。其中，离子液体和某些有机溶剂中的铝盐是当前研究的焦点。20世纪80年代，由$AlCl_3$与咪唑盐形成的离子液体型电解液的开发，实现了铝在室温下的可逆沉积/溶出。2011年，研究者使用了咪唑盐衍生物1-乙基-3-甲基咪唑氯盐（EMImCl），构建的$AlCl_3$/EMImCl离子液体具有较高的电导率和较好的稳定性。随后，基于$AlCl_3$/EMImCl电解液的铝离子电池被大量报道。然而，咪唑盐类离子液体作为铝离子电池电解液具有诸多缺点，包括咪唑盐成本过高、离子液体电解液腐蚀性强、稳定电极材料效果差等，尤其是其较高的成本限制了其在实际电池中的应用。近期研究发现，$AlCl_3$与尿素等形成的类离子液体电解液在室温下可实现较好的铝可逆沉积/溶出，且具有显著的低成本优势，在铝离子电池中表现出了较为理想的电化学性能。尉海军研究团队使用$AlCl_3$与乙酰胺（CH_3CONH_2）组合而成的新型电解液，可以同时实现高性能和低成本优势结合（乙酰胺的成本是咪唑盐的1/80左右），并在铝-硫电池上得到应用。

8.4.4　负极材料

铝负极在铝离子电池中起重要作用，尽管当前铝金属工艺已较为成熟，但针对铝离子电池的负极设计仍处于起步阶段，亟待深入阐释铝负极表面氧化铝层的电化学效应，并实现人工高精度调控优化；亟待深入认识铝负极电化学过程中的电沉积规律和枝晶生长及其效应，通过人工SEI构筑等方式抑制负极腐蚀、枝晶生长和性能衰退；从而调节铝负极氧化层厚度，提升耐蚀性，抑制枝晶生长，提升铝负极反应效率，降低界面极化，提升长循环稳定性。

8.4.5 发展前景

尽管铝离子电池的研究处于相对初期阶段，但它们已显示出很多有前景的属性：长寿命、安全性高，以及环境友好性。然而，当前铝离子电池的能量密度、电力输出和操作稳定性等方面仍需要进一步改善。

正极材料是铝离子电池中研究报道较多的。研究发现，碳材料的比容量虽然有所提高，但其能量密度依然有提升的空间。碳材料即使成本低廉，稳定性优异，但如果不经过修饰改性，其比容量会很低。因此通过某种方法提高碳材料的比容量进而提高碳基铝离子电池的能量密度是未来的一种发展方向。过渡金属氧化物作为铝离子电池正极的研究较少，因为循环稳定性普遍较差。因此寻找合适的新型正极材料是该类化合物的主要突破点。在过渡金属硫化物和硒化物正极材料中，稳定性是制约铝离子电池发展的主要问题。此外，可用于铝离子电池正极的材料种类目前仍比较有限，因此寻找新型的化合物是提高铝离子电池性能的不错方案。采用高比表面积、三维多孔结构的正极材料有利于让更多的活性位点参与到反应中，也是一种提高正极材料的铝离子电池性能的可能手段。

电解液 $AlCl_3$ 与咪唑盐类的离子液体是目前铝离子电池最常用的电解液，但因为其成本较高，具有腐蚀性，所以对该电池的批量应用、商业化、环境影响有不小的限制。因此，寻找新型的无毒、稳定、低成本的电解液是发展铝离子电池的另一条路径。

铝负极表面氧化膜的调控是负极研究的主要方向。首先，在铝金属表面涂覆保护层，如石墨烯，一方面防止铝的氧化层过厚，阻碍反应的进行，另一方面限制铝离子电池在循环过程中铝枝晶的生长；其次，使用三维多孔金属铝（如泡沫铝），有利于改善铝金属在铝离子电池中的反应动力学，降低反应的动力学阻碍。

随着新材料的发现和存储解决方案对安全性和环境影响要求的增加，铝离子电池在科学研究和潜在的商业应用中的兴趣正在不断增长。特别是在大规模储能系统中，铝离子电池的高循环稳定性和低成本材料的优点使其成为一种备受期待的能源存储技术，具有很大的发展空间，当然这需要对电池的各个部分进行优化才能够使其可以与锂离子电池，以及其他种类电池竞争。未来，如果技术挑战得到解决，铝离子电池有望成为一种可靠、经济有效的绿色能源存储解决方案。

参 考 文 献

[1] 黄俊达，朱宇辉，冯煜，等. 二次电池研究进展 [J]. 物理化学学报，2022，38（12）：28-173.

[2] HWANG J Y, MYUNG S T, SUN Y K. Recent progress in rechargeable potassium batteries [J]. Advanced Functional Materials, 2018, 28 (43): 1802938.

[3] LIU F, WANG T, Liu X, et al. Challenges and recent progress on key materials for rechargeable magnesium

batteries [J]. Advanced Energy Materials, 2021, 11 (2): 2000787.

[4] AMENEH TAGHAVI-KAHAGH A, ROGHANI-MAMAQANI H, SALAMI-K M. Powering the future: a comprehensive review on calcium-ion batteries [J]. Journal of Energy Chemistry, 2024, 90 (3): 77-97.

[5] JIANG M, FU C P, MENG P Y, et al. Challenges and strategies of low-cost aluminum anodes for high-performance Al-based batteries [J]. Advanced Materials, 2022, 34 (2): 2102026.

[6] VAALMA C, GIFFIN G A, BUCHHOLZ D, et al. Non-aqueous K-ion battery based on layered $K_{0.3}MnO_2$ and hard carbon/carbon black [J]. Journal of the Electrochemical Society, 2016, 163 (7): A1295-A1299.

[7] LEI K X, LI F J, MU C N, et al. High K-storage performance based on the synergy of dipotassium terephthalate and ether-based electrolytes [J]. Energy & Environmental Science, 2017, 10 (2): 552-557.

[8] BELTROP K, BEUKER S, KECKMANN A, et al. Alternative electrochemical energy storage: potassium-based dual-graphite batteries [J]. Energy & Environmental Science, 2017, 10 (10): 2090-2094.

[9] ZHAO J, ZOU X X, ZHU Y J, et al. Electrochemical intercalation of potassium into graphite [J]. Advanced Functional Materials, 2016, 26 (44): 8103-8110.

[10] DOU H L, ZHAO X L, ZHANG Y J, et al. Revisiting the degradation of solid/electrolyte interfaces of magnesium metal anodes: decisive role of interfacial composition [J]. Nano Energy, 2021, 86: 106087.

[11] KWAK J H, JEOUN Y, OH S H, et al. Operando visualization of morphological evolution in Mg metal anode: insight into dendrite suppression for stable Mg metal batteries [J]. ACS Energy Letters, 2022, 7 (1): 162-170.

[12] BAE J, PARK H, GUO X L, et al. High-performance magnesium metal battery via switching passivation film into solid electrolyte interphase [J]. Energy & Environmental Science 2021, 14 (8).

[13] SONG J F, CHEN J, XIONG X M, et al. Research advances of magnesium and magnesium alloys worldwide in 2021 [J]. Journal of Magnesium and Alloys, 2022, (4): 863-898.

[14] PARK J, XU Z L, YOON G, et al. Calcium-ion batteries: stable and high-power calcium-ion batteries enabled by calcium intercalation into graphite [J]. Advanced Materials, 2020, 32 (4): 2070029.

[15] WANG X K, ZHANG X X, ZHAO G, et al. Ether-water hybrid electrolyte contributing to excellent Mg ion storage in layered sodium vanadate [J]. ACS Nano, 2022, 16 (4): 6093-6102.

[16] PAN H C, WANG C F, QIU M L, et al. Mo doping and electrochemical activation Co-induced vanadium composite as high-rate and long-life anode for Ca-ion batteries [J]. Energy & Environmental Materials, 2024, 7 (5): e12690.

[17] YUAN Z Y, LIN Q F, LI Y L, et al. Effects of multiple ion reactions based on a CoSe2/MXene cathode in aluminum-ion batteries [J]. Advanced Materials, 2023, 35 (17): 2211527.

[18] CHEN C Y, TSUDA T, KUWABATA S, et al. Rechargeable aluminum batteries utilizing a chloroaluminate inorganic ionic liquid electrolyte [J]. Chemical Communications, 2018, 54 (33): 4164-4167.

[19] WU C, GU S C, ZHANG Q H, et al. Electrochemically activated spinel manganese oxide for rechargeable aqueous aluminum battery [J]. Nature Communications, 2019, 10 (1).